W0058349

Buch-Updates

Registrieren Sie dieses Buch
auf unserer Verlagswebsite.
Sie erhalten damit
Buch-Updates und weitere,
exklusive Informationen
zum Thema.

Und so geht's

> Einfach **www.sap-press.de** aufrufen
<<< Auf das Logo **Buch-Updates** klicken
> Unten genannten **Zugangscode** eingeben

Ihr persönlicher Zugang
zu den Buch-Updates

173089081627

Eric Bauer, Jörg Siebert

Das neue Hauptbuch in SAP ERP Financials

Galileo Press

Liebe Leserin, lieber Leser,

vielen Dank, dass Sie sich für ein Buch von SAP PRESS entschieden haben.

Geht es um die Neuheiten in SAP ERP Financials, wird das neue Hauptbuch stets als Erstes genannt. Dann ist meist die Rede von beschleunigten Abschlüssen, einer besseren Abstimmbarkeit, der Möglichkeit einer parallelen Rechnungslegung und vielem mehr.

Um all diese Möglichkeiten voll ausschöpfen zu können, ist allerdings eine solide Konzeption der Software-Einstellungen und eine genaue Kenntnis der Funktionalitäten notwendig. Mit diesem Buch möchten wir Ihnen das nötige Wissen dafür vermitteln.

Mit Eric Bauer und Jörg Siebert hat sich ein erfahrenes Autorenteam zusammengefunden. Die beiden führen Sie durch die komplexe Welt des neuen Hauptbuchs und zeigen Ihnen, was es auf dem Weg dorthin zu beachten gilt.

Jedes unserer Bücher will Sie überzeugen. Damit uns das immer wieder neu gelingt, sind wir auf Ihre Rückmeldung angewiesen. Kritik oder Zuspruch hilft uns bei der Arbeit an weiteren Auflagen. Ich freue mich deshalb, wenn Sie sich mit kritischen und freundlichen Anregungen sowie Wünschen und Ideen an mich wenden.

Ihre Eva Tripp
Lektorat SAP PRESS

eva.tripp@galileo-press.de
www.sap-press.de
Galileo Press · Rheinwerkallee 4 · 53227 Bonn

Auf einen Blick

Der Name Galileo Press geht auf den italienischen Mathematiker und Philosophen Galileo Galilei (1564–1642) zurück. Er gilt als Gründungsfigur der neuzeitlichen Wissenschaft und wurde berühmt als Verfechter des modernen, heliozentrischen Weltbilds. Legendär ist sein Ausspruch *Eppur se muove* (Und sie bewegt sich doch). Das Emblem von Galileo Press ist der Jupiter, umkreist von den vier Galileischen Monden. Galilei entdeckte die nach ihm benannten Monde 1610.

Gerne stehen wir Ihnen mit Rat und Tat zur Seite:
eva.tripp@galileo-press.de bei Fragen und Anmerkungen zum Inhalt des Buches
service@galileo-press.de für versandkostenfreie Bestellungen und Reklamationen
thomas.losch@galileo-press.de für Rezensions- und Schulungsexemplare

Lektorat Eva Tripp
Korrektorat Petra Bromand, Düsseldorf
Cover Silke Braun
Typografie und Layout Vera Brauner
Herstellung Bernadette Blümel
Satz Typographie & Computer, Krefeld
Druck und Bindung Bercker Graphischer Betrieb, Kevelaer

Bibliografische Information der Deutschen Bibliothek
Die Deutsche Bibliothek verzeichnet diese Publikation in der Deutschen Nationalbibliografie; detaillierte bibliografische Daten sind im Internet über http://dnb.ddb.de abrufbar.

ISBN 978-3-8362-825-5

© Galileo Press, Bonn 2007
1. Auflage 2007

Inhalt

3   Integration im Rechnungswesen 101

4   Parallele Rechnungslegung 125

5   Belegaufteilung 171

Einleitung

Dieses Buch hat das Ziel, Ihnen die Konzeption und Konfiguration des neuen Hauptbuchs (New General Ledger) in SAP ERP Financials zu zeigen. Das neue Hauptbuch verbindet die in SAP R/3 bisher über mehrere Applikationen verteilten Lösungen und erfüllt Anforderungen wie Total Cost of Ownership (TCO), Flexibilität, Fast Close, Transparenz, Segmentberichterstattung und parallele Rechnungslegung.

Das Hauptbuch in SAP R/3 ist ein recht heterogenes Gebilde. R/3-Kunden müssen derzeit mehrere SAP-Komponenten implementieren, um internationale und/oder branchenspezifische Anforderungen zu erfüllen. Um hier Abhilfe zu schaffen, wurde in SAP ERP eine neue, flexible Lösung für das Hauptbuch geschaffen. Dieses neue Hauptbuch vereint das klassische Hauptbuch mit der Profit-Center-Rechnung, den Speziellen Ledgern (samt Umsatzkostenledger) und dem Konsolidierungsvorbereitungsledger (siehe Abbildung 1).

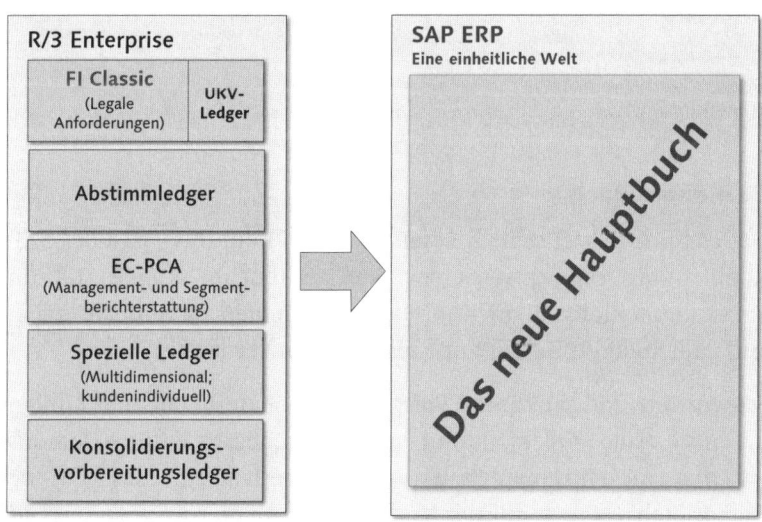

Abbildung 1 Neues Hauptbuch – eine einheitliche Welt

Das neue Hauptbuch baut zudem auf einer breiteren, einheitlichen Datenbasis auf. So sind etwa Sachkonto, Funktionsbereich und Profit

Center in einem Datensatz enthalten. Das erhöht die Datenqualität, Abstimmungsmaßnahmen entfallen – es musste für die Abstimmung von CO mit FI das Abstimmledger verwendet werden – und der Periodenabschluss lässt sich rascher durchführen.

Durch den Einsatz des neuen Hauptbuchs kann die Nutzung von separaten Komponenten entfallen. Abbildung 2 veranschaulicht das Wegfallen von separaten Datentöpfen.

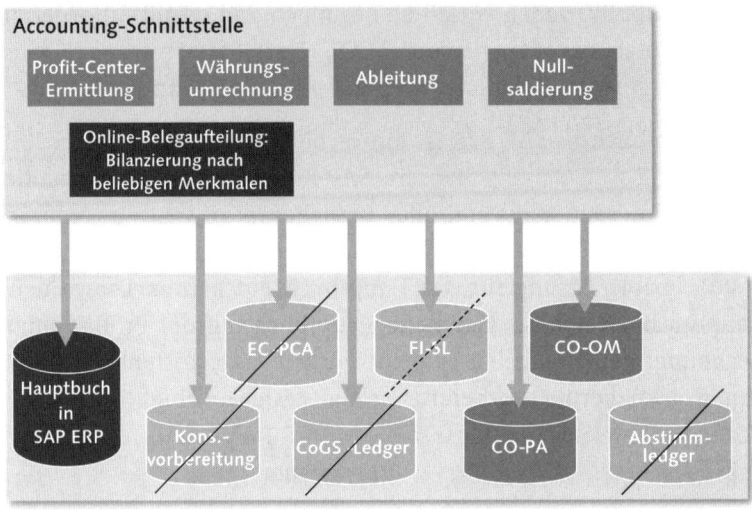

Abbildung 2 Neues Hauptbuch – ein einheitlicher Ansatz

Über dieses Buch

Zielgruppe des Buchs

Dieses Buch richtet sich an Leser mit guten Kenntnissen in der SAP-Applikation *Rechnungswesen* bzw. der Hauptbuchhaltung. Es soll zum einen Empfehlungen zur Konzeption des neuen Hauptbuchs geben und zum anderen Details zur Konfiguration vermitteln.

Download unter www.sap-press.de

Screenshots und praktische Beispiele, die heute bereits bei Kunden im Einsatz sind, sollen zusammen mit verfügbaren Offline-Demonstrationen die einzelnen Szenarios besser erläutern. Diese Offline-Demos stehen Ihnen auf der Verlagswebsite unter *www.sap-press.de* zur Verfügung. Registrieren Sie sich dazu mit dem vorne im Buch abgedruckten Registrierungscode.

Das Buch ist in sechs Kapitel gegliedert:

Kapitel 1, *Das neue Hauptbuch in SAP ERP – Überblick*, zeigt die Unterschiede zwischen dem klassischen und dem neuen Hauptbuch und erläutert die Motivation für die neue Lösung.

In **Kapitel 2**, *Konzeption und Ausprägung der Ledger*, wird die Architektur des neuen Hauptbuchs vorgestellt. Die Ausprägungen der Ledger und der Ledgergruppen werden dargestellt, verschiedene Szenarios und die Aufnahme kundeneigener Felder werden besprochen.

Kapitel 3, *Integration im Rechnungswesen*, beleuchtet Konsequenzen einer stärkeren Verzahnung oder auch Verschmelzung von Funktionen der klassischen SAP R/3-Module FI und CO. Das Szenario *Profit-Center-Rechnung* im Hauptbuch und neue Möglichkeiten der CO-FI-Echtzeitintegration bilden die Schwerpunkte.

SAP R/3 bot drei Möglichkeiten zur Abbildung einer parallelen Rechnungslegung: Konten, Special Ledger (Spezielle Ledger) und Buchungskreise. Mit dem neuen Hauptbuch steht eine vierte Option zur Verfügung. Konzeption und Konfiguration für die Anlagenbuchhaltung, Vorräte, Forderungen, Wertpapiere und Rückstellungen werden in **Kapitel 4**, *Parallele Rechnungslegung*, behandelt.

Bei der Fortschreibung des neuen Hauptbuchs ist es möglich, eine Beleganreicherung zu aktivieren. Ziel ist es, Kontierungsobjekte in Belegzeilen zu projizieren, in denen sie nicht originär kontiert worden sind – z.B. das Profit-Center aus den Erlöszeilen in die Forderungszeile. Diese Möglichkeit erhöht die Transparenz der Buchungen und erlaubt es, interne Zusatzbilanzen zu erstellen. Eine Sammelbuchung für die Nachbelastung von Bilanz und Gewinn- und Verlustrechnung (GuV) ist somit nicht mehr notwendig, weil alle Informationen auf Belegebene bereits zur Verfügung stehen. Diesem Themenkomplex widmet sich das **Kapitel 5**, *Belegaufteilung*.

Der Übergang vom klassischen zum neuen Hauptbuch gestaltet sich abhängig von der Ausgangssituation und dem gewünschten Endzustand von einfach bis äußerst komplex. In **Kapitel 6**, *Migration*, werden die Vorgehensweise bei der Migration, das Migration Cockpit und die von SAP angebotenen Services beschrieben. Zusätzlich schildern Praxisberichte von SAP Consulting, ConVista und J&M bereits durchgeführte Projekte und bieten Ihnen in den *Lessons Learned* die Möglichkeit, von Erfahrungen anderer zu profitieren.

Abgerundet wird das Buch durch einen **Anhang**, der häufig gestellte Fragen in kompakter Form beantwortet.

Spezielle Symbole

Um Ihnen die Arbeit mit diesem Buch zu erleichtern, werden Sie durch spezielle Symbole auf Informationen hingewiesen, die für Sie von besonderer Bedeutung sein können:

[!] **Achtung**

Mit diesem Symbol möchten wir Sie vor einem möglichen Problem warnen. Seien Sie besonders achtsam, wenn Sie diese Aufgabe in Angriff nehmen oder diese Funktion nutzen wollen.

[zB] **Beispiel**

Dieses Symbol leitet ein Beispiel ein. Oftmals werden wir die im Text besprochenen Themen und Funktionen durch ein Beispiel illustrieren.

[+] **Hinweis**

Dieses Symbol markiert einen Hinweis. Hier weisen wir auf eine wichtige Information noch einmal besonders hin, die Ihnen Ihre Arbeit erleichtern kann.

Danksagungen

Bücherschreiben ist nicht einfach, und gerade das Verfassen eines Fachbuchs hat großen Einsatz nicht nur von den Autoren gefordert. Viele Freunde und Kollegen haben uns bei diesem Buchprojekt durch Ratschläge, zusätzliche Informationen und ihre Korrekturen unterstützt. Bei ihnen allen bedanken wir uns herzlich. Da die Gefahr besteht, bei einer Aufzählung unserer Helfer auch nur einen zu vergessen, haben wir uns entschieden, von einer solchen Abstand zu nehmen. Hervorheben wollen wir an dieser Stelle jedoch Jörg Hartmann. Mit seiner Leidenschaft für das fachliche Detail und seiner Vorreiterrolle in Sachen Migrationswerkzeuge hat er uns unterstützt und wertvolle Impulse für das Buch gegeben.

Besonders wichtig war für uns auch die Unterstützung unserer Familien, Myriam und Smilla Schlude sowie Eva und Jennifer Siebert. Nicht nur an den Wochenenden mussten sie auf vieles verzichten, weil wir mit unserem Buchprojekt zu tun hatten. Ohne ihre Geduld und ihre Langmut hätten wir dieses Buch nicht zu Ende führen können. Ihnen gilt unser besonderer Dank und ihnen widmen wir daher dieses Buch.

Eric Bauer und Jörg Siebert
März 2007

When patterns are broken, new worlds emerge.
(Tilly Kupferberg)

1 Das neue Hauptbuch in SAP ERP – Überblick

Um internationalen Rechnungslegungsanforderungen und branchenspezifischen Ansprüchen zu genügen, mussten in SAP R/3 noch eine ganze Reihe von Komponenten genutzt werden. Mit dem neuen Hauptbuch wird diese Zersplitterung beseitigt – es entsteht eine neue »Financials-Welt« aus einem Guss, in der veränderte Anforderungen erfüllt werden können. So wird auch der Herausforderung durch Compliance begegnet, die nach einer Sichtweise auf die Realität verlangt.

Zunächst erfahren Sie, welche veränderten Rahmenbedingungen den Wandel vorantreiben, etwa Compliance- und Reporting-Anforderungen sowie Corporate Performance Management. Anschließend stellen wir die Funktionsweise des »klassischen« Hauptbuchs in SAP R/3 dem neuen Hauptbuch in SAP ERP gegenüber.

1.1 Der Weg zum neuen Hauptbuch in SAP ERP

Das neue Hauptbuch in SAP ERP Financials löst seit der SAP R/3-Einführung gewachsene Lösungen ab. Die generelle Motivation zur Entwicklung des neuen Hauptbuchs sowie die (Einzel-)Lösungen der »alten Financials-Welt« werden in den folgenden Abschnitten dargestellt.

1.1.1 Motivation

Weiterentwicklungen von ERP-Systemen sind eingebettet in einen historischen Kontext, der sie formt und begleitet. In einem solchen Kontext steht auch das neue Hauptbuch in SAP ERP. Aus einer seit der SAP R/3-Einführung gewachsenen Financials-Welt geht ein neues Hauptbuch in SAP ERP Financials hervor, das eine Antwort auf Veränderungen darstellt (siehe Abbildung 1.1).

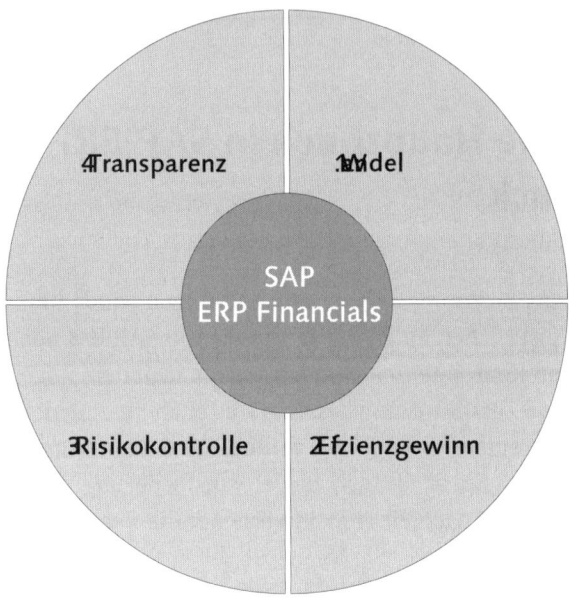

Abbildung 1.1 Trends in SAP ERP Financials

Veränderungen in SAP Financials

Diese Veränderungen in SAP ERP Financials spiegeln folgende Trends wider:

- Wandel
- Effizienzgewinn
- Risikokontrolle
- Transparenz

Im Folgenden möchten wir auf diese vier Trends genauer eingehen.

Wandel

Transformation in Financials

Der Wandel zeigt sich in der Umgestaltung des externen und des internen Rechnungswesens in Financials: Financial Accounting (FI) und Management Accounting (CO) bilden über das neue Hauptbuch eine Version der Wahrheit ab. Legale und Managementberichte werden über eine Datenquelle gespeist.

Folgende Reporting-Anforderungen werden im neuen Hauptbuch im Berichtswesen »aus einem Guss« erfüllt:

- gesetzliches Reporting
- Segment-Reporting
- Management-Reporting

Effizienzgewinn

Der zweite Trend in Abbildung 1.1, Effizienzgewinn, besteht vor allem in einer Optimierung der Financial Supply Chain. Die Financial Supply Chain setzt sich aus Funktionen und Prozessen für interne und unternehmensübergreifende Finanzvorgänge zusammen. Sie umfasst alle Transaktionen, die mit dem Kapitalfluss vom Auftrag des Kunden über die Abstimmung bis zur Zahlung an den Lieferanten verbunden sind.

Financial Supply Chain

Financial Supply Chain Management (FSCM) ist wiederum ein integrierter Ansatz zur Verbesserung der Transparenz und Kontrolle sämtlicher Geldflüsse. Die Optimierung der Financial Supply Chain mit dem Ziel der langfristigen Gewinnmaximierung und -erhaltung ist Inhalt des Financial Supply Chain Managements, das einen integrierten Ansatz für mehr Transparenz, Steuerung und Kontrolle aller mit dem Kapitalfluss verbundenen Prozesse darstellt. Die Komponente SAP FSCM ist über die Accounting-Schnittstelle mit dem neuen Hauptbuch in SAP ERP verbunden.

Financial Supply Chain Management

Risikokontrolle

Die dritte Veränderung, die wir in Abbildung 1.1 aufgezeigt haben, ist das Risikomanagement.

Risikomanagement im Rahmen von Governance, Risk und Compliance Management heißt für alle Geschäftsrisiken:

Governance, Risk und Compliance

- Identifikation
- Bewertung
- Monitoring

Compliance fordert von uns dabei ein gesetzes- und vorgabengetreues Handeln. Abbildung 1.2 gibt einen Überblick über die wichtigsten Ziele von Governance, Risk und Compliance Management.

Abbildung 1.2 Governance, Risk und Compliance Management

Sarbanes-Oxley
Act und KontraG

Der US-amerikanische Sarbanes-Oxley Act und das deutsche Gesetz zur Kontrolle und Transparenz im Unternehmensbereich (KontraG) sind nur zwei Beispiele von vielen auf dem internationalen Parkett, auf dem sich unsere Unternehmen bewegen.

Wie setzen wir an? Damit Mitarbeiter aller Ebenen stets gesetzeskonform entscheiden und handeln können, benötigt ein Unternehmen ganzheitliche Unterstützung. Das neue Hauptbuch ermöglicht hierzu eine transparente Darbietung der Daten. Ein komplexes Beziehungsgeflecht von unterschiedlichen Reporting-Merkmalen wird als einheitliches Ganzes für verschiedene Berichtsanforderungen externer und interner Anspruchsgruppen angeboten. Schwachstellen und Risikofaktoren, wie sie z.B. zeitaufwändigen und fehleranfälligen Abstimmarbeiten innewohnen, werden eliminiert.

Transparenz

Mehr Transparenz wird mithilfe des Corporate Performance Managements (CPM) erreicht. CPM umfasst Strategy Management, Business Planning, Performance Measurement und Business Consolidation.

Corporate Performance Management

Letztgenanntes wird durch die Vorarbeiten im neuen Hauptbuch in SAP ERP im Konsolidierungsvorbereitungsledger versorgt. Die Konsolidierungsbewegungsart findet sich als Datenfeld im neuen Hauptbuch, wie später noch in Kapitel 2, *Konzeption und Ausprägung der Ledger*, gezeigt wird.

Die Bewältigung der Aufgabe der Integration der konsolidierungsrelevanten Daten vom ERP in ein Konsolidierungssystem wird dadurch erleichtert. Im Trend der Business Consolidation findet sich die Harmonisierung der Plattform für externes und internes Reporting wieder.

Gesetzliches, Segment- und Management-Reporting

1.1.2   SAP R/3-basierte Lösungen für das Rechnungswesen

Wir werfen nun einen Blick auf die »alte Welt«, die verursacht durch die Heterogenität ihrer Ledger das Problem der abgestimmten Zahlenwerke in sich trägt.

Klassisches Hauptbuch

Das klassische Hauptbuch des Finanzwesens, primär orientiert an rechtlichen Anforderungen, steht noch im SAP R/3 Enterprise Release in einer Reihe mit weiteren, jedoch vom klassischen Hauptbuch separierten Büchern, so genannten Ledgern (siehe Abbildung 1.3). Während das klassische Hauptbuch an den legalen Anforderungen orientiert ist und das UKV-Ledger dazu dient, eine Gewinn- und Verlustrechnung (GuV) nach dem Umsatzkostenverfahren zu erstellen, finden wir für Management- und Segmentberichterstattung das Profit-Center-Ledger und für kundenindividuelle Anforderungen die Speziellen Ledger.

Diese speziellen Bücher, die unterschiedliche »spezielle« Ansprüche zu befriedigen suchen, werden in den folgenden Abschnitten erläutert.

Vielfalt der Ledger

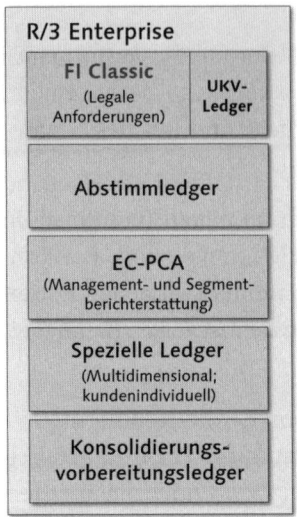

Abbildung 1.3 Ledger in Release R/3 Enterprise

Klassisches Hauptbuch Das klassische Hauptbuch wird primär geführt, um daraus eine Bilanz sowie eine GuV zu erstellen.

Bilanz/GuV Diese Dokumentation muss den landesspezifischen Anforderungen gerecht werden. Dies bedeutet beispielsweise, dass die bilanzierende Einheit (z. B. der Buchungskreis für Deutschland, wie in Abbildung 1.4 dargestellt) eine Bilanz nach lokalem Recht (HGB) erstellt. Zusätzlich werden von den Teilnehmern am Kapitalmarkt internationale Abschlüsse nach IFRS und/oder US-GAAP gefordert.

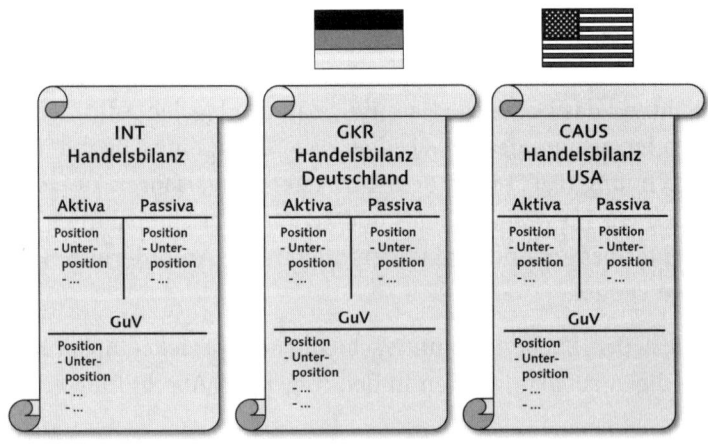

Abbildung 1.4 Bilanz und GuV

Umsatzkostenledger

Um die GuV nicht nur nach dem Gesamtkostenverfahren, sondern auch nach Umsatzkostenverfahren erstellen zu können, benötigt das SAP-System die Verkehrszahlen pro Funktionsbereich.

Umsatzkosten-verfahren

Eine spezielle Anforderung besteht folglich darin, die Kosten separat nach Funktionsbereichen wie z.B. Fertigung, Verwaltung, Vertrieb oder Forschung und Entwicklung darzustellen. Im klassischen Hauptbuch werden jedoch nur Verkehrszahlen für die Entität »Konto« mit der Möglichkeit der Auswertung nach Geschäftsberei-chen geführt. Dadurch ist zusätzlich die Ableitung des Funktionsbe-reichs notwendig, wie in Abbildung 1.5 dargestellt.

Funktionsbereiche

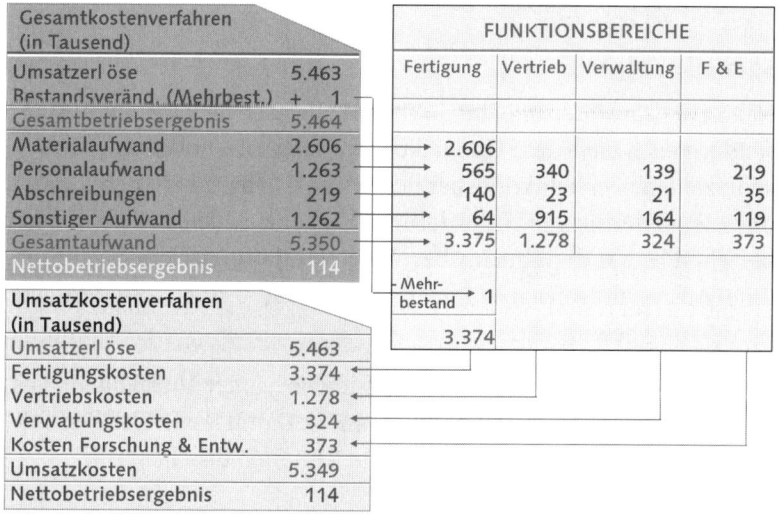

Abbildung 1.5 Zuordnung von Funktionsbereichen

Daher musste für den Fall, in dem diese Notwendigkeit bestand, bis zu Release SAP R/3 Enterprise ein weiteres Buch, ein Umsatzkosten-ledger, verwendet werden, in dem Verkehrszahlen pro Funktionsbe-reich geführt werden, wie Sie es in Abbildung 1.6 anhand der Funk-tionsbereiche Vertrieb, Verwaltung und Forschung sehen.

Umsatzkosten-ledger

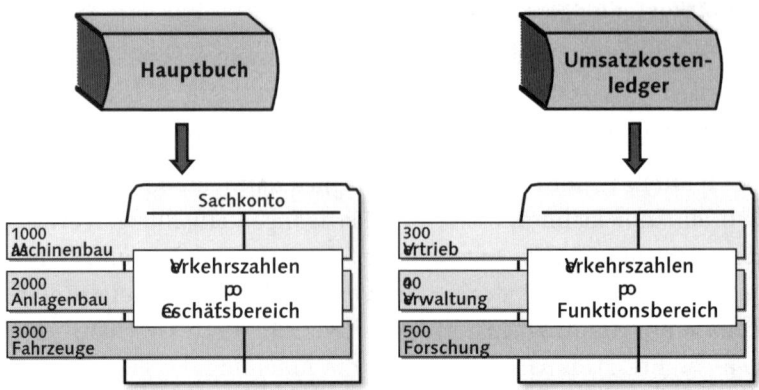

Abbildung 1.6 Umsatzkostenledger

Spezielle Ledger

Neben der Anforderung, die GuV nicht nur nach dem Gesamtkosten-, sondern auch nach dem Umsatzkostenverfahren – und damit die Verkehrszahlen nach Funktionsbereichen – darstellen zu können, besteht oftmals weiterhin die Anforderung, Verkehrszahlen nicht nur über bestehende, sondern auch über neue Kontierungsfelder zu führen. Eine Auswertung nach Märkten, Produkten, Tätigkeitsfeldern etc. wird häufig gewünscht.

Kontierungsfelder | Als weiteres mögliches Kontierungsfeld wäre unter Umständen »Special Region« denkbar (siehe Abbildung 1.7). Damit lassen sich Berichte, z.B. eine GuV, bezogen auf bestimmte Regionen erstellen.

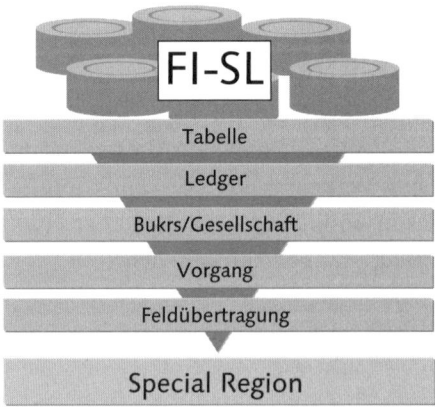

Abbildung 1.7 FI-SL – Spezielle Ledger

Mithilfe der Komponente »Spezielle Ledger« (FI-SL) lässt sich der Kontierungsblock erweitern. Es besteht damit die Möglichkeit, in einem eigenen Ledger die zusätzlichen Verkehrszahlen zu führen.

Erweiterung durch Spezielle Ledger

Abstimmledger

Mithilfe des Abstimmledgers in SAP R/3 können Buchungen aus dem internen und dem externen Rechnungswesen abgestimmt werden. Buchungen in FI werden bereits in SAP R/3 automatisch (in Echtzeit) an CO übertragen.

Diese Systematik findet sich auch vor den ERP-Releases in der SAP R/3-Welt wieder. Werden Beträge jedoch in SAP R/3 innerhalb von CO über Buchungskreise, Funktionsbereiche oder Geschäftsbereiche verrechnet, müssen diese Informationen ebenso wieder an das FI zurückübermittelt werden. Das SAP R/3-System sendete diese Daten nicht automatisch an FI. Während die Bewegungen in CO im Abstimmledger aktualisiert wurden, blieb das System diese Information dem FI zunächst schuldig. Am Periodenende erfolgte mithilfe des Abstimmledgers eine Übernahme der Daten, die FI mit den CO-Buchungen wieder synchronisierte.

Abstimmledger

Mit der Transaktion KALC wird das Programm aufgerufen; den Selektionsbildschirm zur Eingabe der Parameter und der Ablaufsteuerung finden Sie in Abbildung 1.8.

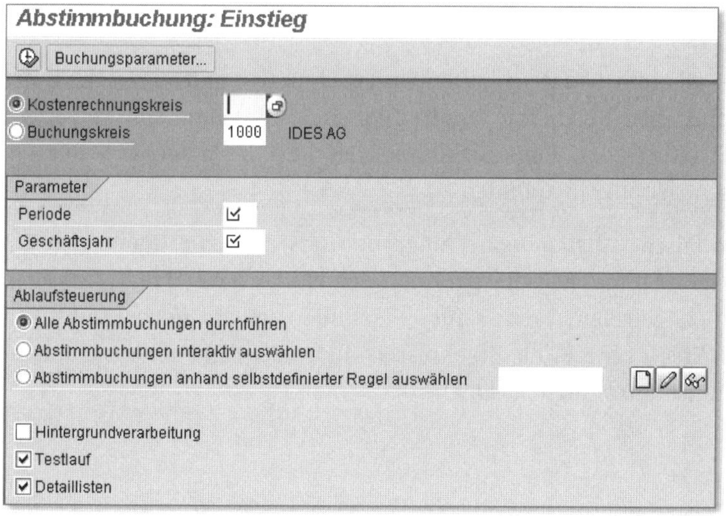

Transaktion KALC

Abbildung 1.8 Abstimmbuchung mit Transaktion KALC

Profit-Center-Rechnung

Sämtliche erfolgsrelevanten Geschäfsprozesse werden zusätzlich zu ihrer Abbildung in den Modulen des klassischen Erlös- und Kosten-Controllings des SAP ERP-Systems (Gemeinkosten-Controlling, Produktkosten-Controlling, Ergebnis- und Marktsegmentrechnung) in der Profit-Center-Rechnung (EC-PCA) abgebildet. Diesen Wertefluss in Richtung der Profit-Center-Rechnung finden Sie in Abbildung 1.9.

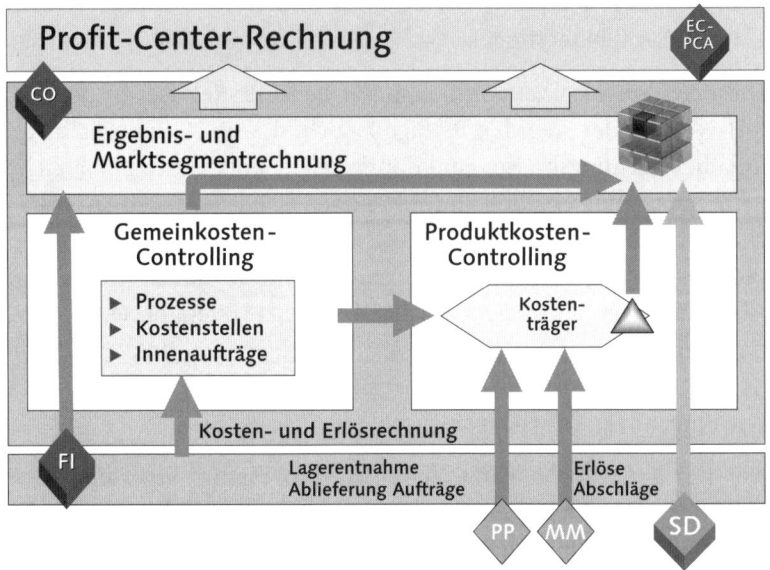

Abbildung 1.9 Wertefluss in der Profit-Center-Rechnung

Profit-Center-Rechnung EC-PCA

Als Teil eines übergeordneten Unternehmens-Controllings stellt die Profit-Center-Rechnung somit bildlich gesprochen ein »Schatten-Controlling« dar. Funktionalitäten des EC-PCA lassen sich nun im neuen Hauptbuch abbilden.

Neues Hauptbuch kein CO-Ersatz

Eine falsche Aussage wäre hingegen, dass das neue Hauptbuch CO ersetzen könne. Mit diesem Anspruch ist das neue Hauptbuch auch nicht angetreten. Trotz seiner Flexibilität ist das neue Hauptbuch kein Ersatz für z. B. die Ergebnisrechnung (CO-PA) oder das Gemeinkosten-Controlling (CO-OM).

1.1.3 Problematik der Fragmentierung

Die Problematik der abgestimmten Zahlenwerke resultiert aus der in den vorhergehenden Abschnitten beschriebenen heterogenen Ledger-Welt. Die damit einhergehende Fragmentierung steht dem Wunsch nach einem ganzheitlichen Ansatz im modernen Rechnungswesen entgegen. Mit dem neuen Hauptbuch wurden diese Silo-Lösungen überwunden und folgende Ziele erreicht:

Problematik der abgestimmten Zahlenwerke

Eine einheitliche Lösung ist nicht zuletzt im Hinblick auf Fast Close und auf eine Reduktion des Total Cost of Ownership (TCO) dringlich. Dabei ist zu berücksichtigen, dass zusätzlich internationale Anforderungen sowie branchenspezifische Vorgaben zu unterschiedlichen Datenablagen geführt haben, die diese Problemlage noch verstärkt hervortreten lassen und dem Wunsch nach einer einheitlichen Welt und einem ganzheitlichen Ansatz Nachdruck verleihen.

TCO und Fast Close

Wahrheit und Zuverlässigkeit sind im Rechnungswesen als wesentliche Determinanten gefragt. Das neue Hauptbuch berücksichtigt das und erfüllt die Forderung nach einer Transparenz der Daten.

Zuverlässigkeit

Gesetzliches Reporting ebenso wie das Management- und das Segment-Reporting werden in einem einheitlichen Ganzen vollzogen. Es kommen z.B. dieselben Verfahren bei unterschiedlichen Bewertungsansätzen zum Zuge, womit eine gleichbleibende Qualität der Daten gewährleistet wird.

Transparenz der Daten

Weniger manuelle Nachbearbeitung führt zu einer Verringerung der zuvor häufig betriebenen doppelten Bearbeitung von Daten. Die Gefahr eines nicht gesetzeskonformen oder nicht vorgabengetreuen Handelns wird dadurch geringer. Dies unterstützt die Bemühungen der Kunden um Corporate Governance. Der Mehrwert des neuen Hauptbuchs bezüglich Compliance wird auch in den folgenden Abschnitten angesprochen.

Weniger manueller Aufwand

1.2 Das neue Hauptbuch

Die folgenden Abschnitte behandeln die Vorteile und den damit verbundenen Mehrwert des neuen Hauptbuchs. Dazu werden die folgenden zusätzlichen Funktionalitäten kurz dargestellt:

▶ die Möglichkeit der Abbildung einer parallelen Rechnungslegung mit parallelen Ledgern

Zusätzliche Funktionalitäten

► die standardmäßige Erweiterung der Felder in der flexiblen Summentabelle FAGLFLEXT

► die damit verbundenen Möglichkeiten des neuen Hauptbuchs zur Segmentberichterstattung

► die Belegaufteilung

► die Echtzeitintegration von CO in FI

1.2.1 Zusätzliche Funktionalität im Hauptbuch

Das neue Hauptbuch in SAP ERP weist gegenüber dem klassischen Hauptbuch in SAP R/3 Enterprise und älteren Releaseständen eine Reihe von Verbesserungen auf, die wir im Folgenden beschreiben. Die Reihenfolge, in der wir die neuen Funktionalitäten beschreiben, spiegelt keine Wertung ihrer Wichtigkeit wider. Abbildung 1.10 zeigt im Überblick, welchen Nutzen das neue Hauptbuch aufweist.

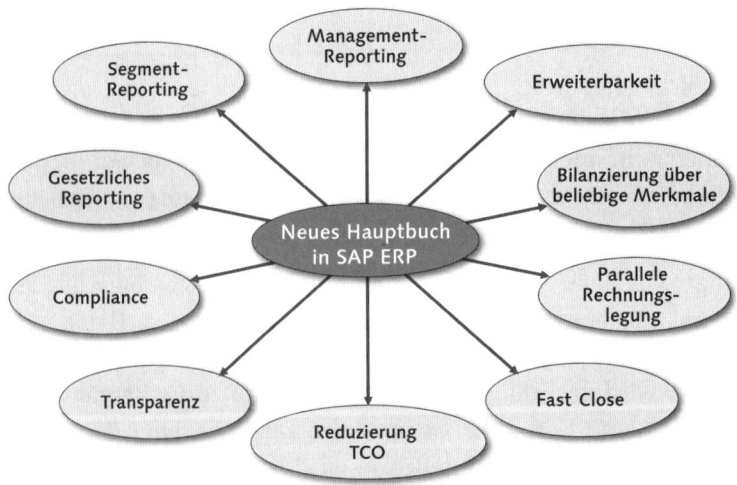

Abbildung 1.10 Nutzen des neuen Hauptbuchs

Architektur Einen ersten Eindruck bezüglich der Flexibilität des neuen Hauptbuchs gewinnen Sie beim Blick auf die Architektur. Sie finden neue Felder in einer erweiterten Datenstruktur und wählbare Szenarios zur Erfüllung externer und interner Berichtsanforderungen.

Es gilt jedoch: Generell stellt sich die Gestaltung der Transaktionen und Berichte für den Anwender trotz der neuen Funktionalitäten fast genauso dar, wie er es vom klassischen Hauptbuch kennt.

Die aus SAP R/3 Enterprise und den vorhergehenden Releaseständen bekannten Oberflächen von Transaktionen und Berichten wurden nur unwesentlich angepasst. Als Beispiel sehen Sie in Abbildung 1.11 die Saldenanzeige der Sachkonten.

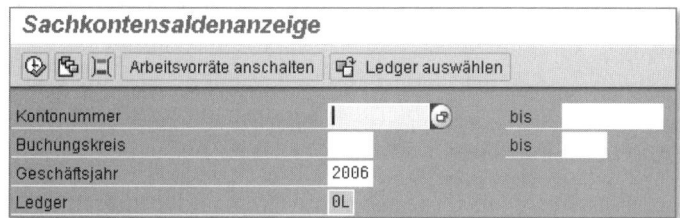

Abbildung 1.11 Oberfläche bei Selektionsauswahl zur Sachkontensaldenanzeige

Auch in der Konfiguration des Systems wurde für das Einstellen der Parameter im Bezug auf den Buchungskreis ein größtmöglicher Wiedererkennungseffekt im Vergleich zur Konfiguration in vorhergehenden SAP R/3-Releaseständen erzielt. Oberfläche

1.2.2 Parallele Rechnungslegung

Um die Transparenz zu erhöhen und grenzüberschreitende Wertpapiertransaktionen zu erleichtern, hat u.a. die Europäische Union (EU) entschieden, dass Konzernabschlüsse gemäß den International Financial Reporting Standards (IFRS) zu publizieren sind. Transparenz und Publizitätspflicht

In Deutschland werden seit 1999 die International Accounting Standards (IAS) oder auch International Financial Reporting Standards (IFRS) als Konzernrechnungslegung akzeptiert. IAS/IFRS

Diese Rechnungslegungsstandards wurden vom International Accounting Standards Board (IASB), einer von der EU unabhängigen Organisation, entwickelt. International Accounting Standards Board (IASB)

Während die meisten börsennotierten Unternehmen in Europa IFRS bereits zum 1. Januar 2005 einführen mussten, erhielt SAP – wie andere europäische Unternehmen, die auch an US-Börsen gelistet sind – Aufschub bis 2007. SAP muss dieser Verpflichtung also erstmalig mit dem Konzernabschluss für das Geschäftsjahr 2007 nachkommen. SAP selbst wird die Abschlüsse sowohl gemäß IFRS als auch gemäß US-GAAP erstellen.

Für die internationalen Kapital- und Absatzmärkte werden vergleichbare Abschlüsse immer wichtiger. Für viele Unternehmen sind IFRS-Konzernabschlüsse verpflichtend.

Internationale Rechnungslegung

Da sich diesem Trend niemand entziehen kann und der Einzelabschluss die Grundlage eines Konzernabschlusses bildet, werden in naher Zukunft wohl bald alle Abschlüsse einen internationalen Charakter bekommen. Internationale Rechnungslegung wird nicht auf Konzernabschlüsse beschränkt bleiben, sondern sie wird sich auch auf die Einzelabschlüsse auswirken.

Der Konzernabschluss wird keine reine Konsolidierungsaufgabe sein. Auch kleine und mittlere Unternehmen werden sich (mittel- bis langfristig) der internationalen Rechnungslegung nicht entziehen können. Die Harmonisierungstendenzen sind weltweit sichtbar (siehe Abbildung 1.12).

Abbildung 1.12 Abschluss nach internationalen Regelungen/Standards

Parallele Konten

Im neuen Hauptbuch besteht die Möglichkeit, eine parallele Rechnungslegung über parallele Konten, wie aus SAP R/3 bekannt, oder über parallele Ledger abzubilden.

Gleichwertige Lösungen

Hierbei werden beide Ansätze, parallele Konten und parallele Ledger (nicht mit den Speziellen Ledgern zu verwechseln), auch als gleichwertig deklariert. Das Standard-Reporting steht Ihnen für beide Lösungen zur Verfügung.

Die Wahl des geeigneten Lösungsansatzes hängt von der speziellen Situation ab, in der sich der jeweilige Kunde befindet. Falls z.B. über zusätzliche Konten die Anzahl der Sachkonten nicht mehr als gangbare Option erscheinen würde und Ihre parallelen Rechnungslegungen viele Bewertungsunterschiede aufweisen, könnte so das Szenario der Ledgerlösung im neuen Hauptbuch empfehlenswert sein.

Bei Nutzung der Parallel-Ledger-Technik des neuen Hauptbuchs wird für jede Rechnungslegungsvorschrift ein separates Ledger im neuen Hauptbuch geführt. So kann die parallele Bewertung, z.B. nach Rechnungslegungsvorschrift des Konzerns, nach lokaler Rechnungslegungsvorschrift und für Steuerzwecke über verschiedene Ledger abgebildet werden. | **Parallele Ledger**

Das neue Hauptbuch bietet damit die Möglichkeit und die Flexibilität, innerhalb des Hauptbuchs mehrere Bücher (Ledger) zu führen, die die Darstellungsoption einer parallelen Rechnungslegung im ERP-System repräsentieren. Damit ist eine Version der Wahrheit in einem »großen«, aber »flexiblen« Buch gewährleistet.

Der »ältere« Ansatz der parallelen Konten (eine einfache Darstellung findet sich in Abbildung 1.13) ist im neuen Hauptbuch nicht weniger wirkungsvoll als im klassischen Hauptbuch. Vergleichen wir den Ansatz der parallelen Ledger im neuen Hauptbuch nun mit dem Ansatz der parallelen Konten. | **Parallele Konten**

Für einen lokalen Abschluss sind gemeinsame und lokale Konten zusammen auszuwerten. | **Lokaler Abschluss/ IAS-Abschluss**

▶ Für den IAS-Abschluss werden gemeinsame und IAS-Konten dargestellt.

▶ Für jede Rechnungslegung gibt es zusätzliche Konten. Auf diesen erfolgen die spezifischen Buchungen mit Bewertungsunterschieden für die jeweilige Rechnungslegung.

▶ Separate Saldovortragskonten sind anzulegen (HGB, US-GAAP/ IAS, gemeinsame Konten), wie in Abbildung 1.14 gezeigt.

▶ Die Nummernvergabe für die Konten ist festzulegen (Nummernaufbau, Nummer oder Buchstabe).

▶ Ein Kontierungshandbuch ist zu erstellen.

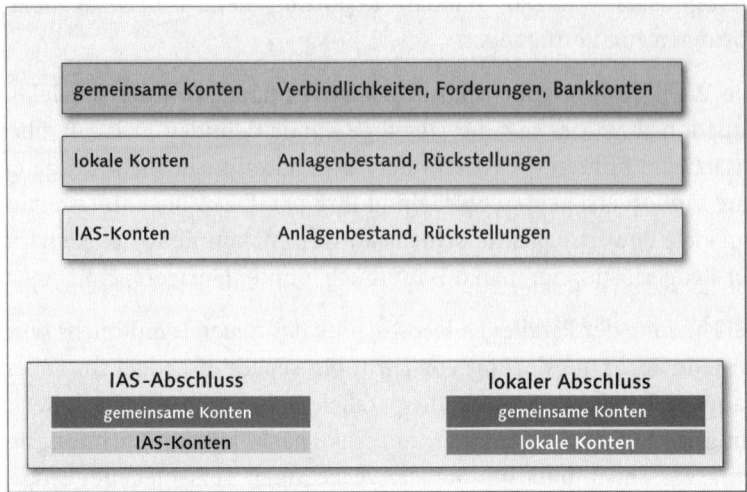

Abbildung 1.13 Abbildung über parallele Konten

Es ist unter anderem unabdingbar (siehe auch Abbildung 1.14 in der unteren Hälfte des Bilds), mehrere Saldovortragskonten im System zu führen, wenn eine Kontenlösung zur Abbildung der parallelen Rechnungslegung präferiert wird. Das Programm für den Saldovortrag muss mehrmals gestartet werden.

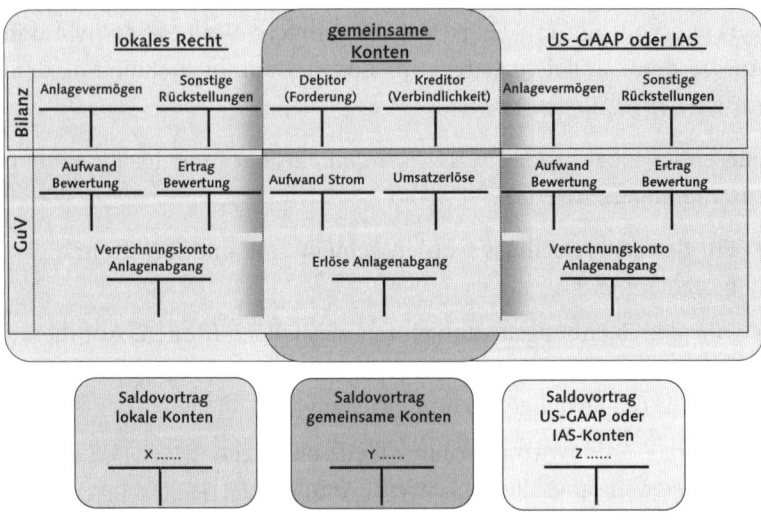

Abbildung 1.14 Kontenlösung

Weitere Ausführungen mit dem Schwerpunkt auf der Ledgerlösung finden Sie in Kapitel 4, *Parallele Rechnungslegung*.

1.2.3 Standardmäßige Erweiterung der Felder

In der Summentabelle des neuen Hauptbuchs (FAGLFLEXT) werden mehr Entitäten fortgeschrieben, als dies in der klassischen Summentabelle (GLT0) möglich ist: Neue Felder im neuen Hauptbuch sind z. B. **Kostenart**, **Kostenstelle**, **Profit-Center**, **Funktionsbereich** oder auch das Feld **Segment**.

Summentabelle FAGLFLEXT

Ein Blick auf die Datenbanktabellen (siehe Abbildung 1.15) macht die wesentliche Erweiterung der Datenstruktur im Standard deutlich.

Erweiterung Datenstruktur

Klassisches Hauptbuch		
Summentabelle GLT0		
Feld	...	Kurzbezeichnung
...	...	...
BUKRS	...	Buchungskreis
RYEAR	...	Geschäftsjahr
RACCT	...	Kontonummer
RBUSA	...	Geschäftsbereich
...	...	...
...	...	...
...	...	...
...	...	...
...	...	...
...		SE11_OLD

Neues Hauptbuch		
Summentabelle FAGLFLEXT		
Eine Auswahl der zur Verfügung stehenden Felder:		
Feld	...	Kurzbezeichnung
...	...	...
RYEAR	...	Geschäftsjahr
RACCT	...	Kontonummer
COST_ELEM	...	Kostenart
BUKRS	...	Buchungskreis
RCNTR	...	Kostenstelle
PRCTR	...	Profit-Center
RFAREA	...	Funktionsbereich
RBUSA	...	Geschäftsbereich
SEGMENT	...	Segment f. Seg.bericht
...	...	...

Abbildung 1.15 Vorteile im Detail – erweiterte Datenstruktur

Das neue Hauptbuch ist erweiterbar. Auch hier sei die Flexibilität erneut betont; so können kundeneigene oder branchenspezifische Felder aufgenommen und hierfür Summen fortgeschrieben werden.

Kundeneigene Felder

Insbesondere für die Branchenlösungen, wie z. B. im Bereich Banken, Versicherungen, Versorger oder öffentliche Verwaltungen, bietet sich damit die neue Möglichkeit, das Hauptbuch flexibel anzupassen. Das Beispiel in Abbildung 1.16 zeigt Optionen für ein Branchen-Template der Lösung für den Public Sector.

Branchenlösungen

Diese neuen Kontierungsfelder stehen bei FI-Sachkontenbuchungen, der MM-Bestandsführung und dem MM-Einkauf zur Verfügung und werden auch in den CO-Einzelposten fortgeschrieben.

Kontierungsfeld und Kontierungsblock

Dabei empfiehlt SAP, möglichst frühzeitig das Konzept für ein eigenes Kontierungsfeld zu erstellen und die Änderungen im Kontierungsblock vorzunehmen; in Kapitel 2, *Konzeption und Ausprägung der Ledger*, wird die Erweiterung des Kontierungsblocks thematisiert.

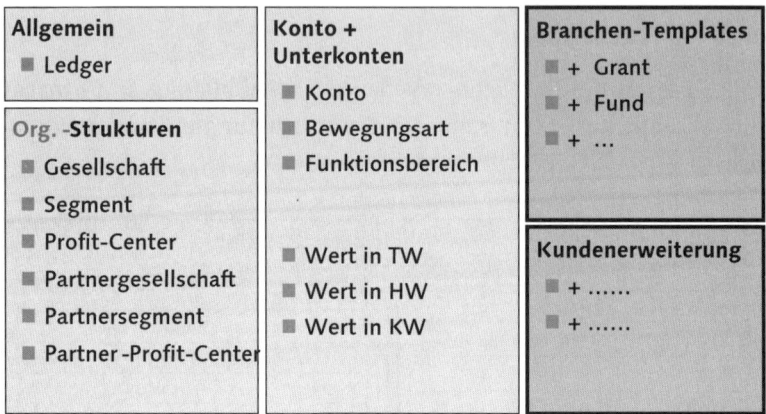

Abbildung 1.16 Hauptbuch in SAP ERP-Standardstruktur – Branchen- und Kundenerweiterung

1.2.4 Segmentberichterstattung

Entität »Segment«

Für die nach IAS und US-GAAP geforderte Segmentberichterstattung steht im neuen Hauptbuch die neue Entität »Segment« zur Verfügung. Das Feld **Segment** ist damit ein Standardkontierungsobjekt, das Auswertungen auf einer Objektebene unterhalb des Buchungskreises ermöglicht.

Tätigkeitsbereiche

Dies hat zum Ziel, einen detailgenauen Blick in geschäftliche Tätigkeitsbereiche, wie z.B. Märkte oder Produkte werfen zu können (siehe dazu Abbildung 1.17).

Ableitung aus Profit-Center

Das Segment steht im neuen Hauptbuch zusätzlich zur Verfügung, da der Geschäftsbereich und/oder das Profit-Center in der Vergangenheit häufig für andere Zwecke genutzt wurden und somit andere Anforderungen erfüllen mussten. Das Segment wird in der Regel aus einem Profit-Center abgeleitet, wie in Abbildung 1.18 ersichtlich.

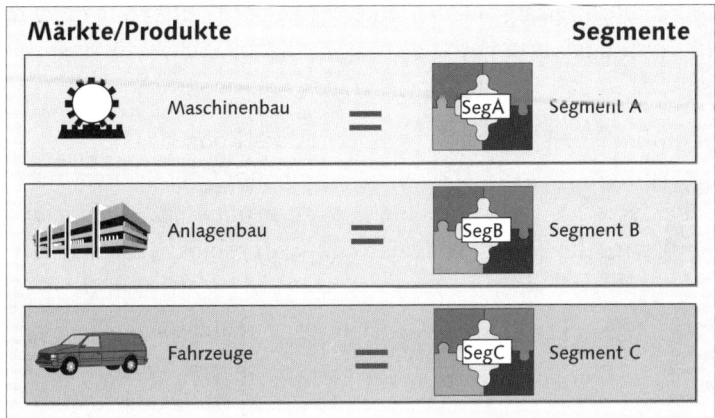

Abbildung 1.17 Verwendung der Entität »Segment«

Es kann bei der Buchung manuell gefüllt oder vorgeschlagen werden. Optional besteht die Möglichkeit, das Segment über ein Business Add-In (BAdI) zu ermitteln. Der Definitionsname des BAdI lautet: FAGL_DERIVE_SEGMENT.

Ermittlung durch BAdI

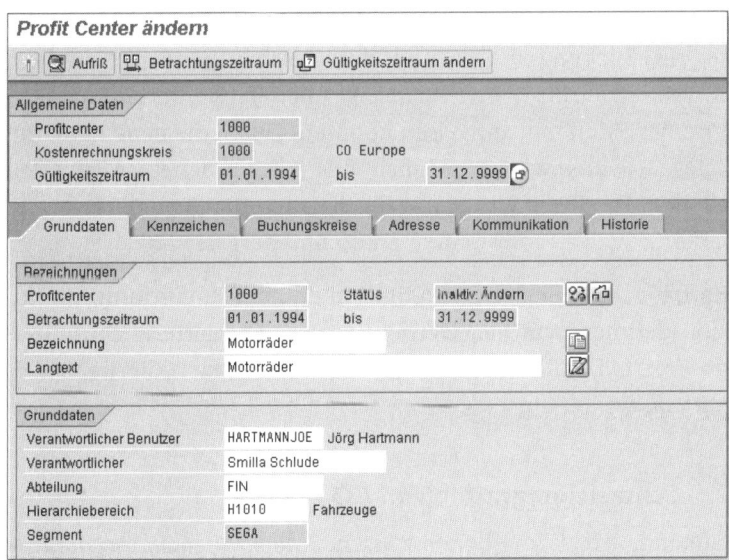

Abbildung 1.18 Ableitung eines Segments

Die Schritte, die notwendig sind, damit die Entität »Segment« bebucht, angezeigt und ausgewertet werden kann (siehe Abbildung 1.19), finden Sie in Kapitel 2, *Konzeption und Ausprägung der Ledger*.

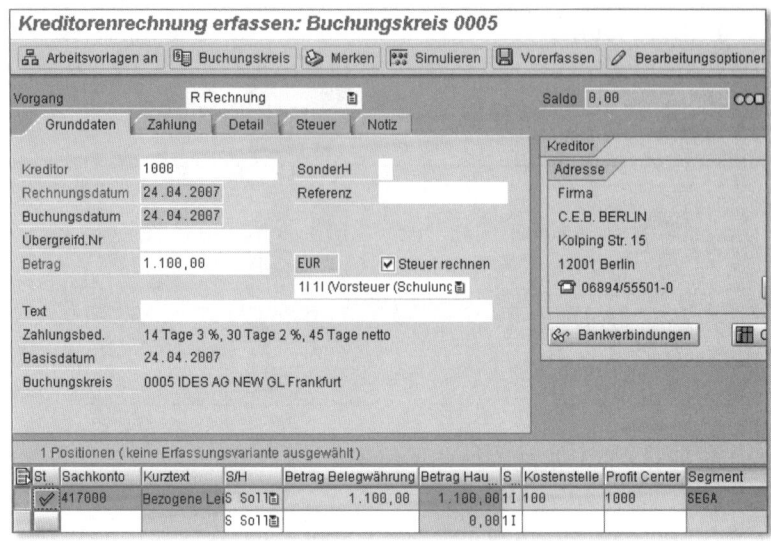

Abbildung 1.19 Entität »Segment« im FI-Beleg

1.2.5 Belegaufteilung

Belegsplit   In der Vergangenheit konnten Sie Bilanzen mit Saldo null auf der Ebene des Buchungskreises und des Geschäftsbereichs erstellen. Auch konnten Profit-Center-Bilanzen generiert werden, die jedoch nicht immer Saldo null aufweisen konnten. Durch die neue Funktion der Belegaufteilung wird es möglich, Bilanzen für beliebige Entitäten zu erstellen. Pro Beleg wird dann für die angesprochene Entität, z.B. Segment und/oder Profit-Center, Saldo null hergestellt.

Belegaufteilungs-   Die Entitäten, die als Belegaufteilungsmerkmale zuvor in der Konfi-
merkmale   guration definiert wurden, werden in nicht kontierte Buchungszeilen projiziert. Details zur Konfiguration entnehmen Sie Kapitel 5, *Belegaufteilung*.

1.2.6 Echtzeitintegration von CO in FI

Abstimmarbeiten   Zeitraubende Abstimmarbeiten zwischen dem Financial Accounting (FI) und dem Management Accounting (CO) zum Periodenende entfallen, weil entitätenübergreifende Prozesse im Controlling in Echtzeit in das neue Hauptbuch übergeben werden können.

Echtzeitintegration   Die Echtzeitintegration aus dem FI in das Controlling existierte auch schon vor den SAP ERP-Releases. Bei der Erfassung einer Aufwandsposition für betrieblichen Aufwand muss immer genau ein echtes CO-Objekt mitgegeben werden. Bei der Verbuchung wird dann nicht nur ein FI-Beleg, sondern auch ein CO-Beleg erzeugt. Der CO-Beleg bucht die dem Aufwand entsprechenden Kosten auf das echte CO-Objekt (siehe Abbildung 1.20).

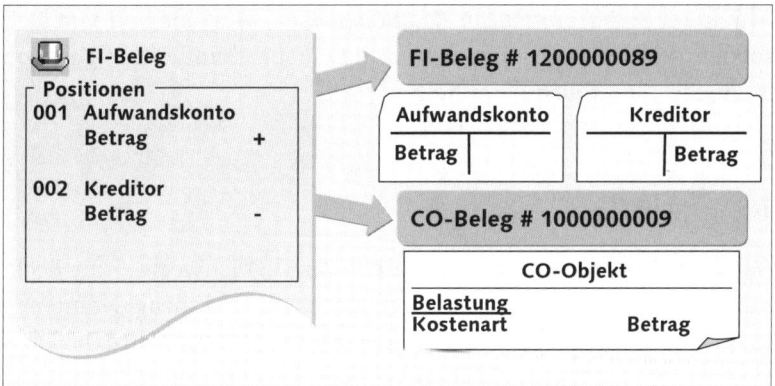

Abbildung 1.20 Echtzeitintegration aus FI in CO

Nur der umgekehrte Weg, aus dem CO in FI (siehe Abbildung 1.21), war bisher nicht in Echtzeit möglich. Dies betrifft z.B. Merkmalsänderungen bei Prozessen/Transaktionen wie periodische Verrechnungen (Umlage/Verteilung), manuelle Umbuchungen im CO, Leistungsverrechnungen sowie die Abrechnung von Aufträgen oder Projekten.

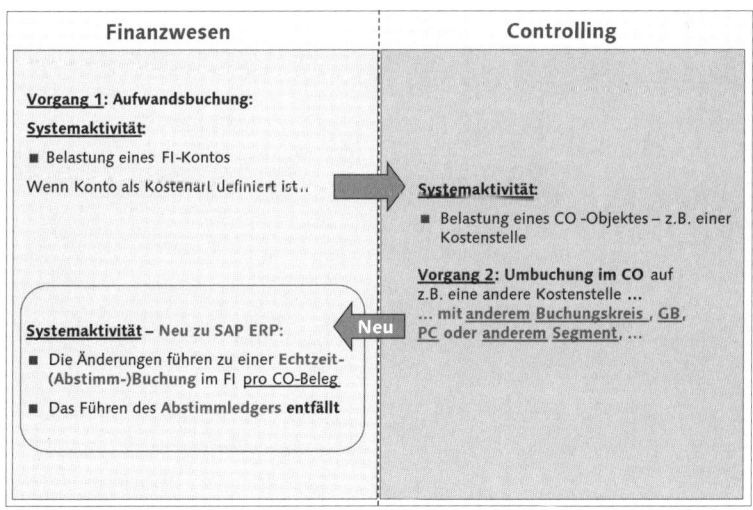

Abbildung 1.21 Echtzeitintegration aus CO in FI

Abstimmledger   Für die Abstimmung des CO mit dem Financial Accounting musste immer das Abstimmledger, das in der Kostenartenrechnung zu pflegen war, zu Hilfe genommen werden.

Über periodische Programmläufe wurden pro Kostenart/Aufwandskonto summarische Anpassungs-/Abstimmbuchungen durchgeführt.

In Kapitel 3, *Integration im Rechnungswesen*, wird anhand von Beispielen der Buchungsvorgang und die entsprechende Konfiguration im neuen Hauptbuch dargestellt.

1.3   Fazit

Mit dem neuen Hauptbuch wird ein Paradigmenwechsel im Rechnungswesen im ERP-System abgebildet. Mit der hinzugewonnenen Mehrdimensionalität und den kundeneigenen Feldern wird die Fragmentierung aufgelöst. Dadurch entfällt der Aufwand für Abstimmungen. Durch den Einsatz des neuen Hauptbuchs kann die Nutzung von separaten Komponenten entfallen.

Wie die Aktivierung der unterschiedlichen Szenarios funktioniert und welche Auswirkungen dies auf die betriebswirtschaftlichen Abläufe hat, erfahren Sie in den nächsten Kapiteln.

Nicht mit Erfindungen, sondern mit Verbesserungen macht man Vergnügen. (Henry Ford)

2 Konzeption und Ausprägung der Ledger

Das neue Hauptbuch umfasst die Funktionalitäten des klassischen Hauptbuchs, wurde darüber hinaus jedoch um Funktionalitäten der Speziellen Ledger erweitert, um so eine größere Flexibilität innerhalb des Hauptbuchs zu schaffen.

Um diese Flexibilität zu verdeutlichen, ist folgende Analogie hilfreich: Stellen Sie sich die Bindung des neuen Hauptbuchs als einen dehnbaren Einband und die Kapitel des Buchs als Ledger vor. Im Gegensatz zu einem Buch mit starrem Einband lassen sich hier Kapitel leichter hinzufügen. Diese Möglichkeit der Aufnahme von neuen Kapiteln/Ledgern charakterisiert das neue Hauptbuch. Wenn die Kapitel/Ledger letztlich zusammengefasst sind, ist das Resultat ein einziges dickes, fest gebundenes Buch.

Flexibilität des Hauptbuchs

Im Folgenden stellen wir zunächst die Ausprägung der Ledger sowie der Ledgergruppen dar. Anschließend gehen wir auf die Steuerung der verschiedenen Szenarios und der neuen Entität »Segment« sowie auf die Möglichkeit der Aufnahme von kundenspezifischen Feldern in den Kontierungsblock ein.

2.1 Ausprägung der Ledger

Bereits in SAP R/3 gab es das Prinzip unterschiedlicher Bücher (Ledger) für unterschiedliche Anforderungen: das klassische Hauptbuch (General Ledger 00) für legale Anforderungen, das UKV-Ledger (Ledger 0F) für das Umsatzkostenverfahren, das Profit-Center-Ledger (Ledger 8A) für Management- und Segmentberichterstattung und weitere Spezielle Ledger für multidimensionale, kundenspezifische

Separierte Bücher

Anforderungen. Ab Release SAP ERP reduziert sich die Anzahl dieser separierten Bücher, womit sich die Problematik der abgestimmten Zahlenwerke verringert.

Dieser Abschnitt erläutert die Definition, Zuordnung und Bebuchung des führenden Ledgers und der nicht-führenden Ledger. Mehrere Ledger eignen sich, um unterschiedliche Rechnungslegungsvorschriften abzubilden. Der Einsatz von nicht-führenden Ledgern ermöglicht es auch, innerhalb eines Buchungskreises mit unterschiedlichen Geschäftsjahresvarianten zu arbeiten.

2.1.1 Basis der Ledger

Standardsummentabelle FAGLFLEXT

Ledger zum Speichern und zur Auswertung von Werten basieren auf einer Summentabelle. SAP empfiehlt Ihnen, die ausgelieferte Standardsummentabelle FAGLFLEXT zu verwenden (die Branchenlösung für das Public Sector Management nutzt FMGLFLEXT).

Ledger der Hauptbuchhaltung

Über den Customizing-Pfad **Finanzwesen (neu) · Grundeinstellungen Finanzwesen (neu) · Bücher · Ledger · Ledger der Hauptbuchhaltung definieren** legen Sie zunächst die Ledger fest, die Sie in der Hauptbuchhaltung verwenden möchten.

Ein Blick auf die Datenbanktabelle in Abbildung 2.1 zeigt die standardmäßige Erweiterung der Datenstruktur dieser Tabelle. Im Gegensatz zur klassischen Hauptbuchhaltung beinhaltet die Tabelle FAGLFLEXT neue Felder, wie z.B. Profit-Center, Segment und Funktionsbereich. Kundenindividuelle Erweiterungen sind ebenfalls vorgesehen. Zusätzlich unterscheiden wir zwischen führendem Ledger und nicht-führenden Ledgern.

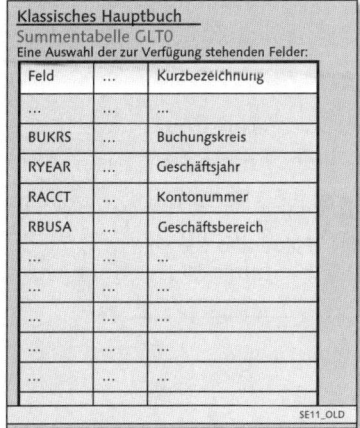

Abbildung 2.1 Summentabelle FAGLFLEXT

2.1.2 Führendes Ledger

Im neuen Hauptbuch gibt es pro Mandant ein führendes Ledger, das für alle Buchungskreise gültig ist. Eine wichtige Entscheidung ist, welche Rechnungslegungsvorschrift im führenden Ledger abgebildet wird. Diese Zuordnung kann nachträglich nicht deaktiviert werden.

Ein führendes Ledger pro Mandant

Sie können genau ein Ledger als führendes Ledger kennzeichnen (siehe Abbildung 2.2). SAP liefert im Standard das führende Ledger 0L aus.

Führendes Ledger 0L

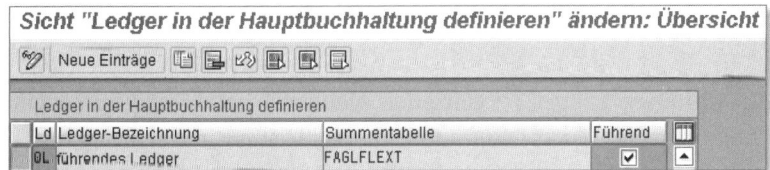

Abbildung 2.2 Führendes Ledger definieren

Analog dazu findet sich in Abbildung 2.3 das IAS-Ledger im Mandanten 800 als Beispiel für ein führendes Ledger für die Buchungskreise 1000, 2000, 3000 und 4000.

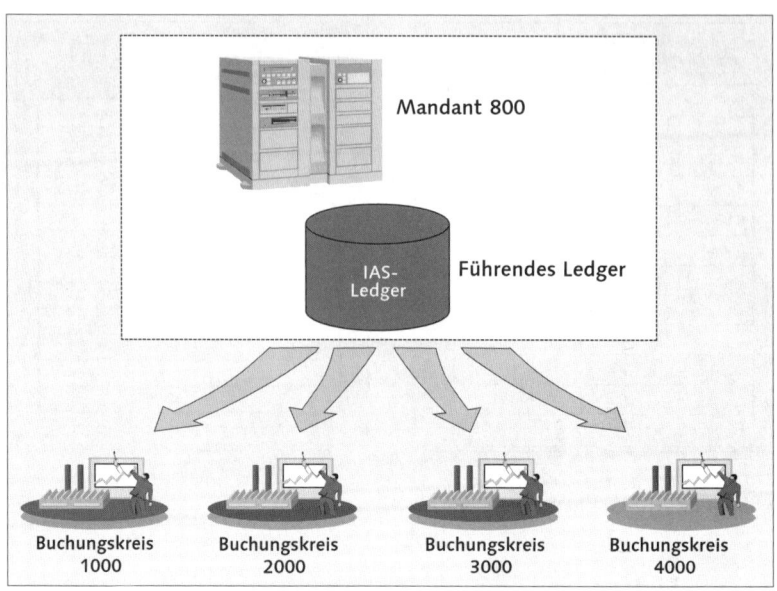

Mandant 800

IAS-Ledger **Führendes Ledger**

Buchungskreis 1000 **Buchungskreis 2000** **Buchungskreis 3000** **Buchungskreis 4000**

Abbildung 2.3 Führendes Ledger im Mandanten

Die Definition des führenden Ledgers nehmen Sie im IMG über den folgenden Customizing-Pfad vor: **Finanzwesen (neu) • Grundeinstellungen Finanzwesen (neu) • Bücher • Ledger • Ledger der Hauptbuchhaltung definieren.**

Rechnungs-
legungs-
vorschrift

Das führende Ledger wird in der Regel nach der Rechnungslegungsvorschrift geführt, nach der der Konzernabschluss erstellt wird. Kapitel 4, *Parallele Rechnungslegung*, gibt darüber noch detailliert Auskunft.

Integration der
Nebenbücher

Das führende Ledger ist mit allen Nebenbüchern integriert (siehe Abbildung 2.4). Beispiele finden sich zum einen in der Belegaufteilung durch die Integration mit der Kreditoren- und Debitorenbuchhaltung (FI-AP bzw. FI-AR), zum anderen in der Anlagenbuchhaltung (FI-AA), wo die Nachaktivierung von Skonto auf Anlagen in Echtzeit durchgeführt wird.

Wenn die parallele Rechnungslegung mithilfe der Kontenlösung abgebildet wird, gibt es in der Regel genau ein Ledger – das führende Ledger. Alternativ zur Kontenlösung steht Ihnen die Ledgerlösung im neuen Hauptbuch zur Verfügung.

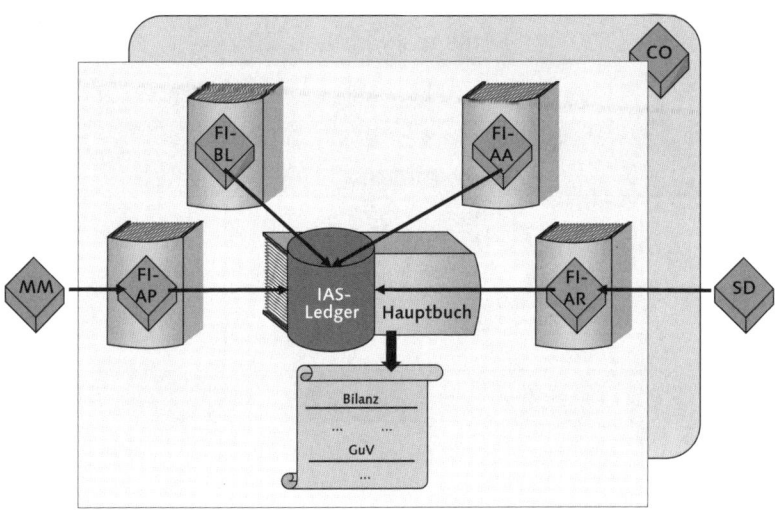

Abbildung 2.4 Integration der Nebenbücher mit dem führenden Ledger

Es existiert also ein führendes Ledger, das (als Einziges) seine Werte standardmäßig in das Controlling bucht.

Damit kann nur das führende Ledger eine Integration mit dem CO abbilden. CO empfängt lediglich Werte aus dem führenden Ledger. Nur mithilfe der Kontenlösung, die in Abschnitt 1.2.2 bereits beschrieben wurde, besteht die Möglichkeit einer Abbildung von parallelen Bewertungsansätzen im CO.

Integration von CO

Bei der Integration in die Anlagenbuchhaltung (FI-AA) ist das Prinzip ähnlich: Der führende Bereich der Anlagenbuchhaltung (Bewertungsbereich 01) muss in das führende Ledger gebucht werden (siehe Abbildung 2.5).

Integration von FI-AA

Wir betrachten nun die Einstellungen, die Sie für das führende Ledger vornehmen müssen. In jedem Buchungskreis werden vom führenden Ledger automatisch die Einstellungen übernommen, die für die folgenden Parameter gelten:

▶ Währungen

▶ Geschäftsjahresvariante

▶ Buchungsperiodenvariante

Im Folgenden stellen wir Ihnen diese drei Parameter ausführlicher vor.

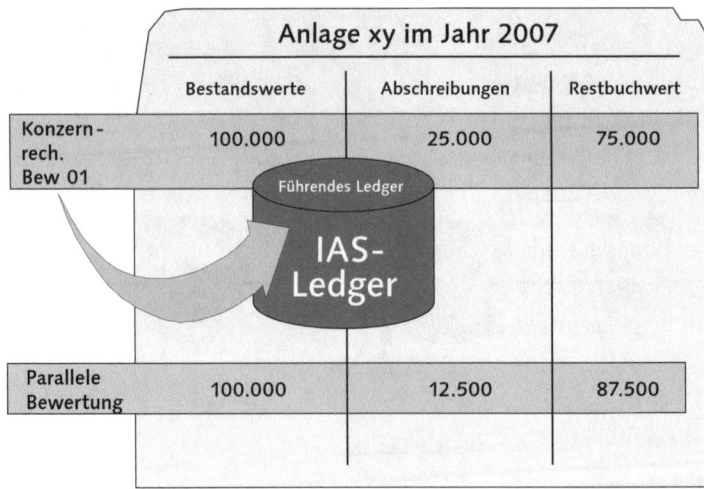

Abbildung 2.5 FI-AA – Bewertungsbereich 01 bucht in das führende Ledger

Währungen Neben der Transaktionswährung können drei zusätzliche (Haus-) Währungen im neuen Hauptbuch abgebildet werden. Das führende Ledger führt die (zusätzlichen) Hauswährungen, die dem Buchungskreis zugewiesen sind. Lassen Sie uns ein Beispiel betrachten: Das führende Ledger und Buchungskreis ABCD haben in Abbildung 2.6 eine Buchungskreiswährung (den japanischen Yen), eine Konzernwährung (hier den Euro als zweite Hauswährung) und im US-Dollar eine Hartwährung als dritte Hauswährung.

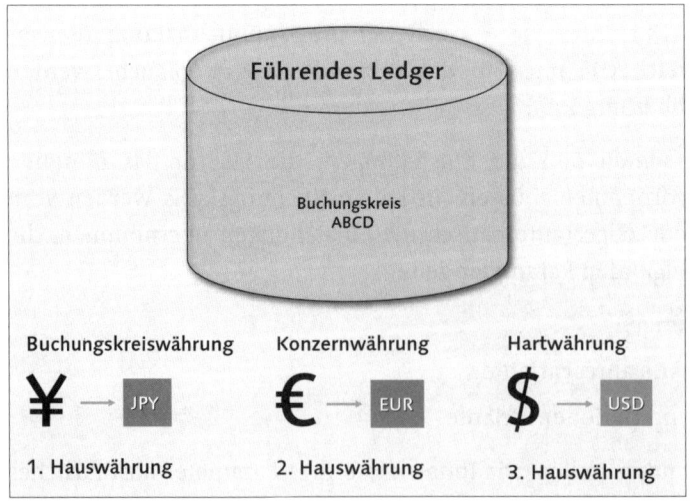

Abbildung 2.6 Führendes Ledger führt die zusätzlichen Hauswährungen

Über folgenden Customizing-Menüpfad werden die Währungen des führenden Ledgers definiert: **Finanzwesen (neu) · Grundeinstellungen Finanzwesen (neu) · Bücher · Ledger · Währungen des führenden Ledgers definieren**. Hier legen Sie die Währung fest, in der das führende Ledger geführt werden soll. Für jeden Buchungskreis können Sie folgende Einstellungen vornehmen:

Währungen des führenden Ledgers

- **Hauswährung 1 (als Buchungskreiswährung)**
  Diese ist über die Einstellungen zum Buchungskreis festgelegt.

- **Zusätzliche Hauswährungen**
  Sie können eine oder bis maximal drei zusätzliche Hauswährungen definieren, die Sie pro Buchungskreis parallel zur ersten Hauswährung führen.

- **Parallele Währungen**
  Für die zusätzlichen Hauswährungen hinterlegen Sie pro Buchungskreis den Währungstyp und den Kurstyp (siehe Abbildung 2.7).

Der Währungstyp gibt die »Rolle« der parallel zu führenden Währung an. Wir unterscheiden zwischen folgenden Währungstypen:

Währungstyp

- Buchungskreiswährung
- Konzernwährung
- Hartwährung
- Indexwährung
- Gesellschaftswährung

Der Kurstyp legt fest, mit welchem im System hinterlegten Umrechnungskurs bei der Berechnung der zusätzlichen Betragsfelder gearbeitet wird. In unserem Beispiel in Abbildung 2.7 ist dies der Kurstyp »M – Standardumrechnung zum Mittelkurs«.

Kurstyp für die Umrechnung

Für jedes Währungspaar können Sie verschiedene Wechselkurse hinterlegen, die durch den Kurstyp unterschieden werden. Die verschiedenen Wechselkurse können etwa für folgende Zwecke verwendet werden:

Wechselkurse

- Bewertung
- Konvertierung
- Umrechnung
- Planung

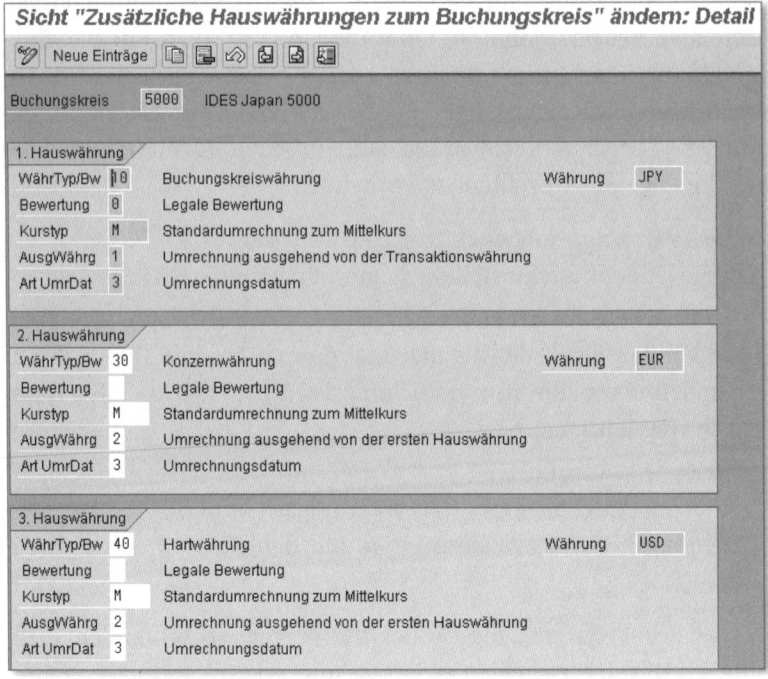

Abbildung 2.7 Zusätzliche Hauswährungen zum Buchungskreis

Mittelkurs, Geldkurs, Briefkurs

Sie können wie bei der ersten Hauswährung den Kurstyp M (Mittelkurs), G (Geldkurs), B (Briefkurs) oder einen beliebigen anderen Kurstyp verwenden.

Ausgangswährung für die Umrechnung

Für die bilanziellen Auswertungen stehen Ihnen also drei Hauswährungen zuzüglich einer Transaktionswährung zur Verfügung. In der klassischen Hauptbuchhaltung war dies nur mithilfe eines zusätzlichen Speziellen Ledgers möglich.

Nach den Währungen als dem ersten Parameter zum führenden Ledger beschäftigen wir uns nun mit den beiden weiteren Einstellungen für das führende Ledger, mit der Geschäftsjahresvariante und der Buchungsperiodenvariante. Dort wird an das aus SAP R/3 bekannte dreistufige Variantenprinzip angeknüpft:

1. Variante definieren

2. Werte für die Variante festlegen

3. der Variante Objekte zuordnen

Das Variantenprinzip ist ein Verfahren, mit dem im System einem oder mehreren Objekten bestimmte Eigenschaften zugeordnet werden. Ein Beispiel hierfür ist das Arbeiten mit einer der drei folgenden Möglichkeiten:

- Geschäftsjahresvariante

- Buchungsperiodenvariante

- Feldstatusvariante

Variantenprinzip

Im Folgenden gehen wir auf die ersten beiden der drei Varianten genauer ein. Zunächst betrachten wir die Geschäftsjahresvariante für das führende Ledger.

Geschäftsjahresvariante

Damit Geschäftsvorgänge verschiedenen Zeiträumen zugeordnet werden können, muss ein Geschäftsjahr mit Buchungsperioden definiert werden. Die Anzahl der Buchungsperioden sowie Anfang/Ende der Buchungsperioden und die Sonderperioden werden festgelegt. In der Geschäftsjahresvariante sind somit lediglich die Anzahl der Perioden und die Start- und Endtermine der einzelnen Perioden definiert. Das Geschäftsjahr wird auf diese Weise als Variante definiert, der Buchungskreis bzw. die Buchungskreise der Variante zugeordnet.

Buchungsperioden

In der Geschäftsjahresvariante wird nicht festgehalten, ob eine Buchungsperiode offen oder geschlossen ist. Diese Daten werden in einer anderen SAP-Tabelle verwaltet; sie werden in der Buchungsperiodenvariante hinterlegt.

Buchungsperiodenvariante

Damit Belege nicht in falsche Buchungsperioden gebucht werden, können in der Buchungsperiodenvariante die betreffenden Buchungsperioden geschlossen bzw. die richtigen Buchungsperioden geöffnet werden.

Das führende Ledger arbeitet mit der Geschäftsjahresvariante und der Buchungsperiodenvariante des Buchungskreises. Abbildung 2.8 zeigt die Zuordnung der einem Kalenderjahr entsprechenden Geschäftsjahresvariante zum IAS-Ledger. In Abbildung 2.9 ist die Zuordnung von Buchungsperiodenvariante 0001 zu verschiedenen Ledgern dargestellt.

Die Zuordnung der Varianten erfolgt im Customizing unter **Finanzwesen (neu) · Grundeinstellungen Finanzwesen (neu) · Bücher ·**

Zuordnung der Varianten

Geschäftsjahr und Buchungsperioden. Ausnahmen zu diesem Prinzip finden Sie in Kapitel 3, *Integration im Rechnungswesen*.

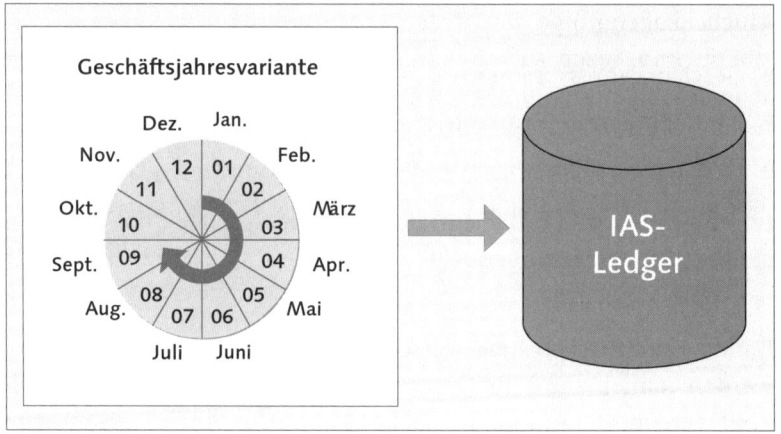

Abbildung 2.8 Zuordnung der Geschäftsjahresvariante

Buchungsperiodenvariante

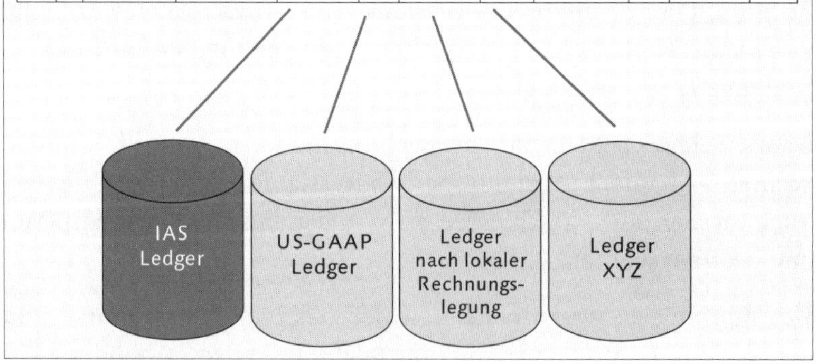

Var	K	von Konto	bis Konto	von Per 1	Jahr	bis Per 1	Jahr	von Per 2	Jahr	bis Per 2	Jahr
0001	+	----	----	012	2006	012	2006	001	2007	002	2007
0001	D	----	9999999999					001	2007	002	2007
0001	K	----	9999999999					001	2007	002	2007
0001	S	0000140150	0000140150					001	2007	002	2007
0001	S	0000140100	0000149999	012	2006	012	2006	001	2007	002	2007
0001	S	----	9999999999					001	2007	002	2007

IAS Ledger   US-GAAP Ledger   Ledger nach lokaler Rechnungslegung   Ledger XYZ

Abbildung 2.9 Zuordnung der Buchungsperiodenvariante

Damit besteht eine generelle Freiheit bezüglich der Geschäftsjahresvariante und der Buchungsperiodenvariante für die Ledger, die lediglich (siehe SAP-Hinweis 844029) durch die Anwendung der Anlagenbuchhaltung eingeschränkt wird.

Eine Besonderheit in Bezug auf die offene und die geschlossene Buchungsperiode gibt es beim so genannten repräsentativen Ledger. Das repräsentative Ledger lässt sich als das *Primus inter Pares*-Ledger einer Ledgergruppe bezeichnen (in einer Ledgergruppe werden mehrere in Bezug auf Funktionen und Prozesse gleich zu behandelnde Ledger zusammengefasst). Wenn die Buchungsperiode des repräsentativen Ledgers offen ist, werden auch in allen anderen Ledgern der Ledgergruppe, zu der das repräsentative Ledger gehört, Buchungen vorgenommen, selbst wenn die Perioden dieser Ledger geschlossen sind. Das repräsentative Ledger ist Gegenstand von Abschnitt 2.1.6.

2.1.3   Nicht-führendes Ledger

Die nicht-führenden Ledger werden als parallele Bücher zum führenden Ledger geführt. Parallele Bücher sind nicht notwendig, um die möglicherweise derzeit genutzten Summentabellen GLT0, GLFUNCT bzw. GLPCT abzubilden; diese können Sie im neuen Hauptbuch zukünftig in einem Ledger vereinen.

Parallele Bücher werden immer als vollständige Ledger geführt, d.h., alle Buchungen ohne Bewertungsunterschiede sind in den Auswertungen für das führende und die nicht-führenden Ledger zu sehen.

Vollständige Ledger

Bewertungsbuchungen, die nur für eine spezifische Rechnungslegungsvorschrift gelten, erfolgen explizit in das jeweilig dafür vorgesehene Ledger. Wir greifen dies im Rahmen der Erläuterung zum Datenkonzept erneut auf.

Parallele Ledger sind parallel geführte Bücher innerhalb eines Hauptbuchs; unterschiedliche Rechnungslegungsvorschriften, z.B. IAS/IFRS oder US-GAAP, lassen sich durch sie abbilden (siehe Abbildung 2.10).

Parallele Bücher

Die Definition der nicht-führenden Ledger (siehe Abbildung 2.11) nehmen Sie unter dem IMG-Pfad **Finanzwesen (neu) • Grundeinstellungen Finanzwesen (neu) • Bücher • Ledger • Ledger der Hauptbuchhaltung definieren** vor.

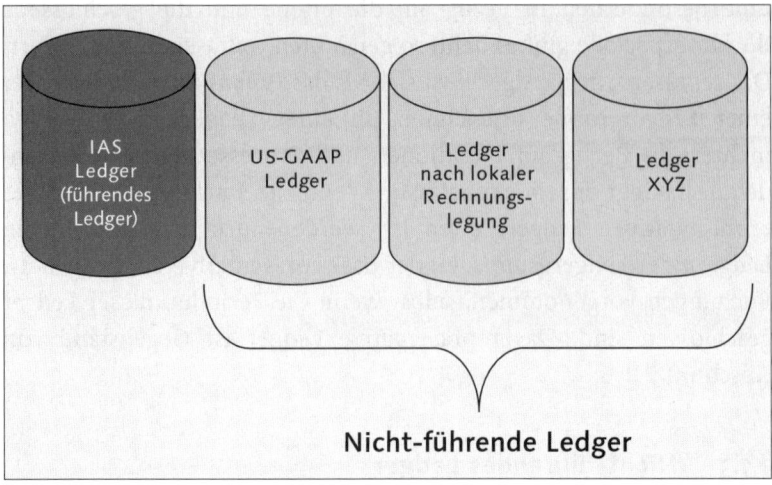

Abbildung 2.10 Ledgerausprägung

Sicht "Ledger in der Hauptbuchhaltung definieren" ändern: Übersicht

Neue Einträge

Ledger in der Hauptbuchhaltung definieren

Ld	Ledger-Bezeichnung	Summentabelle	Führend	
0L	führendes Ledger	FAGLFLEXT	☑	▲
BZ	local	FAGLFLEXT	☐	▼
GF		FAGLFLEXT	☐	
L5	IAS	FAGLFLEXT	☐	
L6	local	FAGLFLEXT	☐	

Abbildung 2.11 Nicht-führende Ledger definieren

Aktivierung nicht-führender Ledger

Nicht-führende Ledger müssen Sie im Gegensatz zum führenden Ledger aber zusätzlich pro Buchungskreis aktivieren, und zwar unter dem IMG-Pfad **Finanzwesen (neu) • Grundeinstellungen Finanzwesen (neu) • Bücher • Ledger • Nicht-führende Ledger definieren und aktivieren**. In dieser IMG-Aktivität nehmen Sie für jeden gewünschten Buchungskreis folgende Einstellungen für die nicht-führenden Ledger vor (siehe Abbildung 2.12).

Sie aktivieren mit dieser Einstellung das gewünschte nicht-führende Ledger pro Buchungskreis, in Abbildung 2.12 z.B. das nicht-führende Ledger L6.

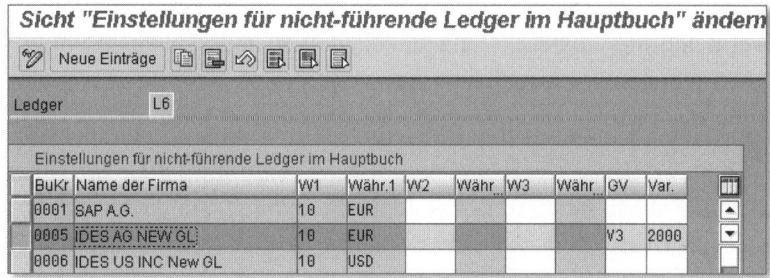

Abbildung 2.12 Einstellungen für nicht-führende Ledger

Sie können vom führenden Ledger abweichende zusätzliche Währungen festlegen. Als erste Währung wird immer die Währung des führenden Ledgers, d. h. des entsprechenden Buchungskreises, übernommen. Für die mögliche zweite und dritte Währung eines nicht-führenden Ledgers dürfen Sie nur Währungstypen verwenden, die Sie dem entsprechenden Buchungskreis schon für das führende Ledger zugeordnet haben.

Währungen des nicht-führenden Ledgers

Sie können eine vom führenden Ledger abweichende Geschäftsjahresvariante hinterlegen. Wenn Sie keine Geschäftsjahresvariante eingeben, wird automatisch die Geschäftsjahresvariante des Buchungskreises übernommen. Damit kann ein Buchungskreis mit unterschiedlichen Geschäftsjahresvarianten abgebildet werden, wenn z. B. das führende Ledger mit der Geschäftsjahresvariante K4 (Geschäftsjahr entspricht dem Kalenderjahr) und ein nicht-führendes Ledger mit Geschäftsjahresvariante V3 (ein von Kalenderjahr abweichendes Geschäftsjahr) arbeitet. Diese Möglichkeit gibt es nicht im klassischen Hauptbuch, lediglich in den Speziellen Ledgern steht diese Option ebenfalls zur Verfügung.

Sie können sich neben einer abweichenden Geschäftsjahresvariante auch für eine vom führenden Ledger abweichende Buchungsperiodenvariante entscheiden.

Das neue Hauptbuch bietet auch die Möglichkeit, die steuerliche Bewertung in einem separaten, nicht-führenden Ledger abzubilden.

Steuerliche Bewertung

Wenn Sie diese Funktion nutzen möchten, sollten Sie (siehe auch SAP-Hinweis 873125, Stand 31.12.2006) darauf achten, bei der Datenextraktion von DART das Ledger mit den steuerlichen Daten anzugeben. Voraussetzungen sind das Einspielen der Korrektur und

Datenextraktion von DART

die manuellen Schritte, die in diesem Hinweis beschrieben werden. Wenn Sie die Korrektur einspielen wollen, müssen Sie zuvor die DART-Version 2.4 installiert haben.

Das Selektionsbild des Extraktionsprogramms bietet Ihnen die Möglichkeit, ein Ledger auszuwählen, für das dann die Daten extrahiert werden. Wird im Selektionsbild nicht explizit ein Ledger ausgewählt, wird also kein abweichendes bzw. kein Ledger selektiert, wird immer das führende Ledger für die Auswertung ausgewählt.

Sofern Sie im neuen Hauptbuch auch die Funktion der Bilanzierung auf Segmenten verwenden, kann es bei speziellen Belegen zu einer Belegaufteilung kommen, um einen Saldo-null-Ausgleich innerhalb der Segmente zu erreichen.

Bei diesen Belegen werden spezielle Verrechnungskonten bebucht. Da diese Verrechnungskonten zwar bei DART mitselektiert werden, nicht aber die technischen Belegzeilen aus der Belegaufteilung, kommt es zu einer Differenz in den Kontrollsummen. Diese Differenz kann ignoriert werden, sofern sich die Summe der Differenzen zu null saldiert. Die Differenzen werden jeweils zwischen Positionssumme und Kontensaldo ausgewiesen, ergeben in Summe aber im Normalfall den Wert 0.

2.1.4 Datenkonzept

Konzeption des neuen Hauptbuchs

Durch die größere Flexibilität des neuen Hauptbuchs ist es besonders wichtig, das neue Hauptbuch selbst und das mit seiner Einführung verbundene Projekt so zu konzipieren, dass das neue Hauptbuch im Rahmen seiner Möglichkeiten alle Ihre betriebswirtschaftlichen und technischen Anforderungen erfüllen kann.

Sowohl die abzubildenden Szenarios und damit Felder als auch die Anzahl der Einzel- und Summensätze je Tabelle und je Ledger sind Schlüsselfaktoren für ein erfolgreiches und tragfähiges Konzept.

Ledger 0L

Die Tabellen BKPF (Belegkopf) und BSEG (Belegzeilen/-position) – siehe Abbildung 2.13 – finden sich mit leicht geänderten Funktionalitäten auch im neuen Hauptbuch wieder. Zusätzliche Felder sind z.B.:

- ▶ Ledgergruppe in BKPF
- ▶ Segment in BSEG

Einzelbewegungen spiegeln sich in den drei folgenden Tabellen:

Tabellen BKPF und BSEG

▸ BKPF (Belegkopfdatei)

▸ BSEG (Belegsegmentdatei – führend)

▸ BSEG_ADD (Belegsegmentdatei – nicht führend)

Betrachten wir die Verwendung der Tabellen. Belege, die für das führende Ledger relevant sind, werden in den Tabellen BKPF und BSEG fortgeschrieben (siehe Abbildung 2.13).

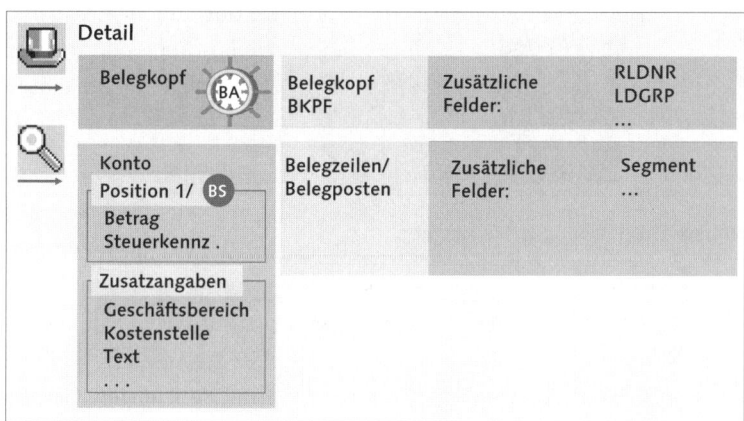

Abbildung 2.13 Tabellennamen – Belegkopf und Belegposition

Belege ohne Bewertungsdifferenzen werden in alle Ledger gebucht (siehe Abbildung 2.14). Gibt es keine Bewertungsunterschiede, bleibt also das Feld **Ledger-Gruppe** bei der Buchung leer, wird in alle Ledger gebucht. Die Belegkopfdaten BKPF und die Belegzeilen in der BSEG werden fortgeschrieben.

Ledgergruppe

Das Feld RLDNR im Belegkopf (siehe Abbildung 2.15) kennzeichnet mit dem Wert **Initial**, dass dieser Beleg für alle Ledger relevant ist.

Feld RLDNR

Wird nun aber ausschließlich in das führende Ledger gebucht, wird in BKPF noch die Information des Ledgers abgelegt. Das Feld RLDNR im Belegkopf kennzeichnet mit dem Wert 0L in Abbildung 2.16 folglich, dass dieser Beleg ausschließlich für das führende Ledger gilt.

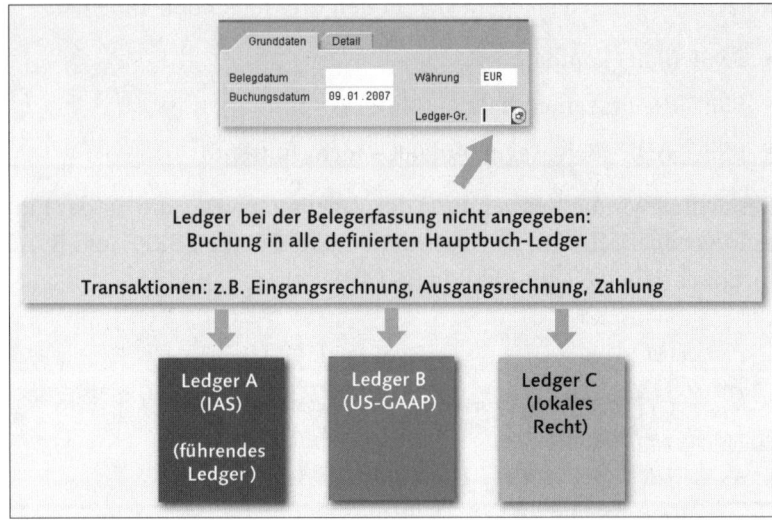

Abbildung 2.14 Buchung in alle Ledger

BKPF	BUKRS	BELNR	GJAHR		RLDNR	LDGRP	BSTAT	
	0001	0017	2003					Buchung

BSEG	BUKRS	BELNR	GJAHR	BUZEI	BSEG_ADD					in alle
					BUKRS	BELNR	GJAHR	BUZEI		Ledger
	0001	0017	2003	001						
	0001	0017	2003	002						
	0001	0017	2003	003						

Abbildung 2.15 Keine Bewertungsunterschiede, Buchung in alle Ledger

BKPF	BUKRS	BELNR	GJAHR		RLDNR0L	LDGRP	BSTAT	
	0001	0017	2003					Buchung

BSEG	BUKRS	BELNR	GJAHR	BUZEI	BSEG_ADD					ins
					BUKRS	BELNR	GJAHR	BUZEI		führende
	0001	0017	2003	001						Ledger
	0001	0017	2003	002						
	0001	0017	2003	003						

Abbildung 2.16 Bewertungsunterschied – Buchung nur in das führende Ledger 0L

Wir werfen nun einen Blick auf die Belegstruktur in dem Fall, in dem zusätzliche Ledger verwendet werden.

Tabelle BSEG_ADD: Buchungen in zusätzliche Ledger

Die Tabelle BSEG_ADD (siehe Abbildung 2.17) wird nur fortgeschrieben, wenn zusätzliche Ledger verwendet werden – und dabei die zu buchenden Belege für das führende Ledger nicht relevant sind. BSEG_ADD enthält überdies jedoch keine Belegaufteilungsinformation. Die Tabelle ist diesbezüglich nicht von Relevanz.

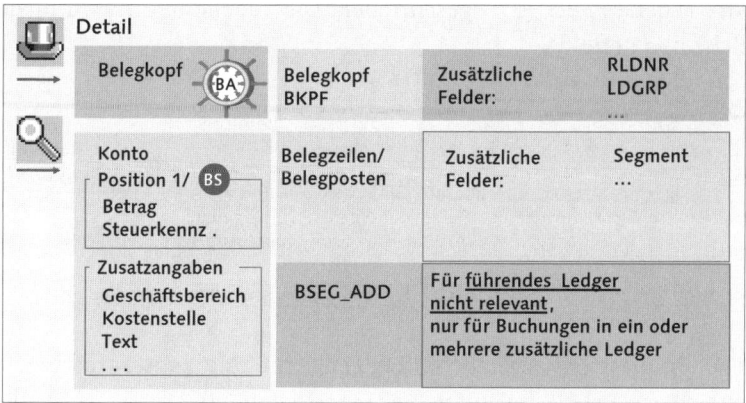

Abbildung 2.17 BSEG_ADD – für Buchungen in zusätzliche Ledger

Durch eine einheitliche Buchungstransaktion, die lediglich durch das Feld zur Angabe des Ledgers (oder präzise formuliert, der Ledgergruppe) »angereichert« wird (siehe Abbildung 2.18), erfolgt nun explizit bei der Buchung die Angabe, welches Ledger mit der Buchung gefüllt werden soll.   **Ledgergruppe**

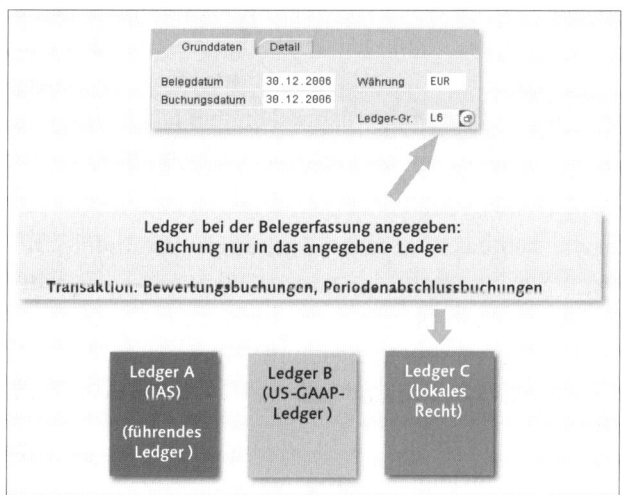

Abbildung 2.18 Buchung in ein Ledger

Das Feld RLDNR im Belegkopf kennzeichnet mit dem Wert L6 in unserem Beispiel in Abbildung 2.19, dass dieser Beleg für das nichtführende Ledger L6 gilt. In diesem Fall werden Werte ausschließlich in die Tabelle BSEG_ADD geschrieben. Die Tabelle BSEG wird nicht gleichzeitig gefüllt.

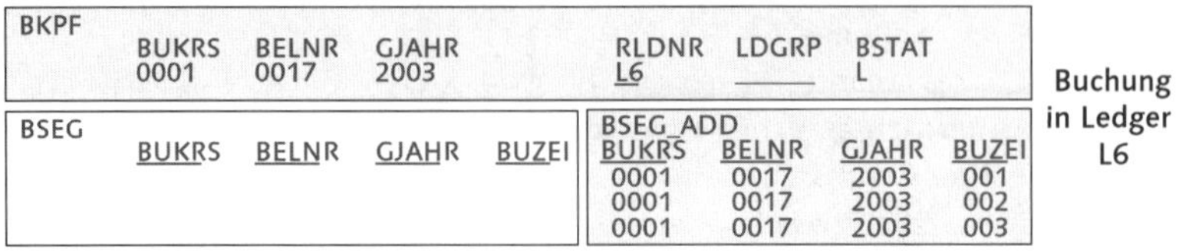

BKPF							
	BUKRS	BELNR	GJAHR		RLDNR	LDGRP	BSTAT
	0001	0017	2003		L6	‾‾‾‾	L
BSEG					BSEG_ADD		
	BUKRS	BELNR	GJAHR	BUZEI	BUKRS	BELNR	GJAHR	BUZEI
					0001	0017	2003	001
					0001	0017	2003	002
					0001	0017	2003	003

Buchung in Ledger L6

Abbildung 2.19 Bewertungsunterschied – Buchung in nicht-führendes Ledger L6

Prinzip des führenden Ledgers

Sie sehen, dass ein zusätzliches Ledger nicht automatisch zusätzlich gespeicherte Belege bedeutet. Bei identischen Wertansätzen ist die Speichertechnik nach dem Prinzip des führenden Ledgers sehr wirtschaftlich – ein Vorteil gegenüber der Kontenlösung. Unabhängig davon gestalten sich Auswertungen so, als ob jeweils ein vollständiges Buch selektiert wird. Im Hintergrund werden Belege über die drei Tabellen eingesammelt und als einheitlich dargestellt. In der im Standard ausgelieferten Summentabelle FAGLFLEXT werden einzelne Buchungen für spätere Auswertungen verdichtet dargestellt.

Transaktionen FB50L/FB01L: Berechtigungen

Mit der entsprechenden Berechtigung für die Buchungstransaktionen (etwa »FB50L – Sachkontenbeleg für Ledgergruppe erfassen«, Enjoy-Transaktion, oder »FB01L – Allgemeine Buchung für Ledgergruppe«) sind nur die Experten mit entsprechendem fachlichem Hintergrundwissen auszustatten, so dass nur diese Buchungen in entsprechende Ledger vornehmen können.

Betrachten wir, wie sich das System bei Buchungen in Sonderperioden verhält, wenn Sie innerhalb des neuen Hauptbuchs zusätzlich zum führenden Ledger noch (mindestens) ein weiteres Ledger verwenden möchten und dieses Ledger mit einer abweichenden Geschäftsjahresvariante, die Sonderperioden enthält, ausgestattet ist.

Sonderperioden

Falls in eine Sonderperiode gebucht wird und die aus dem Buchungsdatum ermittelte Periode die letzte »normale« Periode des Geschäftsjahres ist, dann wird beim zusätzlichen Ledger ebenfalls in eine Sonderperiode gebucht.

Die erste Sonderperiode der Geschäftsjahresvariante des führenden Ledgers wird dabei in die erste Sonderperiode der Geschäftsjahresvariante des nicht-führenden Ledgers überführt, die zweite in die zweite usw.; falls die Sonderperioden im zusätzlichen Ledger nicht ausreichen, wird in die letzte verfügbare Sonderperiode gebucht.

[zB]

Sie haben im Buchungskreis – und damit auch im führenden Ledger – die Geschäftsjahresvariante K4 (siehe Abbildung 2.20), Perioden wie Kalendermonate und zusätzlich vier Sonderperioden. Im zusätzlichen Ledger haben Sie eine Geschäftjahresvariante mit 53 Perioden wie Kalenderwochen und zusätzlich zwei Sonderperioden.

Falls Sie nun eine Buchung in Periode 13 buchen (Buchungsdatum 31.12.), wird diese im zusätzlichen Ledger in Periode 54 gebucht; die Perioden 14, 15 und 16 werden in Periode 55 überführt. Hätten Sie allerdings im zusätzlichen Ledger eine verschobene Geschäftsjahresvariante (etwa V3 wie in Abbildung 2.21), würde diese Buchung nicht in eine Sonderperiode überführt werden, da das Buchungsdatum 31.12. nicht in die letzte normale Periode (12) der Geschäftsjahresvariante V3 fällt, sondern in die Periode 9.

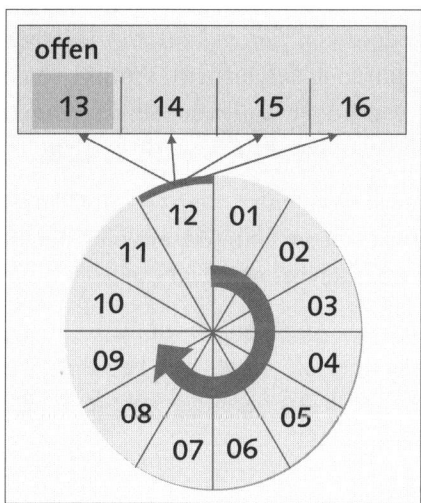

Abbildung 2.20 Sonderperioden in Geschäftsjahresvariante K4

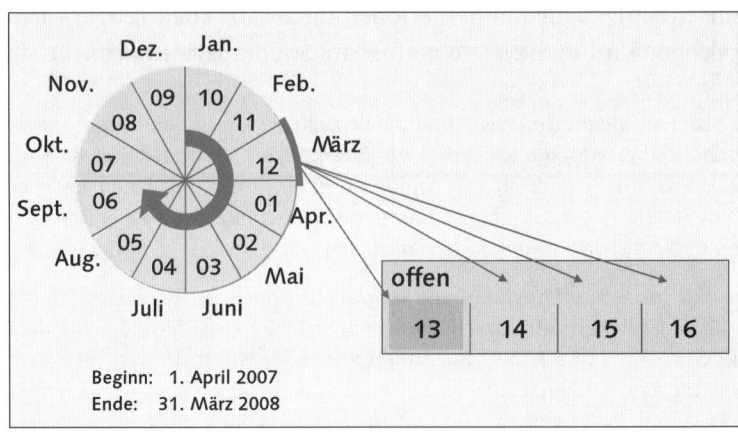

Beginn: 1. April 2007
Ende: 31. März 2008

Abbildung 2.21 Kalenderjahrabweichende Geschäftsjahresvariante V3

2.1.5 Änderungen an Definition und Zuordnung der Ledger

Feste
Bewertungssicht

Während Sie neue nicht-führende Ledger hinzufügen können, ist es unzulässig, die Definition der Ledger von *führend* auf *nicht-führend* und umgekehrt zu ändern. Das führende Ledger repräsentiert – wie in Abschnitt 2.1.2 erläutert – gegenüber anderen Anwendungen (Controlling, Anlagenbuchhaltung etc.) die feste Bewertungssicht.

SL/Profit-Center-
Ledger vs. Ledger
im New GL

Im Unterschied zum Speziellen Ledger oder dem Profit-Center-Ledger sind nachträgliche Änderungen in den Ledgern des neuen Hauptbuchs nicht geplant. Es besteht Revisionspflicht.

Revisionspflicht

Diese hat zur Folge, dass man sich vor Änderungen im Customizing (nicht nur) des neuen Hauptbuchs über die möglichen betriebswirtschaftlichen Auswirkungen im Hinblick auf bereits gebuchte Belege eingehend Gedanken machen muss.

[!]

Es sind – Stand Februar 2007 – keine Migrationswerkzeuge vom »neuen Hauptbuch zum neuen Hauptbuch« vorhanden. Die Wichtigkeit einer gut überlegten Konzeption kann deshalb nicht häufig genug betont werden!

2.1.6 Ledgergruppe definieren

Für jedes Ledger, das Sie anlegen, wird automatisch eine gleichnamige Ledgergruppe generiert. Sie können die Bezeichnung der Ledgergruppe ändern, die vom Ledger übernommen wurde.

Bei einer Ledgergruppe handelt es sich um eine Zusammenfassung von Ledgern für die gemeinsame Verarbeitung in den Funktionen und Prozessen der Hauptbuchhaltung. Um das Arbeiten in den einzelnen Funktionen der Hauptbuchhaltung zu erleichtern, können Sie eine beliebige Anzahl von Ledgern in einer Ledgergruppe zusammenfassen.

Zusammenfassung beliebiger Ledger

Durch die Bildung gemeinsamer Ledgergruppen kann mehr als ein Ledger bei einer Buchung angesprochen und mit Werten bebucht werden. Ein Beispiel ist eine Buchung in Ledgergruppe B, die die beiden Ledger »IAS-Ledger« und »US-GAAP-Ledger« mit Werten fortschreibt (siehe Abbildung 2.22).

Buchung mittels Ledgergruppe

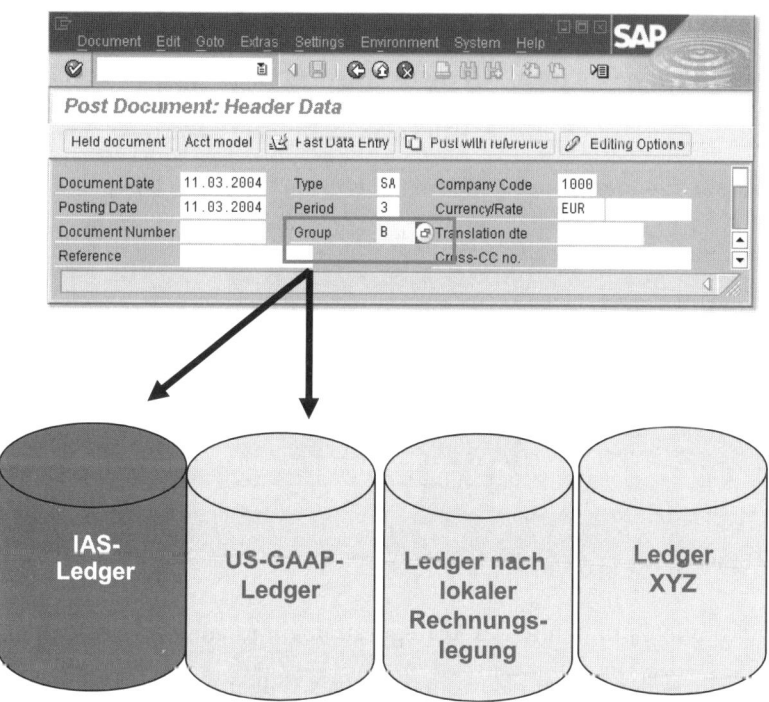

Abbildung 2.22 Buchung in die Ledgergruppe B

Sind z.B. IAS/IFRS und US-GAAP in vielen Fällen hinsichtlich der Bewertung identisch, so bietet sich dort eine gemeinsame Ledgergruppe an.

Über das repräsentative Ledger einer Ledgergruppe ermittelt das System beim Buchen die Buchungsperiode und prüft, ob die Buchungs-

Repräsentatives Ledger

periode geöffnet ist. Ist die Buchungsperiode für das repräsentative Ledger geöffnet, bucht das System in alle Ledger der Ledgergruppe. Bei der Fortschreibung der relevanten Ledger werden jedoch jeweils deren Geschäftsjahresvarianten verwendet.

[!] Vorsicht ist geboten, um Missverständnisse zu vermeiden: Es sei hier nochmals wiederholt, was in Bezug auf die Buchungsperiodenvariante schon für das repräsentative Ledger erläutert wurde: Wenn die Buchungsperiode des repräsentativen Ledgers offen ist, werden auch in allen anderen Ledgern der Ledgergruppe Buchungen vorgenommen, selbst wenn die Perioden dieser Ledger geschlossen sind.

In dieser IMG-Aktivität definieren Sie Ihre Ledgergruppen über den folgenden Customizing-Pfad: **Finanzwesen (neu) · Grundeinstellungen Finanzwesen (neu) · Bücher · Ledger · Ledger-Gruppe definieren** (siehe Abbildung 2.23).

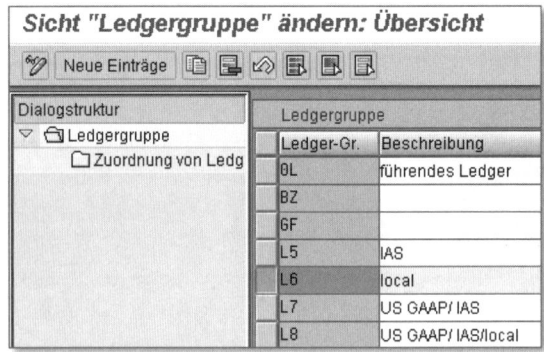

Abbildung 2.23 Ledgergruppe definieren

Folgende Optionen in der Konfiguration gilt es zu unterscheiden:

▶ **Führendes Ledger als repräsentatives Ledger**
Wenn in der Ledgergruppe das führende Ledger enthalten ist, dann muss das führende Ledger immer als repräsentatives Ledger gekennzeichnet sein.

▶ **Kennzeichnung des repräsentativen Ledgers**
Wenn in der Ledgergruppe das führende Ledger nicht enthalten ist, dann müssen Sie eines der Ledger als repräsentativ kennzeichnen (siehe Abbildung 2.24). Enthält die Ledgergruppe nur ein Ledger, dann ist dies auch das repräsentative Ledger.

▶ **Prüfung der Auswahl des repräsentativen Ledgers**
Enthält die Ledgergruppe mehr als ein Ledger, dann erfolgt die Prüfung, ob das repräsentative Ledger einer Ledgergruppe korrekt ausgewählt wurde, erst beim Buchen über die Geschäftsjahresvariante des Buchungskreises.

▶ **Geschäftsjahresvariante des repräsentativen Ledgers**
Wenn in allen Ledgern der Ledgergruppe eine abweichende Geschäftsjahresvariante zum Buchungskreis hinterlegt ist, dann können Sie ein beliebiges Ledger als repräsentativ kennzeichnen.

Wenn für eines der Ledger der Ledgergruppe dieselbe Geschäftsjahresvariante wie für den Buchungskreis hinterlegt ist, dann muss dieses Ledger als repräsentativ gekennzeichnet sein.

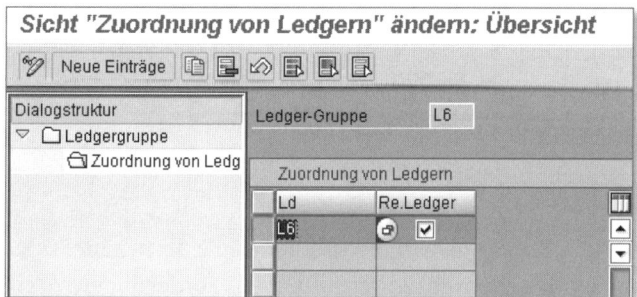

Abbildung 2.24 Kennzeichnung des repräsentativen Ledgers

2.2 Szenarios

Nachdem wir in den vorhergehenden Abschnitten einige prinzipielle Einstellungen zur Ledgerdefinition vorgenommen haben, finden Sie in den folgenden Abschnitten die verschiedenen Szenarios näher betrachtet.

2.2.1 Definition und Zuordnung von Szenarios zu Ledgern

Mithilfe von Szenarios können Sie festlegen, welche Felder eines Ledgers fortgeschrieben werden sollen. Abbildung 2.25 zeigt von SAP ausgelieferte Szenarios. Es können keine eigenen Szenarios zusätzlich definiert werden, wohl aber lassen sich kundeneigene Felder nutzen – zu dieser Möglichkeit folgen Details in Abschnitt 2.3.

Szenarios

Einheitliche Datenquelle

Separate Datenquellen, wie z.B. in Form von separierten Ledgern beim Ansatz der Speziellen Ledger, werden nicht mehr benötigt, um die verschiedenen Szenarios abzubilden. Die Ihnen zur Verfügung stehenden Szenarios finden Sie im Customizing unter **Finanzwesen (neu)** • **Grundeinstellungen Finanzwesen (neu)** • **Bücher** • **Felder** • **Szenarios der Hauptbuchhaltung anzeigen**.

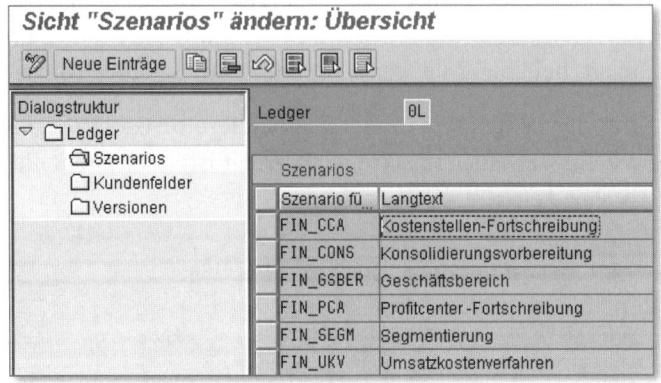

Abbildung 2.25 Szenarios zuordnen

Szenarios der neuen Hauptbuch-haltung

Mit den durch die Szenarios fortgeschriebenen Feldern können Sie dann entsprechenden betriebswirtschaftlichen Forderungen nachkommen, z.B. nach einer Gewinn- und Verlustrechnung nach dem Umsatzkostenverfahren oder einer Segmentberichterstattung.

Sie benötigen keinesfalls pro Szenario ein Ledger – die Definition von weiteren (nicht-führenden) Ledgern für die Zuordnung weiterer Szenarios ist nicht erforderlich.

Zuordnung Szenario zu Ledger

Sie können so einem Ledger ein oder mehrere Szenarios zuweisen – durchaus auch alle sechs Standardszenarios einem Ledger. Eine solche »Maximalausprägung«, in der alle vorhandenen Szenarios dem Ledger 0L zugeordnet sind, finden Sie in Abbildung 2.25.

Durch diese Möglichkeit könnten für Sie z.B. lediglich in einem IAS/IFRS- und/oder einem US-GAAP-Ledger die von SAP im Standard ausgelieferten folgenden Szenarios relevant sein:

▸ Segmentierung (FIN_SEGM, mit Fortschreibung der Felder **Segment**, **Partnersegment**, **Profit-Center**)

▸ Umsatzkostenverfahren (FIN_UKV, mit Fortschreibung der Felder **Sender-** und **Empfänger-Funktionsbereich**)

Ein Beispiel soll helfen, die Einträge in der Summentabelle zu verstehen. Drei unabhängige Geschäftsvorfälle werden auf das Konto 861000 für Rückstellungen in die Periode 12 gebucht. Die Tabellen 2.1 und 2.2 zeigen die Anzahl der Datensätze für zwei unterschiedliche Anwendungsfälle.

Anwendungsfall 1 besagt: Es existieren keine Bewertungsunterschiede für die Ledger 0L, L5 und L6. Alle Ledger sind mit identischen Szenarios ausgeprägt.

Ledger	Geschäftsjahr	Periode	Konto	Betrag	Profit-Center	Segment
0L	2006	12	861000	10.000	3333	A
L5	2006	12	861000	10.000	3333	A
L6	2006	12	861000	10.000	3333	A
0L	2006	12	861000	7.500	4444	B
L5	2006	12	861000	7.500	4444	B
L6	2006	12	861000	7.500	4444	B
0L	2006	12	861000	13.000	5555	C
L5	2006	12	861000	13.000	5555	C
L6	2006	12	861000	13.000	5555	C

Tabelle 2.1 Anzahl der Tabelleneinträge – 9

Anwendungsfall 2 besagt: Es existieren keine Bewertungsunterschiede für die Ledger 0L, L5 und L6. Die Ledger L5 und L6 sind nicht mit den Szenarios Profit-Center oder Segment ausgeprägt.

Ledger	Geschäftsjahr	Periode	Konto	Betrag	Profit-Center	Segment
0L	2006	12	861000	10.000	3333	A
0L	2006	12	861000	7.500	4444	B
0L	2006	12	861000	13.000	5555	C
L5	2006	12	861000	30.500		
L6	2006	12	861000	30.500		

Tabelle 2.2 Anzahl der Tabelleneinträge – 5

Performance Besonders für möglichst performante Auswertungen ist das Design der Summentabellen maßgebend. Erst durch die Zuordnung eines Szenarios zu einem Ledger werden die entsprechenden Felder/Merkmale auf den Datenbanktabellen fortgeschrieben. Weniger zu übertragende Felder bedeuten höhere Komprimierung: Ledger mit möglichst wenigen Szenarios generieren tendenziell eine geringere Anzahl Summensätze und bieten somit für Auswertungen einen schnelleren Zugriff.

In dieser IMG-Aktivität können Sie Ihren Ledgern über folgenden Customizing-Pfad sowohl Szenarios als auch kundeneigene Felder zuordnen (siehe Abbildung 2.26): **Finanzwesen (neu) • Grundeinstellungen Finanzwesen (neu) • Bücher • Felder • Szenarios und kundeneigene Felder Ledgern zuordnen**.

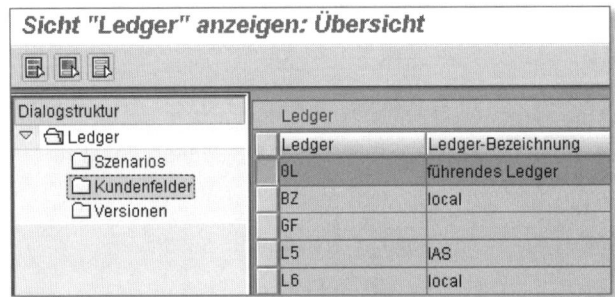

Abbildung 2.26 Kundeneigene Felder Ledgern zuordnen

2.2.2 Sichtweisen der Szenarios: Erfassungs- und Hauptbuchsicht

Zwei Sichten Bei aktiviertem neuem Hauptbuch hat ein Finanzbuchhaltungsbeleg immer zwei Sichten:

▶ Erfassungssicht

▶ Hauptbuchsicht

Erfassungssicht Die Erfassungssicht ist die Ansicht eines Belegs, wie er auf herkömmliche Weise z.B. in der Debitoren-, Kreditoren- oder Anlagenbuchhaltung dargestellt/erfasst wird.

An der Erfassung der Belege hat sich zu SAP ERP und mit den Funktionalitäten des neuen Hauptbuchs nichts geändert. Nehmen wir die Buchung eines Aufwands für bezogene Leistungen, der bar bezahlt wird. Die Kontierung des Aufwands erfolgt auf Kostenstelle 1000. Den Buchungssatz finden Sie in Tabelle 2.3 in der Übersicht.

Pos	BS	Konto	Betrag	Währung	St	Kostenstelle
1	40	Bez. Leistungen	50	EUR	1I	1000
2	50	Handkasse	55	EUR		
3	40	Eingangssteuer	5	EUR	1I	

Tabelle 2.3 Aufwandsbuchung für bezogene Leistungen, Barzahlung

Abbildung 2.27 illustriert die Erfassungssicht.

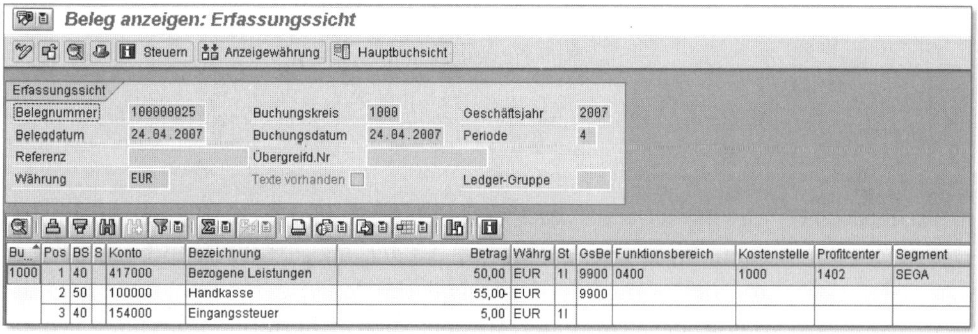

Abbildung 2.27 Erfassungssicht eines Finanzbuchhaltungsbelegs

Die Interdependenzen der Kontierungen sind ebenso gleich geblieben wie die Erfassungssicht: Das Konto »Bezogene Leistungen« (z.B. Konto 417000) in Abbildung 2.27 ist in CO als primäre Kostenart definiert und braucht deshalb bei der Erfassung eine kostenrechnungsrelevante Kontierung, die in Abbildung 2.27 auf die Kostenstelle 1000 erfolgt.

Abbildung 2.28 zeigt, wie aus dem CO-Objekt (z.B. Kostenstelle 1000) das Profit-Center, der Geschäftsbereich und der Funktionsbereich abgeleitet werden.

Die einzige Änderung im neuen Hauptbuch ist hierbei (siehe auch Abbildung 2.28), dass aus dem Profit-Center nun ein Segment abgeleitet werden kann; auf die Entität »Segment« gehen wir im Folgenden noch ein.

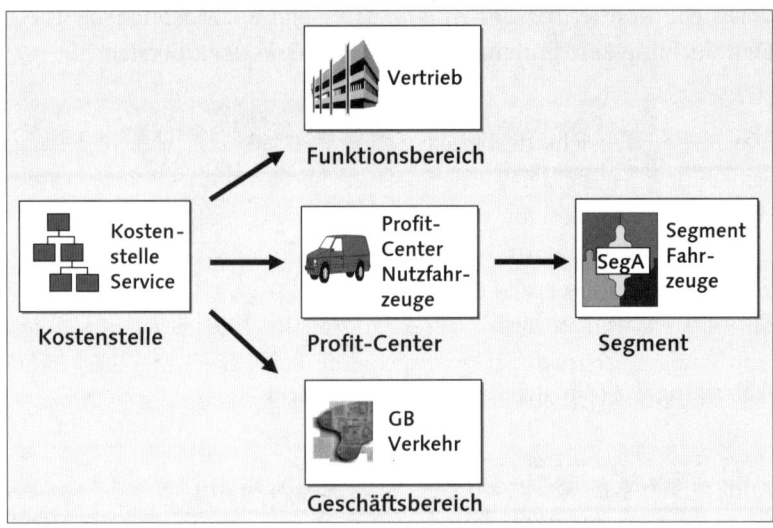

Abbildung 2.28 Kostenstelle – Geschäftsbereich – Funktionsbereich – Profit-Center – Segment

Hauptbuchsicht
Im Gegensatz zu der Erfassungssicht – der Sicht, die der Buchhalter beim Buchen des Belegs hat – ist der Beleg in der Hauptbuchsicht nur auf die Belange des Hauptbuchs bezogen dargestellt. Innerhalb der Hauptbuchsicht finden Sie den Beleg nicht nur im führenden Ledger, sondern auch (falls entsprechend gebucht, siehe Abschnitt 2.1.4) in den nicht-führenden Ledgern.

In Abbildung 2.29 sehen Sie die Drucktaste **Anderes Ledger**. Auf diese Weise kann zusätzlich in der Hauptbuchsicht die Sicht auf die nicht-führenden parallelen Ledger aufgerufen werden.

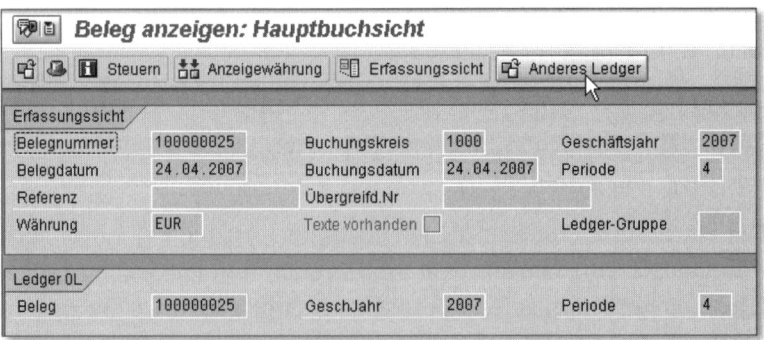

Abbildung 2.29 Hauptbuchsicht im FiBu-Beleg – anderes Ledger

Wie sieht diese Hauptbuchsicht mit Zuordnung der beiden Szenarios Kostenstellen-Fortschreibung (FIN_CCA) und Geschäftsbereich (FIN_GSBER) aus?

Szenario
Geschäftsbereich
FIN_GSBER

Die Hauptbuchsicht des Finanzbuchhaltungsbelegs mit vorheriger Zuordnung der beiden Szenarios zeigt die Kontierung von Kostenstelle 1000 und Geschäftsbereich 9900. Da die Szenarios *Kostenstellen-Fortschreibung* und *Geschäftsbereich* dem führenden Ledger 0L zugeordnet sind, werden diese beiden Entitäten ins Hauptbuch fortgeschrieben und in der entsprechenden Hauptbuchsicht angezeigt. Abbildung 2.30 zeigt die entsprechende Fortschreibung. Geschäftsbereich 9900 wird aus dem Stammsatz der Kostenstelle 1000 abgeleitet.

Andere Szenarios, z.B. Profit-Center-Fortschreibung (FIN_PCA), Segmentierung (FIN_SEGM) oder Umsatzkostenverfahren (FIN_UKV), sind nicht oder zumindest nicht diesem Ledger 0L zugeordnet und werden damit nicht angezeigt.

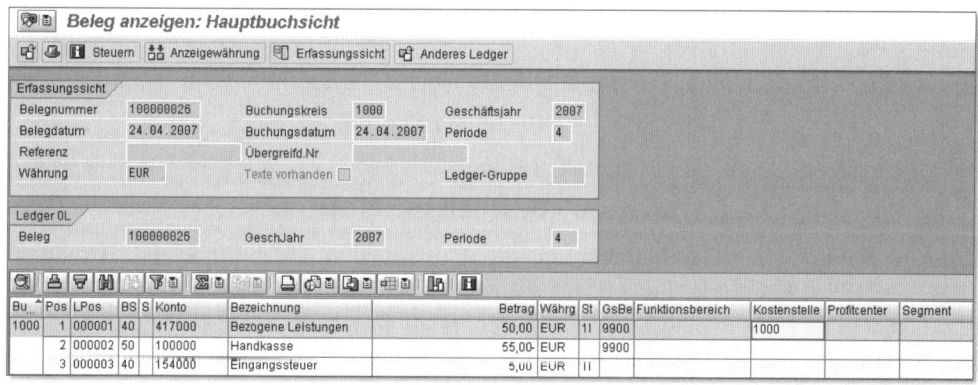

Abbildung 2.30 Hauptbuchsicht – Zuordnung der Szenarios »Geschäftsbereich« und »Kostenstellen-Fortschreibung« zu Ledger 0L

Falls das Szenario *Segmentierung* einem anderen Ledger, z.B. dem Ledger ZZ zugeordnet wäre, würde die Hauptbuchsicht (Ledger ZZ) wie in Abbildung 2.31 aussehen.

Szenario Segmentierung FIN_SEGM

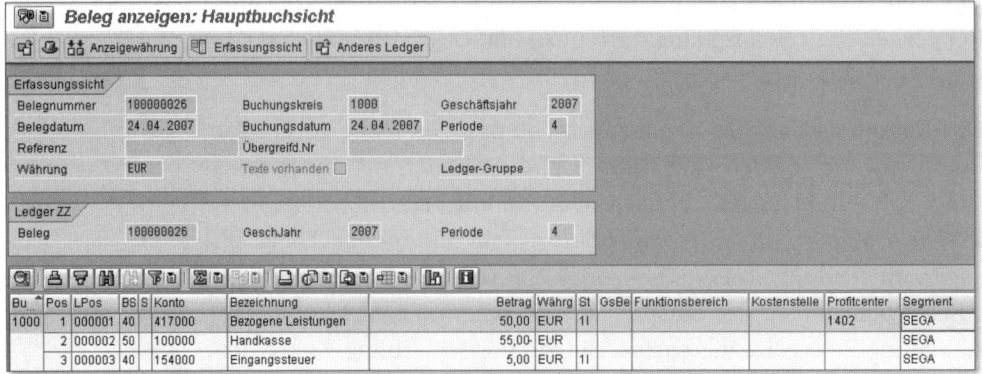

Abbildung 2.31 Hauptbuchsicht – Zuordnung des Szenarios »Segmentierung« zu Ledger ZZ

Das Szenario *Segmentierung* (FIN_SEGM) beinhaltet eine Fortschreibung der Felder **Segment**, **Partnersegment** und **Profit-Center**. Profit-Center 1402 wird aus dem Stammsatz der Kostenstelle 1000 abgeleitet, Segment A wiederum leitet sich aus dem Stammsatz des Profit-Centers 1402 ab.

Nach der Darstellung der Belegerfassung gehen wir in den folgenden Abschnitte auf die einzelnen Szenarios ein.

2.2.3 Szenario »Geschäftsbereich«

Externe Bericht-
erstattung

Der Geschäftsbereich dient neben dem Buchungskreis als weitere Einheit des externen Rechnungswesens zur Berichterstattung des Unternehmens. Die Felder oder Branchen, in denen ein Unternehmen tätig ist, können als Geschäftsbereiche im System angelegt werden und bieten dann eine zusätzliche Auswertungsebene.

Geschäftsbereich
für Tätigkeits-
felder/Branchen

In der Regel erstreckt sich die Verantwortung der Geschäftsbereiche über mehrere Buchungskreise (Sparten, Divisionen). Zum Ausweis einer Geschäftsbereichsbilanz/Gewinn- und Verlustrechnung werden alle Objekte des Controllings (Kostenstelle, Aufträge, Kunden-aufträge etc.) sowie der Logistik (z.B. Materialstammsatz) und der Anlagenbuchhaltung den jeweiligen Geschäftbereichen zugeordnet.

Diese Zuordnung sehen Sie in Abbildung 2.32, wo der Geschäftsbereich »Anlagenbau« der Kostenstelle »Service«, dem Innenauftrag »Messe«, dem Materialstammsatz, dem Kundenauftrag und der Anlage aus dem Betriebs- und Geschäftsvermögen zugeordnet ist.

Abbildung 2.33 zeigt, dass die Auswertungen des externen Rechnungswesens (Bilanz sowie Gewinn- und Verlustrechnung) zusätzlich in der Differenzierung der Geschäftsbereiche erfolgen.

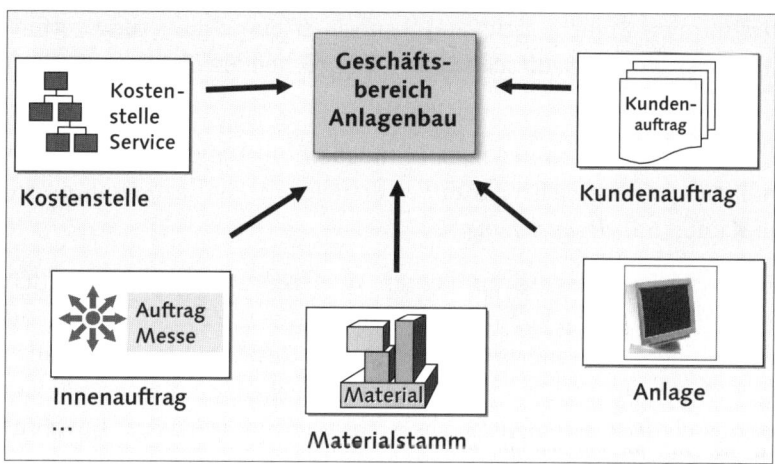

Abbildung 2.32 Zuordnung von Kostenstelle, Innenauftrag, Kundenauftrag, Materialstamm und Anlage zu Geschäftsbereich

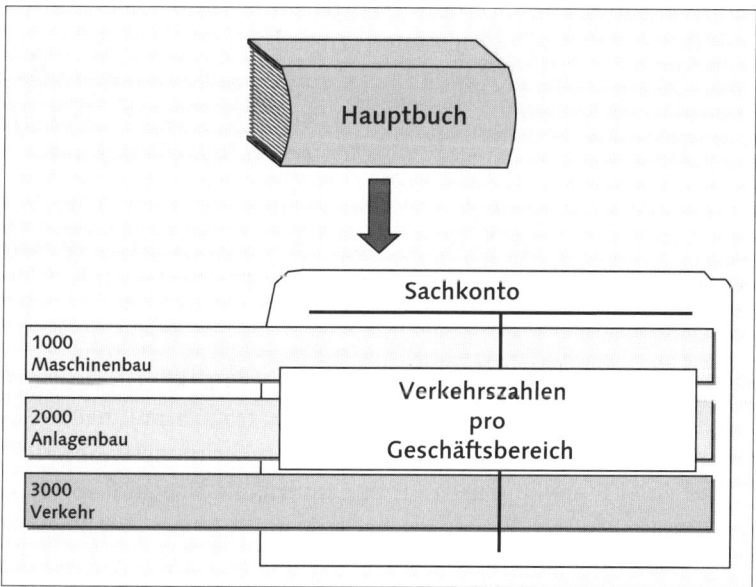

Abbildung 2.33 Geschäftsbereich

Buchungskreis-
übergreifende
Auswertung

Besonders hervorzuheben ist die Tatsache, dass Geschäftsbereiche als mandantenweite Merkmale grundsätzlich buchungskreisübergreifend sind, d. h., sie können aus jedem Buchungskreis heraus bebucht werden. Wenn manche Buchungskreise nicht in einer bestimmten Branche tätig sind, kann über eine Validierung verhindert werden, dass diese in den entsprechenden Buchungskreisen bebucht werden.

Geschäftsbereichs-
bilanzen

Mit dem Geschäftsbereich ist es möglich, im Hauptbuch mit Saldo null Geschäftsbereichsbilanzen zu erstellen. Mehr dazu erfahren Sie in Kapitel 5, *Belegaufteilung*.

Die Aussage, dass es zu keiner Weiterentwicklung der Entität »Geschäftsbereich« kommt (siehe SAP-Hinweis 321190), wurde oft dahingehend fehlinterpretiert, dass der Geschäftsbereich gänzlich vom Aussterben bedroht sein könnte – deshalb an dieser Stelle die bezüglich des Geschäftsbereichs wichtigsten Passagen des Hinweises (die unterstreichen, dass entsprechende Bedenken unbegründet sind):

Um den sich ändernden Anforderungen gerecht zu werden, werden wir die weiteren funktionalen Entwicklungen im Bereich Rechnungswesen auf die Entität Profit-Center konzentrieren. Mit dem neuen Hauptbuch in Release SAP ERP 2004 ist es möglich, Bilanzen auf Profit-Centern zu erstellen. Der Geschäftsbereich wird in der jetzigen Form beibehalten. Daten und Funktionen stehen weiterhin zur Verfügung.

Fortschreibung der
Felder Sender- und
Empfänger-
geschäftsbereich

Im Szenario *Geschäftsbereich* (FIN_GSBER) werden die Felder **Sender-** und **Empfängergeschäftsbereich** fortgeschrieben. Es wären also auch (weiterhin) Geschäftsbereichsbilanzen möglich.

2.2.4　Szenario »Profit-Center-Fortschreibung«

Eine Differenzierung zwischen einer Kategorisierung nach Geschäftsbereichen, die sich nach dem externen Rechnungswesen richtet, und einer Einteilung nach Profit-Centern, die sich an dem internen Rechnungswesen orientiert, hat sich im Zuge der Annäherung von Buchhaltung und Controlling als immer weniger notwendig erwiesen. Die Auswahl zwischen Geschäftsbereich und Profit-Center gestaltete sich nicht zuletzt aus diesem Grund zunehmend schwierig.

Die Profit-Center-Rechnung war zu Beginn für eine reine Ergebnis-darstellung interner Sichtweisen konzipiert und implementiert worden. Hierzu wurden alle erlös- und kostenverantwortlichen Controlling-Objekte (Kostenstelle, Aufträge, Projekte, Kundenaufträge etc., Beispiele finden Sie in Abbildung 2.34) auf Profit-Center abgebildet und mit den entsprechenden ergebniswirksamen Daten fortgeschrieben.

Differenzierung externes und internes Rechnungswesen

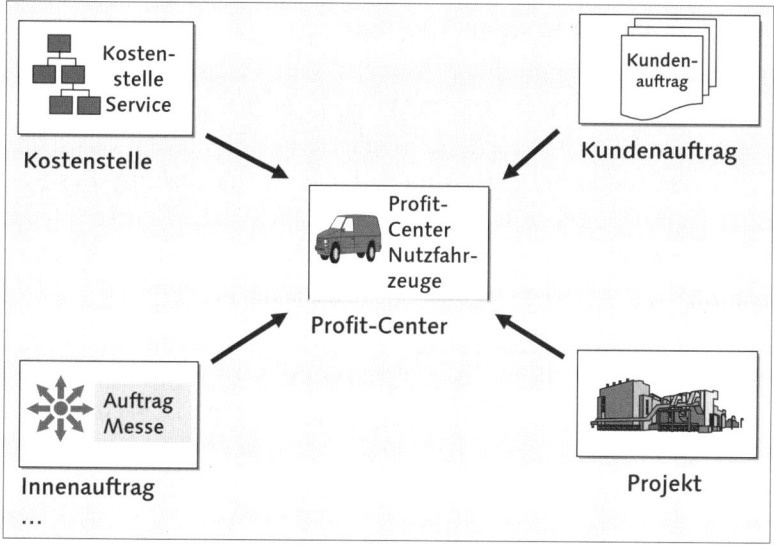

Abbildung 2.34 Abbildung von Kostenstelle, Innenauftrag, Kundenauftrag, Projekt auf Profit-Center

Für die Darstellung von Rentabilitätskennzahlen (Return on Investment, ROI) wurden danach auch Bilanzpositionen des Umlauf- und Anlagevermögens sowie kurzfristige Verbindlichkeiten auf Profit-Center aufgeteilt.

Profit-Center-Rechnung

Somit hat sich das Profit-Center in der Zuordnungsmöglichkeit von Bilanz- und GuV-Daten immer mehr dem Geschäftsbereich angeglichen. Die Profit-Center-Rechnung ist jedoch flexibler als der Geschäftsbereich: Die Darstellung einer (zeitabhängigen) Profit-Center-Hierarchie, statistische Kennzahlen, Profit-Center-Umlagen/-Verteilungen sowie die Verrechnung zu internen Transferpreisen stellen zusätzliche Entwicklungen dar, die der Geschäftsbereich nicht bietet.

Flexibilität des Profit-Centers

Das neue Hauptbuch beinhaltet ebenfalls die Profit-Center-Rechnung. Zentrale gemeinsame Auswertungen/Berichte sind möglich.

Umlagen und Verteilungen lassen sich nun ebenfalls im neuen Hauptbuch ausführen. Im Szenario *Profit-Center-Fortschreibung* (FIN_PCA) werden die Felder **Profit-Center** und **Partner-Profit-Center** fortgeschrieben.

Weitere Ausführungen zur Profit-Center-Rechnung im Hauptbuch finden Sie in Kapitel 3, *Integration im Rechnungswesen*.

2.2.5 Szenario »Segmentierung«

Segmentbericht-
erstattung

Im Zusammenhang mit internationalen Rechnungslegungsvorschriften (IAS/IFRS und/oder US-GAAP) wird die Forderung nach einer Segmentberichterstattung laut, die die unterschiedlichen Geschäftsaktivitäten (Bereiche) eines Unternehmens berücksichtigt. Das Szenario *Segmentierung* (FIN_SEGM) unterstützt Sie dabei, dieser Forderung nachzukommen: In diesem Szenario werden die Felder **Segment**, **Partnersegment** und **Profit-Center** fortgeschrieben.

Zur Erstellung von Auswertungen auf einer Ebene »unterhalb« von Buchungskreisen wurden – wie bereits in Kapitel 1, *Das neue Hauptbuch in SAP ERP – Überblick*, beschrieben – in SAP R/3-Releases häufig Profit-Center und Geschäftsbereiche herangezogen. Zu SAP ERP steht Ihnen mit der Entität »Segment« ein weiteres Kontierungsobjekt im SAP-Standard zur Verfügung.

Kontierungsobjekt
»Segment«

Das Feld **Segment** ist standardmäßig in der Summentabelle des neuen Hauptbuchs FAGLFLEXT enthalten. Die Definition der Segmente ist im Customizing nicht beim neuen Hauptbuch, sondern in der Unternehmensstruktur zu suchen. Sie können, wie in Abbildung 2.35 gezeigt, über folgenden Customizing-Pfad Segmente definieren: **Unternehmensstruktur • Definition • Finanzwesen • Segment definieren** (siehe Abbildung 2.35).

Tätigkeitsbereiche

Ein Unternehmen, das in vielen Märkten, Sparten und Produkten – oder allgemein Tätigkeitsbereichen – einen exakten Einblick in die geschäftlichen Aktivitäten gewinnen möchte, kann dieses Ziel mithilfe der Segmentberichterstattung anvisieren. Es können Organisationsebenen abgebildet werden, wie in Abbildung 2.36 ersichtlich.

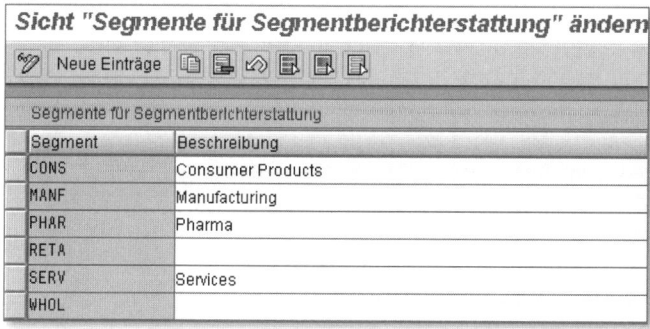

Abbildung 2.35 Segmente definieren

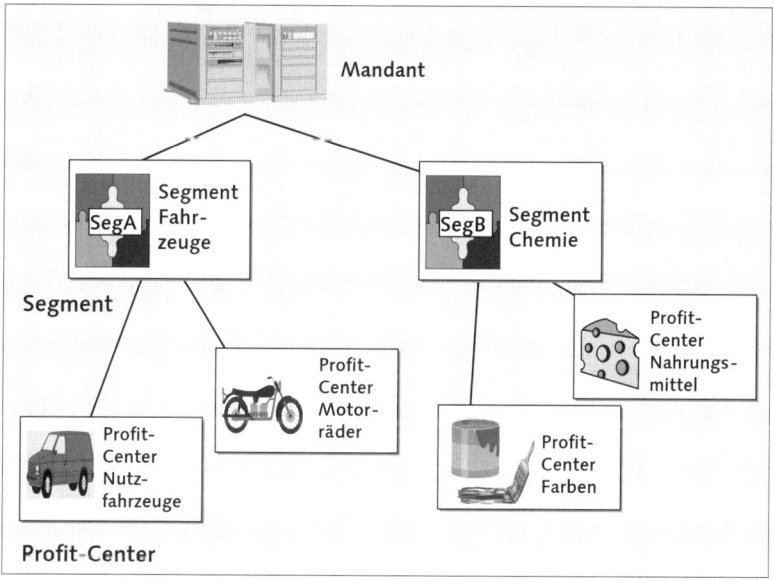

Abbildung 2.36 Organisationsobjekte

Das Segment steht Ihnen grundsätzlich zusätzlich zur Verfügung, da der Geschäftsbereich und/oder das Profit-Center bisher oftmals für andere Zwecke genutzt wurden und somit anderen Ansprüchen genügen mussten.

Segmentbericht-erstattung

Es ist wie zuvor bereits erläutert möglich, ein Segment in den Stammdaten eines Profit-Centers zu hinterlegen. Die Ableitung des Segments aus dem Profit-Center ist der Standardweg (siehe Abbildung 2.37).

Ableitung des Segments

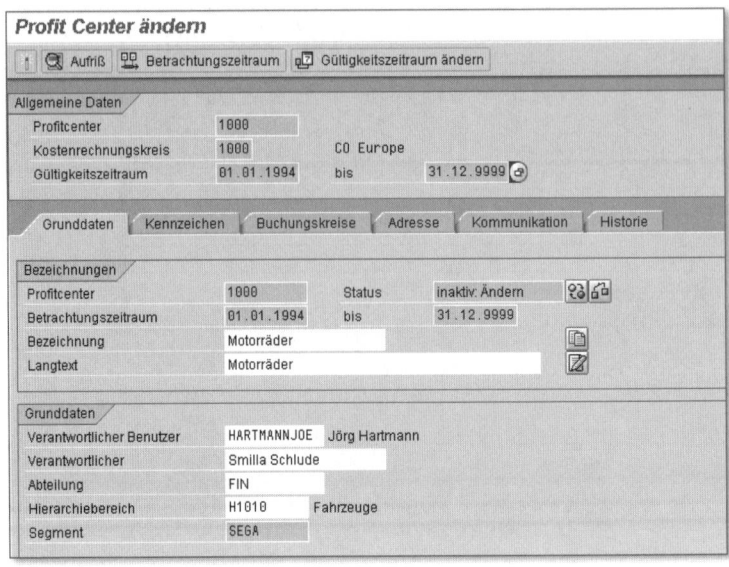

Abbildung 2.37 Ableitung eines Segments aus dem Stammsatz des Profit-Centers

Ableitung aus dem Profit-Center Ein Segment wird anschließend bei einer Buchung auf das Profit-Center abgeleitet und ebenfalls bebucht. Das Profit-Center kann z.B. in einer Kostenstelle, in einem Auftrag und in Logistikstammdaten (z.B. im Materialstammsatz, siehe Abbildung 2.38) als Kontierungsobjekt hinterlegt werden, weshalb die Auswahl eines Objekts, aus dem das Segment wiederum abgeleitet werden kann, auf das Profit-Center gefallen ist.

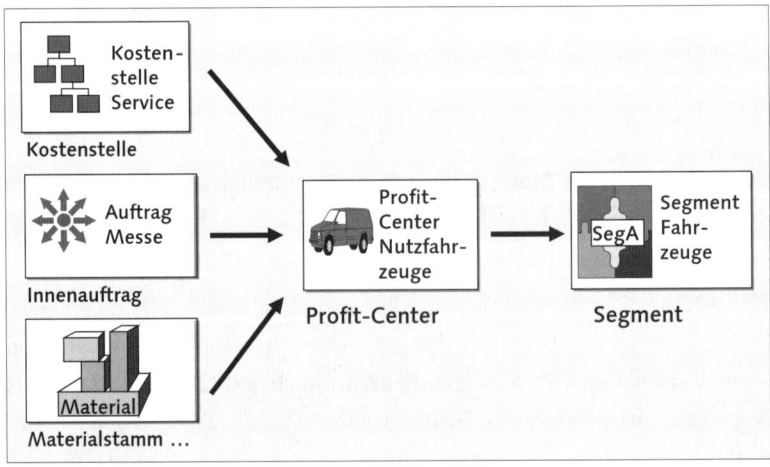

Abbildung 2.38 Materialstamm – Kostenstelle – Auftrag – Profit-Center – Segment

Sie können über folgenden Pfad im SAP-Anwendungsmenü dem Profit-Center ein Segment beifügen: **Rechnungswesen • Finanzwesen • Hauptbuch • Stammdaten • Profit-Center • Einzelbearbeitung • Ändern**.

Wenn Sie das Segment als bilanzierende Einheit gewählt haben, erinnert das System Sie mit einer Meldung wie in Abbildung 2.39 daran, dass Sie beim Anlegen eines Profit-Centers das Segment als Entität einzugeben haben (das Erscheinen der Systemnachricht, Meldungsnummer FAGL_LEDGER_CUST052, kann im Customizing entsprechend ausgesteuert werden).

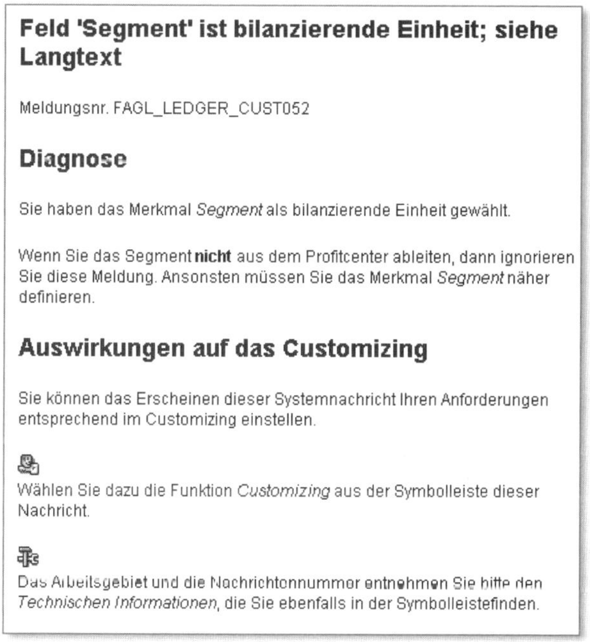

Feld 'Segment' ist bilanzierende Einheit; siehe Langtext

Meldungsnr. FAGL_LEDGER_CUST052

Diagnose

Sie haben das Merkmal *Segment* als bilanzierende Einheit gewählt.

Wenn Sie das Segment **nicht** aus dem Profitcenter ableiten, dann ignorieren Sie diese Meldung. Ansonsten müssen Sie das Merkmal *Segment* näher definieren.

Auswirkungen auf das Customizing

Sie können das Erscheinen dieser Systemnachricht Ihren Anforderungen entsprechend im Customizing einstellen.

Wählen Sie dazu die Funktion *Customizing* aus der Symbolleiste dieser Nachricht.

Das Arbeitsgebiet und die Nachrichtennummer entnehmen Sie bitte den *Technischen Informationen*, die Sie ebenfalls in der Symbolleiste finden.

Abbildung 2.39 Meldung: Feld »Segment« ist bilanzierende Einheit

Ein im Profit-Center eingetragenes Segment kann auch nicht ohne weitere Einstellungen wieder geändert werden. Die Entität ist im Profit-Center-Stammsatz grau hinterlegt und per Default-Einstellung nicht änderbar (siehe Abbildung 2.40).

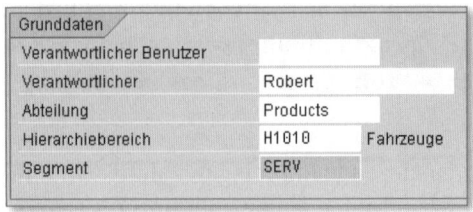

Abbildung 2.40 Segment nicht änderbar

Tabelle V_FAGL_
SEGM_PRCT Mit der Transaktion SE16 können Sie die Tabelle V_FAGL_SEGM_
PRCT aufrufen (siehe Abbildungen 2.41 und 2.42), um das Feld **Segment** im Profit-Center-Stammsatz änderbar zu schalten.

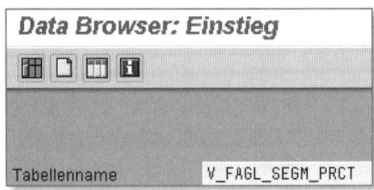

Abbildung 2.41 Tabelle V_FAGL_SEGM_PRCT

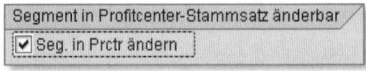

Abbildung 2.42 Segment in Profit-Center-Stammsatz änderbar

Abbildung 2.43 zeigt, dass diese Möglichkeit im Anschluss an die Änderung gegeben ist. Diese Änderung ist nur möglich, solange keine Buchung auf das zu ändernde Profit-Center erfolgt ist.

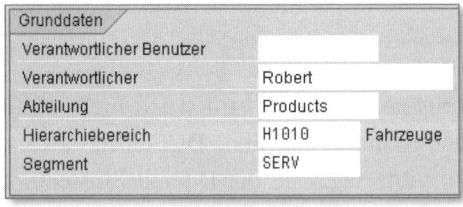

Abbildung 2.43 Segment änderbar

Haben Sie jedoch z. B. keine Profit-Center-Rechnung in Ihrem System im Einsatz, können Sie auch über einen User Exit mithilfe eines BAdIs andere Ableitungslösungen selbst programmieren. Diese Möglichkeit der Ableitung mithilfe des BAdIs kommt für Sie auch in Frage, wenn die Profit-Center-Rechnung zwar im Einsatz ist, die Profit-Center jedoch nicht eindeutig dem Segment zugeordnet werden können. Der Definitionsname des BAdIs lautet FAGL_DERIVE_SEGMENT.

Den Customizing-Pfad zu den IMG-Aktivitäten finden Sie unter **Finanzwesen (neu)** • **Grundeinstellungen Finanzwesen (neu)** • **Werkzeuge** • **Kundenerweiterungen** • **Business Add-Ins (BAdIs)** • **Ableitung Segment** • **Segment ableiten**. In Abbildung 2.44 finden Sie ein (Schulungs-)Beispiel.

FAGL_DERIVE_
SEGMENT

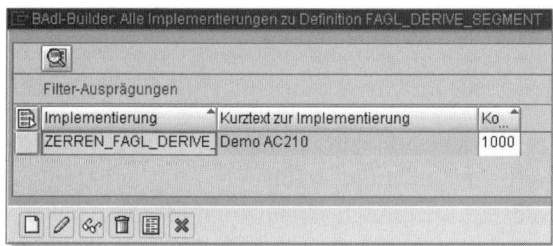

Abbildung 2.44 FAGL_DERIVE_SEGMENT

Das Interface GET_SEGMENT beinhaltet das Coding, wie kundenindividuell das Merkmal **Segment** abgeleitet werden kann (siehe Abbildungen 2.45 und 2.46).

BAdI-Builder: Anzeigen Implementierung ZERREN_FAGL_DERIVE_S

Implementierungsname	ZERREN_FAGL_DERIVE_S	inaktiv
Kurztext zur Implementierung	Demo AC210	
Definitionsname	FAGL_DERIVE_SEGMENT	

Eigenschaften / Interface

| Interface-Name | IF_EX_FAGL_DERIVE_SEGMENT |
| Name der implementierenden Klasse | ZCL_IM_ERREN_FAGL_DERIVE_S |

Methode	Implementi	Beschreibung
GET_SEGMENT	ABAP ABAP	

Abbildung 2.45 Interface GET_SEGMENT

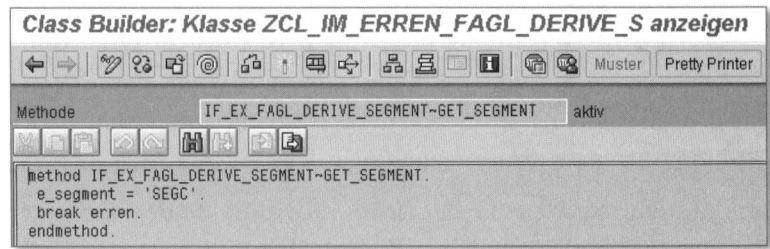

Abbildung 2.46 Methode IF_EX_FAGL_DERIVE_SEGMENT~GET_SEGMENT

In der Implementierung des BAdIs können Sie wählen, ob Sie einen User Exit ausprogrammieren oder eine Formel anlegen wollen.

Pflege des Segments
Nach der Definition der Segmente und der Ableitung der Segmente ist dafür Sorge zu tragen, dass die Entität »Segment« im FI-Beleg auftaucht.

Feldstatus
Abbildung 2.47 zeigt die beiden Determinanten; achten Sie zum einen auf den Feldstatus des Buchungsschlüssels, zum anderen auf den Feldstatus der Feldstatusgruppe des bebuchten FI-Kontos.

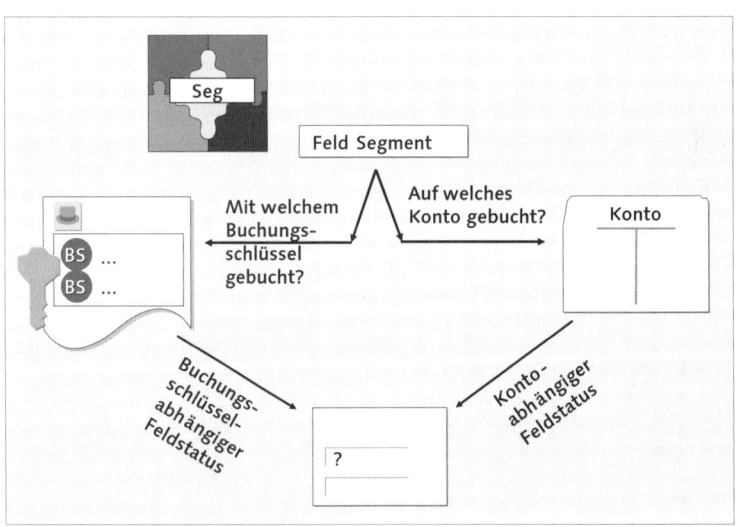

Abbildung 2.47 Belegfeldstatus des Felds »Segment«

Bei der Belegerfassung werden je nach Transaktion und den verwendeten Konten unterschiedliche Felder angezeigt. Wenn Sie etwa Aufwendungen buchen, müssen gewöhnlich die Kostenstelle und Steuerdaten angegeben werden. Wenn Sie dagegen Barmittel buchen, werden dieselben Informationen nicht benötigt. Diese verschiedenen Arten der Anzeige bei der Belegbearbeitung werden durch den Feldstatus gesteuert.

Im Allgemeinen richten Sie für Sachkonten im Customizing den kontenabhängigen Feldstatus ein. Wie bei der Steuerung des Feldstatus für Felder der Hauptbuchkonten wird auch hier der Feldstatus mit der höheren Priorität verwendet. Der Feldstatus **Ausblenden** hat die höchste Priorität, der Feldstatus **Musseingabe** die zweithöchste und der Feldstatus **Kanneingabe** die niedrigste.

Der Feldstatus **Ausblenden** kann nicht mit dem Feldstatus **Musseingabe** kombiniert werden. Der Versuch einer Kombination führt zu einem Fehler.

Die Pflege des Feldstatus finden Sie unter dem Customizing-Pfad **Finanzwesen (neu) · Grundeinstellungen Finanzwesen (neu) · Beleg · Buchungsschlüssel definieren**.

Im Buchungsschlüssel ist das Feld **Segment** als Kanneingabe- oder als Musseingabe-Feld zu deklarieren, wie in Abbildung 2.48 anhand des Buchungsschlüssels »40 – Soll-Buchung« ersichtlich.

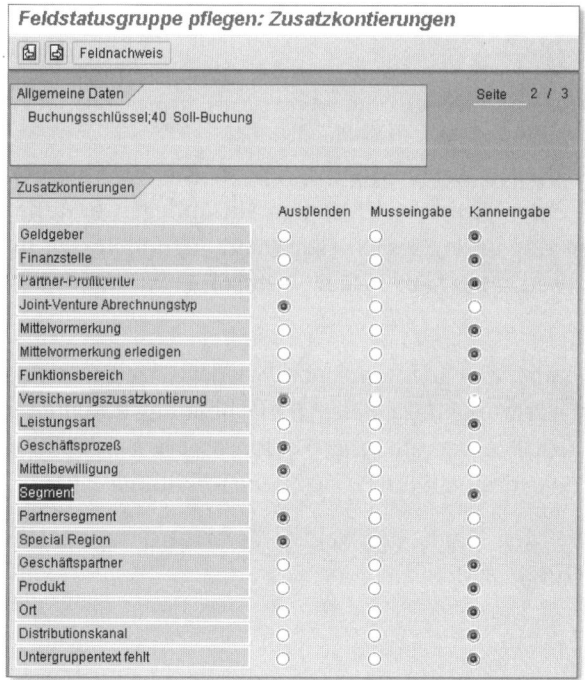

Abbildung 2.48 Feldstatus des Felds »Segment« im Buchungsschlüssel

Das Feld findet sich bei den Zusatzkontierungen, wie auch der Feldnachweis in Abbildung 2.49 zeigt.

Feldstatusgruppe In den Feldstatusgruppen der Feldstatusvariante gilt dies genauso – auch hier ist das Feld **Segment** als Kanneingabe- oder als Musseingabe-Feld auszusteuern. Das Feld **Segment** finden Sie wieder in der Gruppe **Zusatzkontierungen**.

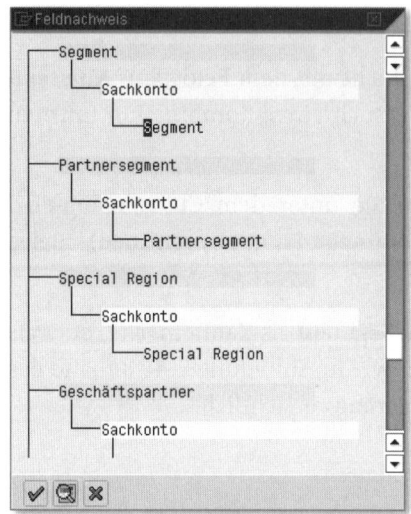

Abbildung 2.49 Feldnachweis des Felds »Segment«

Die Pflege des Feldstatus der Feldstatusgruppen (siehe Abbildung 2.50), die bei den entsprechenden FI-Konten einzupflegen sind, finden Sie im Customizing unter **Finanzwesen (neu)** • **Grundeinstellungen Finanzwesen (neu)** • **Bücher** • **Felder** • **Feldstatusvarianten definieren**.

Auch hier findet sich das Variantenprinzip wieder: Der Feldstatus wird in den Feldstatusgruppen, im Beispiel in Abbildung 2.50 in der Feldstatusgruppe G001, innerhalb einer Feldstatusvariante gepflegt. Im Beispiel ist es Feldstatusvariante 1000 (siehe Abbildung 2.51).

Feldstatusvariante Buchungskreise werden dann der Feldstatusvariante zugeordnet (siehe Abbildung 2.52).

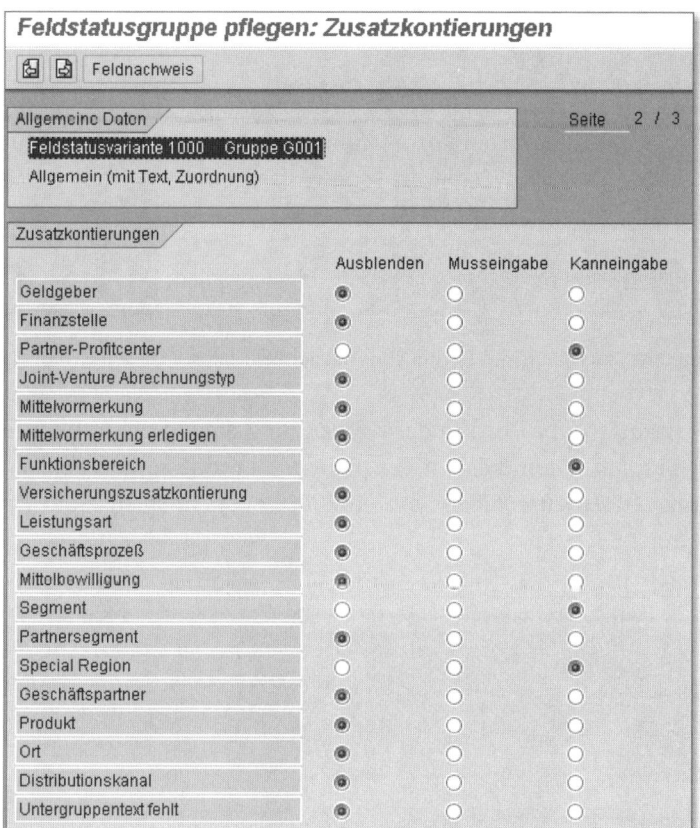

Abbildung 2.50 Feldstatus des Felds »Segment« in der Feldstatusgruppe

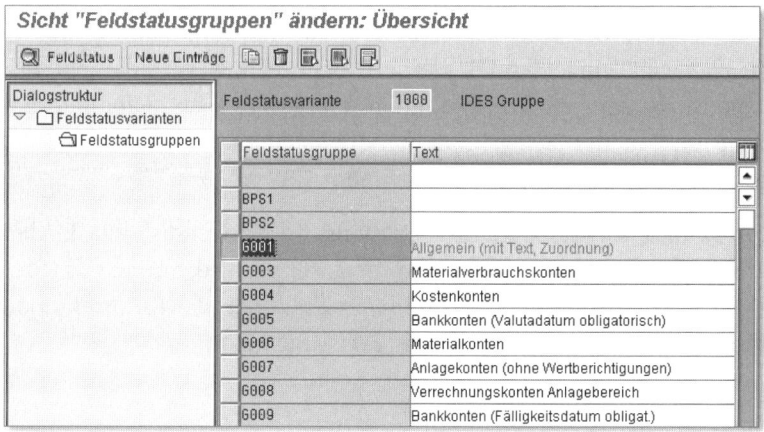

Abbildung 2.51 Feldstatusgruppen in der Feldstatusvariante

Abbildung 2.52 Zuordnung des Buchungskreises zur Feldstatusvariante

Die Feldstatusgruppe wird in der Anwendung dann dem Sachkonto zugeordnet. Sie sehen dies am Beispiel der Zuordnung von Feldstatusgruppe G001 zum Sachkonto 437000 »Verkaufsprovision« in Abbildung 2.53.

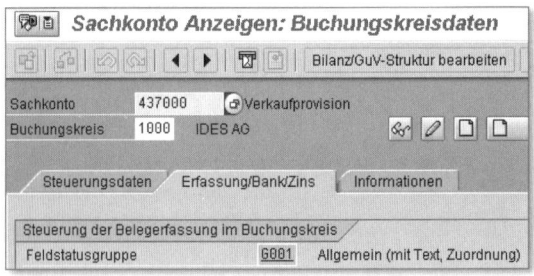

Abbildung 2.53 Feldstatusgruppe im Sachkonto

Beleganzeige
Zudem muss das Feld **Segment** über die Layoutgestaltung in der Beleganzeige eingeblendet werden, damit Sie das Feld nicht nur beim Buchen angeboten bekommen, sondern es auch in der Beleganzeige und in der Belegsimulation sehen können. Abbildung 2.54 zeigt in einer Beleganzeige das Segment SEG A.

Die Definition der Szenarios ist zwingend notwendig, wie in den Abschnitten zuvor bereits beschrieben. Für das Ledger muss das Szenario *Segmentierung* definiert sein – ist dies nicht der Fall, sieht man das Segment ausschließlich in der Erfassungssicht.

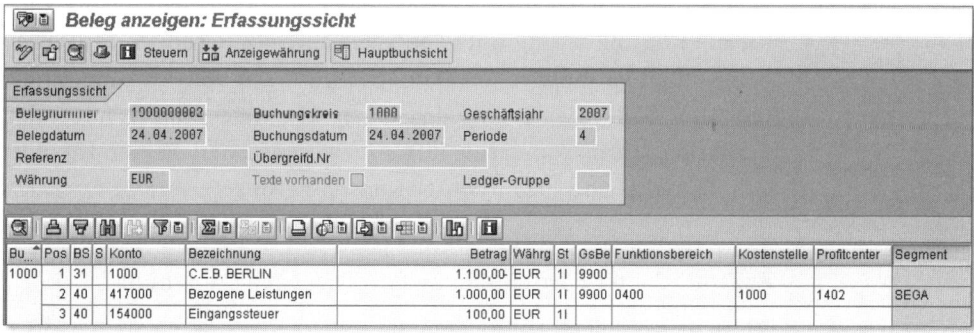

Abbildung 2.54 Einblenden der Entität »Segment« im FI-Beleg

2.2.6 Szenario »Konsolidierungsvorbereitung«

In der Konsolidierung fließen die Einzelabschlüsse zum Periodenabschluss zusammen. Gleichgültig ob dieser Schritt in einem SAP-System abgebildet wird oder nicht, sind auf der Ebene der Einzelabschlüsse für die spätere Konsolidierung Vorbereitungen zu treffen.

In SAP R/3-Systemen wurde häufig das Konsolidierungsvorbereitungsledger genutzt – ein eigener »Datentopf«, in dem vorab Daten gesammelt und mithilfe von Buchungen angepasst wurden. Ein solcher separater Datenbereich mit Abstimmungsbedarf benötigte eigene Customizing-Einstellungen und eigene Reports. Diese Nachteile sind ähnlich gelagert wie beim Profit-Center-Ledger und dem UKV-Ledger.

Konsolidierungs-
vorbereitung

Die Datenbasis des neuen Hauptbuchs erlaubt es, auf Summensatzebene u.a. auf die Konsolidierungsbewegungsart und die Partnergesellschaft zugreifen zu können.

Ohne die Aktivierung des Szenarios *Konsolidierungsvorbereitung* wird die Bewegungsart nicht fortgeschrieben. Diese Bewegungsart könnte jedoch als »Vehikel« für die Erstellung eines Rückstellungsgitters dienen. Vergleichen Sie dazu die Ausführung in Kapitel 4, *Parallele Rechnungslegung*.

Zusätzliche Auswertungsdimensionen, die beispielsweise von einer Managementkonsolidierung verlangt werden könnten, können u.a. im SEM-BCS entworfen werden.

Konsolidierungs-
vorbereitung
FIN_CONS

Wenn Sie Ihre Finanzdaten in der neuen Hauptbuchhaltung mit allen für die Konsolidierung notwendigen Zusatzkontierungen fortschreiben und einen integrierten Datentransfer nach SEM-BCS einrichten möchten, bietet die Struktur des neuen Hauptbuchs in den folgenden Szenarios schon standardmäßig die wesentlichen Felder für eine Gesellschafts- und Profit-Center-Konsolidierung:

▶ Konsolidierungsvorbereitung FIN_CONS

▶ Profit-Center-Fortschreibung FIN_PCA (siehe Abschnitt 2.2.4)

Profit-Center-
Fortschreibung
FIN_PCA

Diese wesentlichen Felder sind:

▶ die Konsolidierungsbewegungsart (FIN_CONS)

▶ die Partnergesellschaft (FIN_CONS)

▶ das Partner-Profit-Center (FIN_PCA)

Somit lassen sich die Daten aus der neuen Hauptbuchhaltung per Extraktor integriert nach BW übernehmen und anschließend in SEM-BCS einlesen.

Um die korrekte Fortschreibung der konsolidierungsrelevanten Felder im neuen Hauptbuch sicherzustellen, müssen Sie einige Anforderungen beachten, die wir im Folgenden darstellen.

Zunächst betrachten wir die Einstellungen für die Vorbereitung einer Gesellschaftskonsolidierung:

Gesellschafts-
konsolidierung

Ordnen Sie allen konsolidierungsrelevanten Ledgern das Szenario *Konsolidierungsvorbereitung* zu (siehe Abbildung 2.55), und zwar im Customizing über **Finanzwesen (neu) • Grundeinstellungen Finanzwesen (neu) • Bücher • Ledger • Szenarios und kundeneigene Felder Ledgern zuordnen**.

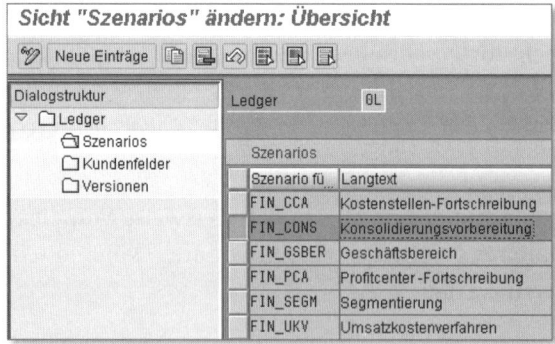

Abbildung 2.55 Szenarios zuordnen – Konsolidierungsvorbereitung

Stellen Sie sicher, dass in den Stammsätzen der Debitoren und Kreditoren, die zu verbundenen Unternehmen gehören, die entsprechende Gesellschaft im Feld **Partnergesellschaft** eingetragen ist (siehe Abbildung 2.56). Das Feld ist in den Steuerungsdaten des Stammsatzes des Debitors bzw. des Kreditors zu finden.

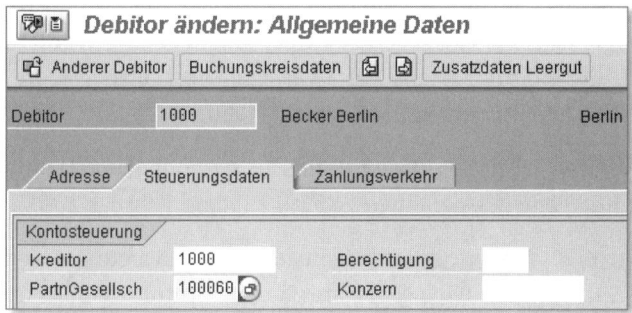

Abbildung 2.56 Partnergesellschaft im Debitorenstammsatz

Nun nehmen wir uns im Weiteren die Einstellungen für die Vorbereitung einer Profit-Center-Konsolidierung vor.

Nehmen Sie zunächst alle Einstellungen für die Profit-Center-Kontierungen vor. Insbesondere ist allen relevanten Ledgern das Szenario *Profit-Center-Fortschreibung* zuzuordnen.

Profit-Center-Konsolidierung

Das Feld PRCTR **Profit-Center** ist als **bilanzierendes Aufteilungsmerkmal** zu kennzeichnen (siehe Abbildung 2.57, Nullsaldo). Zur notwendigen Belegaufteilung finden Sie die Informationen in Kapitel 5, *Belegaufteilung*. Im Customizing wählen Sie **Finanzwesen (neu) • Hauptbuchhaltung (neu) • Geschäftsvorfälle • Belegaufteilung • Belegaufteilungsmerkmal für Hauptbuchhaltung definieren.**

Feld	Nullsaldo	Partner-Feld	Mussfeld
GSBER Geschäftsbereich	☐	PARGB	☐
PRCTR Profitcenter	☑	PPRCTR	☐
SEGMENT Segment	☑	PSEGMENT	☑

Abbildung 2.57 Profit-Center als bilanzierendes Aufteilungsmerkmal

Stellen Sie sicher, dass die Felder **Profit-Center** und **Segment** im Feldstatus aller Konten eingabebereit ausgesteuert sind. Darüber hinaus sind die Felder **Partner-Profit-Center** und **Partner-Segment** im Feldstatus aller Konten eingabebereit auszusteuern, auf denen Partnerinformationen geführt werden.

Bei den verwendeten Buchungsschlüsseln müssen Sie die Felder **Profit-Center**, **Segment**, **Partner-Profit-Center** und **Partner-Segment** eingabebereit aussteuern. Details zur Ableitung des Partner-Profit-Centers sind im SAP-Hinweis 826357 beschrieben.

Datenfluss neues Hauptbuch zu SEM-BCS

Betrachten wir nun die Erläuterung des Datenflusses vom neuen Hauptbuch zu SEM-BCS gemäß SAP-Hinweis 852971 (Stand Februar 2007).

Wie üblich erfolgt der integrierte Transfer von Bewegungsdaten nach SEM-BCS über einen vorgelagerten »Staging«-InfoProvider, der aus dem Vorsystem mittels Extraktion befüllt wird.

Transaktionale SEM-BCS-InfoProvider

Der Transfer in den transaktionalen SEM-BCS-InfoProvider erfolgt mithilfe der Datenerfassungsmethode »Lesen aus Datenstrom«. Optional kann als Staging-InfoProvider ein Remote-Cube eingesetzt werden, um eine »On-Demand«-Datenübernahme aus dem Vorsystem durch SEM-BCS zu ermöglichen.

DataSource 0FI_GL_10

Für die Extraktion von Daten des führenden Ledgers aus dem neuen Hauptbuch nach BW steht im BI Business Content die DataSource 0FI_GL_10 zur Verfügung. Durch den Aufbau des nachgelagerten Datenflusses im BI Content kann allerdings nur ein Teil der transferierten Felder weiter fortgeschrieben werden. Grund hierfür sind technische Restriktionen bei der Fortschreibung in ein ODS-Objekt. Die konsolidierungsrelevanten Partnerfelder werden daher nicht im InfoProvider 0FI_GL_10 geführt, und dieser kann somit nicht als Staging-InfoProvider für SEM-BCS verwendet werden.

DataSource 0SEM_BCS_10

Für die Datenübernahme aus der Hauptbuchhaltung in die Konsolidierung liefert SAP die DataSource 0SEM_BCS_10 aus (siehe Abbildung 2.58). Damit lässt sich ein weiterer Datenübertragungszweig nach SEM-BCS einrichten, ohne die Datenübertragung in den InfoProvider des neuen Hauptbuchs zu beeinflussen.

Beachten Sie, dass die DataSource 0SEM_BCS_10 ausschließlich dafür vorgesehen ist, Daten des führenden Ledgers direkt im Full-Update-Mode in den Staging-InfoProvider zu transferieren. Ein

Delta-Update über ein zwischengeschaltetes ODS-Objekt ist mit dieser DataSource nicht möglich.

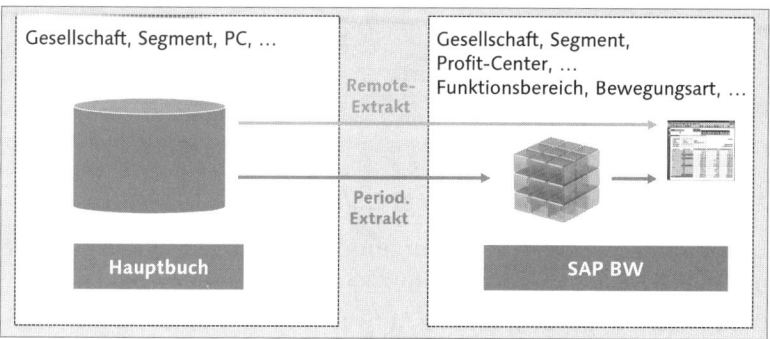

Abbildung 2.58 BW-Reporting für das Hauptbuch

Im Folgenden wird beschrieben, wie mithilfe dieser DataSource basierend auf Business Content der Bereiche EC PCA und SEM-BCS ein entsprechender Datentransfer aufgebaut werden kann.

Wenn Sie beabsichtigen, Daten aus einem nicht-führenden Ledger nach BW zu übertragen, müssen Sie eine DataSource für diese Ledger generieren und die Übertragung nach BW in den Staging Cube der Konsolidierung entsprechend einrichten.

Datenübertragung aus nicht-führendem Ledger nach BW

Wenn Sie den Datentransfer für eine Profit-Center-Konsolidierung einrichten, beachten Sie bitte Folgendes:

Die Beschreibung bezieht sich auf den Fall, dass das Konsolidierungsszenario auf dem von SAP ausgelieferten Business Content zum Konsolidierungsgebiet 10 oder einer strukturgleichen Kopie basiert. Der hierbei verwendete InfoProvider ist 0BCS_C11.

InfoProvider 0BCS_C11

In diesem Fall ist der InfoProvider 0PCA_C01 der Profit-Center-Rechnung ein geeigneter Staging-Provider.

Die Verfahrensweise kann aber auf eine Vielzahl anderer Modelle leicht angepasst werden.

▶ Erstellen Sie eine Kopie des InfoProviders 0PCA_C01 der Profit-Center-Rechnung im Kundennamensraum, z.B. ZPCA_C01.

▶ Erstellen Sie eine Kopie der zugehörigen InfoSource 0EC_PCA_1 im Kundennamensraum, z.B. ZEC_PCA_1.

▶ Ordnen Sie der InfoSource ZEC_PCA_1 den InfoProvider ZPCA_C01 zu.

▶ Ordnen Sie die DataSource 0SEM_BCS_10 der InfoSource ZEC_PCA_1 zu. Stellen Sie hier sicher, dass die konsolidierungsrelevanten Felder der InfoSource in den InfoProvider fortgeschrieben werden.

2.2.7 Szenario »Umsatzkostenverfahren«

Im Gesamtkostenverfahren werden die Umsatzerlöse den Gesamtleistungen einer Periode (inklusive Bestandsveränderungen) und den Gesamtkosten, gegliedert nach Aufwandsarten (Konten, siehe Abbildung 2.59), gegenübergestellt. Beim Umsatzkostenverfahren hingegen stehen die Umsatzerlöse den Herstellungskosten der Periode (ohne Bestandsveränderungen) und den nach betrieblichen Funktionen gegliederten Kosten der Periode gegenüber. Die Herstellkosten des Umsatzes finden Sie ebenfalls in Abbildung 2.59.

In SAP R/3 gab es mehrere Möglichkeiten, ein Umsatzkostenverfahren abzubilden:

▶ Kontenlösung

▶ Abbildung im Controlling

▶ Umsatzkostenledger

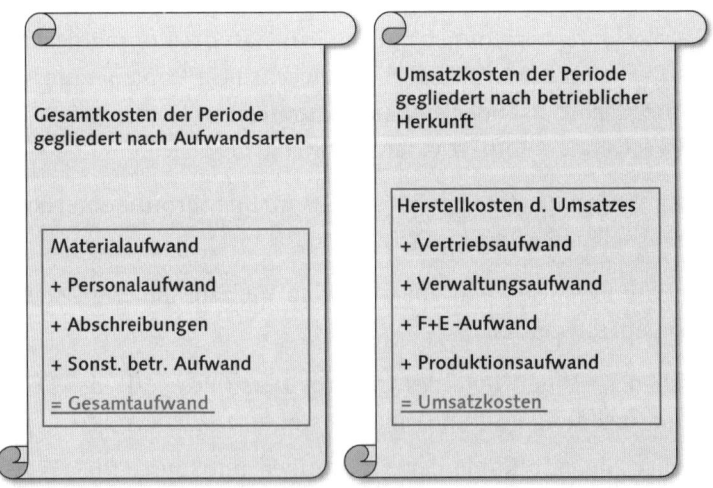

Abbildung 2.59 Gesamtkosten nach Aufwandsarten, Umsatzkosten nach betrieblicher Herkunft

Bei der Kontenlösung wurden alle relevanten Daten in der Haupt-buchhaltung mittels Konten abgebildet. Das ist eine Methode, die einen Kontenplan fast zwangsläufig gewaltig aufbläht; nehmen wir als Beispiele einmal Gehalt und AfA, so erkennen wir leicht, wie sich die Konten schnell vervielfachen:

- Gehalt Vertrieb

- Gehalt Verwaltung

- Gehalt Forschung & Entwicklung

- Gehalt Produktion

- AfA Vertrieb

- AfA Verwaltung

- AfA Forschung & Entwicklung

- AfA Produktion

Eine Kontenfindung wird hierbei zu einer großen und mit Aufwand verbundenen Herausforderung. Ein großer Kontenplan ist unabding-bar, wenn Sie diese Lösung präferieren.

Die Anforderungen des Umsatzkostenverfahrens lassen sich über die Ergebnisrechnung im Controlling (CO-PA) abbilden. Dort können Sie mit Merkmalen und Wertefeldern die Dimension der betriebli-chen Herkunft der Kosten abbilden.

Ein Nachteil dieser Lösung: In der Ergebnisrechnung finden Sie keine direkte Vergleichbarkeit mit dem Gesamtkostenverfahren. Auch verliert die Ergebnisrechnung einen Teil der Flexibilität, da mit der Beifügung der Dimension der betrieblichen Herkunft der Kosten ein buchhalterischer Aspekt Einzug hält, in dessen Bereich nicht ohne weiteres Änderungen vorgenommen werden dürfen.

Im Umsatzkostenledger können mithilfe des Funktionsbereichs alle erfolgswirksamen Buchungen nach UKV dargestellt werden (siehe Abbildung 2.60).

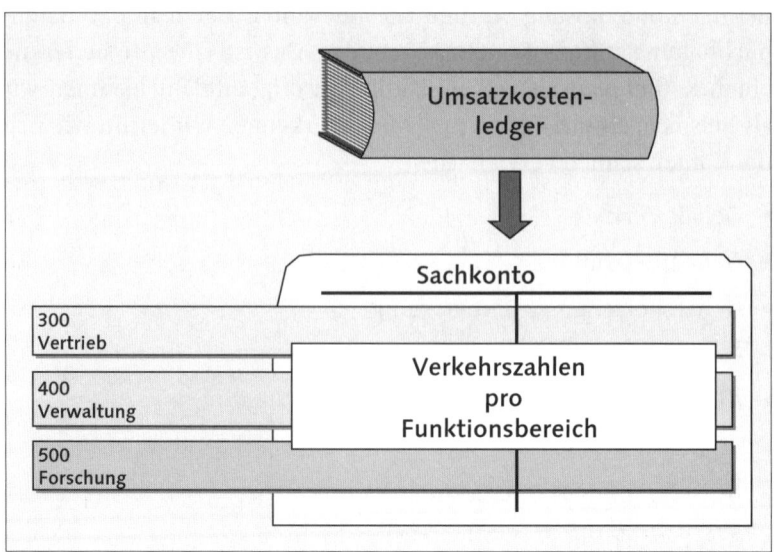

Abbildung 2.60 Umsatzkostenledger

Funktionsbereich

Für die Ableitung des Funktionsbereichs gibt es mehrere Optionen, die Sie in Abbildung 2.61 finden.

Die manuelle Eingabe übertrumpft alle anderen Optionen. Wird also bei allen vier Möglichkeiten ein Funktionsbereich vorgeschlagen, wird die explizit vom Benutzer gewählte Eingabe als maßgebend vom System akzeptiert. Das Finden des Funktionsbereichs im Stammsatz des CO-Objekts ist hingegen die »schwächste«, da letzte Möglichkeit in der Kette.

Das CO-Objekt kann eine Kostenstelle oder ein Innenauftrag sein. In den Fällen, in denen eine eindeutige Zuordnung möglich ist, ist das eine »saubere« Lösung.

Substitution

Mit Substitutionen ist es hingegen möglich, individuelle Regeln mit Wenn-dann-Beziehungen zu definieren, um den Funktionsbereich zu finden bzw. abzuleiten.

Zur Substitution ist zu bemerken, dass eine Ermittlung aus einer Substitution mit einem nicht zu unterschätzenden Arbeitsaufwand bei der Ausgestaltung derselben verbunden ist – und mit jeder Aufnahme eines neuen Prozesses erhöht sich dieser Aufwand.

Viele Unternehmen nutzten ursprünglich die Substitution zur Ableitung von Funktionsbereichen, favorisierten jedoch die Ableitungsmöglichkeit aus CO-Objekten (die sich erst in SAP R/3 Release 4.5 anbot) gegenüber der Ausgestaltung aufwendiger Substitutionsregeln, die aufgrund sich ändernder Geschäftsprozesse ständig aktualisiert werden mussten.

Sinnvollerweise lässt sich der Funktionsbereich im Stammsatz des Erfolgskontos bei Erlösbuchungen oder bei Bestandsveränderungen hinterlegen.

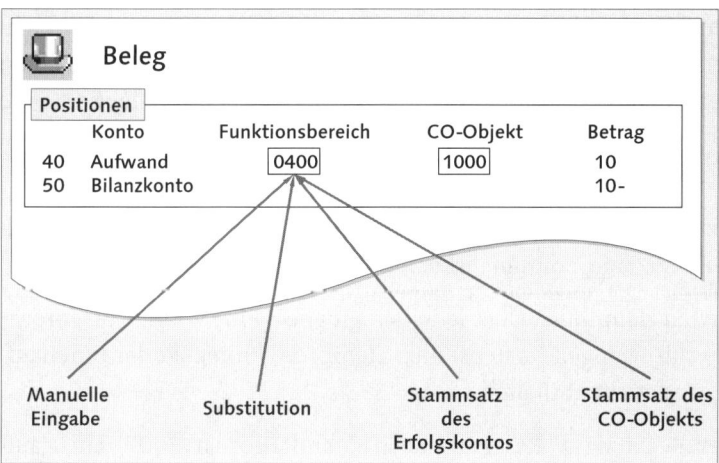

Abbildung 2.61 Ableitung des Funktionsbereichs

In SAP R/3 entsteht bei einem entsprechenden Geschäftsvorfall ein eigener Beleg im Umsatzkostenledger – wie oben angesprochen, ein separierter »Datentopf«. Der Funktionsbereich liegt auf Summensatzebene vor, wie anhand der Funktionsbereiche Vertrieb, Verwaltung und Forschung in Abbildung 2.60 dargestellt. Entsprechende Salden können für das externe Berichtswesen genutzt werden, jedoch sind eigene Berichte für Auswertungen zu verwenden. Customizing-Einstellungen müssen Sie im Vorfeld treffen.

Im neuen Hauptbuch ist der Funktionsbereich Bestandteil der Datenbasis. Im Szenario *Umsatzkostenverfahren* (FIN_UKV) werden die Felder **Sender-** und **Empfänger-Funktionsbereich** fortgeschrieben.

2.2.8 Szenario »Kostenstellen-Fortschreibung«

Die Kostenstellenrechnung beschäftigt sich mit der Frage, wo in Ihrer Organisation Kosten anfallen. Wenn Kosten anfallen, werden

Kostenstellenrechnung

89

sie der entsprechenden Kostenstelle zugeordnet bzw. auf diese Kostenstelle gebucht. Bei diesen Kosten kann es sich um Personalkosten, Mietkosten oder beliebige andere Kosten handeln, die einer vorhandenen Kostenstelle zugeordnet werden können. Jede Kostenstelle ist einer Kostenstellenart (z. B. Verwaltungskostenstellen, Fertigungskostenstellen) zugeordnet.

Kostenstellen-
hierarchie

Kostenstellen lassen sich in Gruppen zusammenfassen, wenn Summeninformationen über die Kosten benötigt werden. Eine Grundvoraussetzung für die Einrichtung einer weit reichenden Kostenstellenrechnung ist daher das Anlegen einer Standardhierarchie für einen Kostenrechnungskreis. Diese Standardhierarchie reflektiert die Gesamtstruktur aller Kostenstellen des betreffenden Kostenrechnungskreises und liefert an jedem Knoten der Struktur Kostensummen.

Im Szenario *Kostenstellen-Fortschreibung* (FIN_CCA) werden die Felder **Sender-** und **Empfängerkostenstelle** fortgeschrieben.

Im neuen Hauptbuch ist es lediglich möglich, eine »Mini-Kostenrechnung« mit wenigen Kostenstellen zu führen, Projekte oder Innenaufträge sind nicht enthalten.

In der Regel wird dieses Szenario (Stand Februar 2007) auch aufgrund des bis dato geringen Funktionsumfangs wenig verwendet; die Kostenstellenrechnung (CO-OM) wird meistens weiterhin in CO abgebildet.

2.3 Kundeneigene Felder

Kundeneigene
Felder

In SAP R/3 ist es mithilfe der Speziellen Ledger möglich, kundeneigene Felder in Rechnungswesenbelege im Standard aufzunehmen. Diese Möglichkeit besteht mit dem neuen Hauptbuch nun auch in SAP ERP. Die Arbeitsschritte zur Aufnahme eines kundenspezifischen Felds werden in diesem Abschnitt dargestellt.

2.3.1 Erweiterung des Kontierungsblocks

Im Kontierungsblock können Sie eigene, frei definierbare kundenspezifische Kontierungsfelder aufnehmen.

Kontierungsfelder

Diese neuen Kontierungsfelder stehen bei den FI-Sachkonten der MM-Bestandsführung und dem MM-Einkauf zur Verfügung und werden auch in den CO-Einzelposten fortgeschrieben: Um kundeneigene Felder in die Summentabelle FAGLFLEXT aufzunehmen, müssen sie zuvor – wie oben erwähnt – im Kontierungsblock berücksichtigt werden. Abbildung 2.62 zeigt z.B. das Feld **Special Region** im Kontierungsblock. Das Datenelement ZREGION selbst wird im Dictionary angezeigt (siehe Abbildung 2.63).

Im Customizing bearbeiten Sie den Kontierungsblock unter folgendem Pfad: **Finanzwesen (neu) · Grundeinstellungen Finanzwesen (neu) · Bücher · Felder · Kundeneigene Felder · Kontierungsblock bearbeiten**.

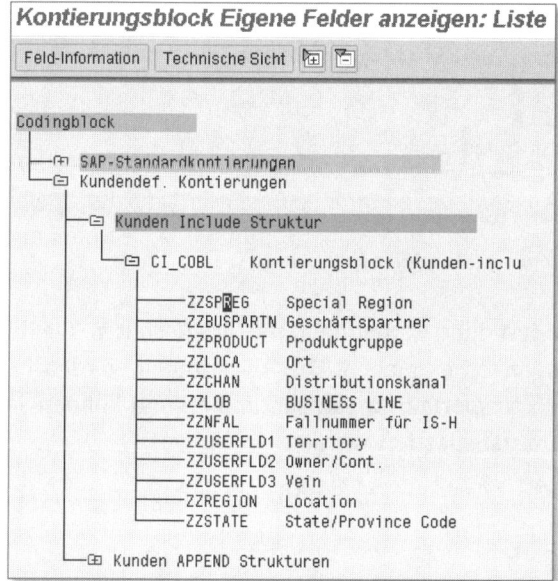

Abbildung 2.62 Kontierungsblock – eigene Felder anzeigen

Mit der Transaktion OXK3 nehmen Sie ein neues Feld in den Kontierungsblock auf. Dabei werden zentrale Dictionary-Tabellen erweitert und Einträge in mandantenübergreifende Tabellen vorgenommen.

Erweiterung des Kontierungsblocks

Wenn Sie kundeneigene Felder angelegt haben, werden diese bei automatischen Buchungen vom System fortgeschrieben.

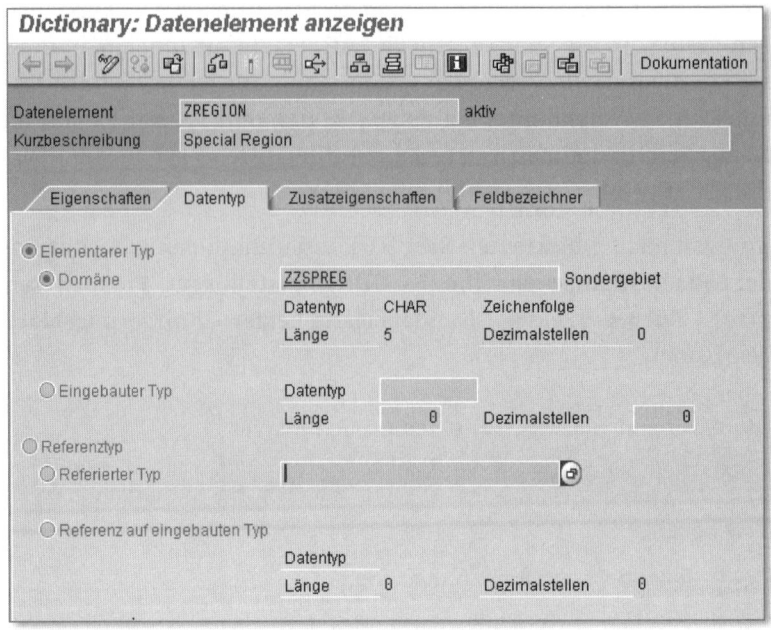

Abbildung 2.63 Datenelement ZREGION

Testsystem Wenn Sie Kontierungsfelder aufnehmen möchten, sollten Sie in jedem Fall Zeit zum Testen einplanen. Die Änderungen werden im Testsystem in einen Transportauftrag aufgenommen und können so in ein anderes System transportiert werden.

Berechtigungen Um Kontierungsfelder aufzunehmen, benötigen Sie folgende Berechtigungen:

► X_COBLMOD: Neuaufnahme eines Felds in den Kontierungsblock

► S_TABU_CLI: Pflege mandantenunabhängiger Tabellen

► S_DEVELOP: Dictionary-Berechtigung

► S_TRANSPRT: Transportberechtigung

Die vorgenommenen Änderungen sind in allen Mandanten des Systems wirksam.

Datensicherung Bevor Sie einen Echtlauf zur Neuaufnahme eines Felds starten oder im Expertenmodus entsprechende Dictionary-Änderungen vornehmen, ist eine Datensicherung erforderlich. Während des Echtlaufs sollten keine anderen Benutzer im System arbeiten, es dürfen in dieser Zeit keine Buchungstransaktionen durchgeführt werden.

Das Entfernen eines neu aufgenommenen Felds aus dem Kontierungsblock ist nur mit hohem Aufwand möglich und mit Datenverlust verbunden. Auch eine nachträgliche Änderung des Feldformats oder ein Entfernen eines einmal aufgenommenen Kontierungsfelds ist mit Standardmitteln nicht möglich.

Bei der Funktion **Kontierungsblock bearbeiten** werden mandantenübergreifende Objekte definiert. Die Definition dieser Objekte hat daher Auswirkungen auf alle Mandanten des Systems.

Die Informationen aus den zusätzlichen Feldern, die das neue Hauptbuch in SAP ERP beinhalten kann, lassen sich von vielen Standardreports auswerten.

2.3.2 Aufnahme von Feldern in die Summentabelle

In der IMG-Aktivität über den Customizing-Pfad **Finanzwesen (neu) · Grundeinstellungen Finanzwesen (neu) · Bücher · Felder · Kundeneigene Felder · Felder in Summentabelle aufnehmen** können Sie in eine Summentabelle der Hauptbuchhaltung zusätzliche Felder aufnehmen. Bei der jeweiligen Summentabelle kann es sich um die von SAP ausgelieferte Standardsummentabelle FAGLFLEXT (siehe Abbildung 2.64) oder um eine eigene handeln.

Abbildung 2.64 Kundenerweiterung im Hauptbuch – Einstieg

In die Summentabelle können Sie entweder Standardfelder aus dem Rechnungswesenbeleg oder kundeneigene Felder aufnehmen, um die Sie den Kontierungsblock zuvor erweitert haben (siehe Abbildung 2.65).

Erweiterung
Summentabelle

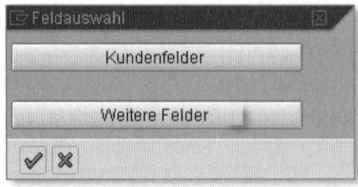

Abbildung 2.65 Kundenfelder oder von SAP ausgelieferte Standardfelder

Um eine Erweiterung zu einer Summentabelle vorzunehmen, wählen Sie zunächst **Ändern**. Tragen Sie nun unter **Feldnamen** die gewünschten Felder ein. Dabei haben Sie folgende Möglichkeiten:

▶ Um ein kundeneigenes Feld aufzunehmen, wählen Sie es mit einem Doppelklick unter **Kundenfelder** aus.

▶ Um ein von SAP ausgeliefertes Standardfeld aus dem Rechnungswesenbeleg aufzunehmen, wählen Sie es mit einem Doppelklick unter **Weitere Felder** aus.

Aktivierung der Erweiterung

Sichern Sie anschließend die von Ihnen gewählten Eingaben, und vergessen Sie nicht, Ihre Erweiterung zu aktivieren. Sie erhalten dann entsprechende Meldungen zur Aktivierung der Tabelle und zur Generierung der Strukturen und Programme (siehe Abbildung 2.66).

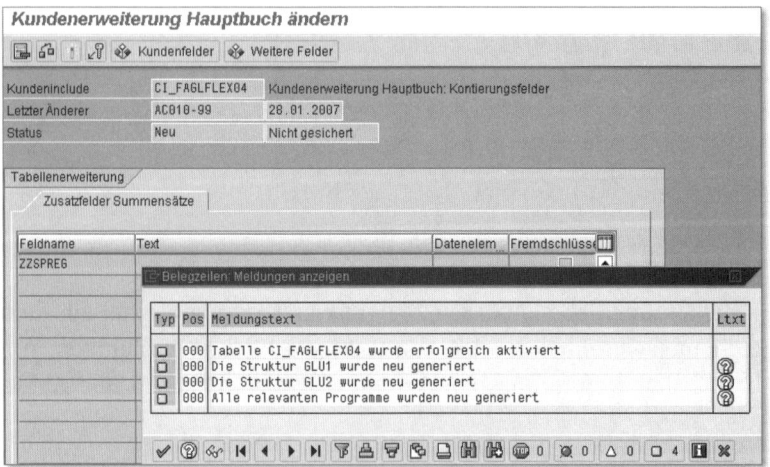

Abbildung 2.66 Kundenerweiterung aktiviert

Um abschließend eine Prüfung der Gesamtinstallation durchzuführen, drücken Sie auf **Prüfen**. In Abbildung 2.67 sehen Sie die bei korrekter Definition und Aktivierung erscheinende Bestätigungsmeldung.

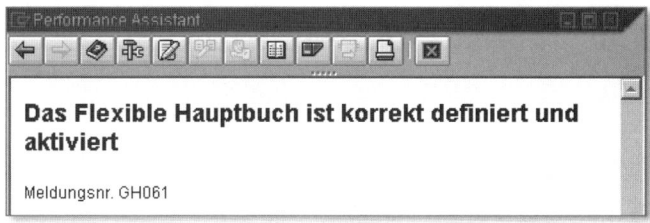

Abbildung 2.67 Hauptbuch ist korrekt definiert und aktiviert

Zur Anlage von Datenbankindizes für die Summentabellen sowie die Ist- und Plan-Einzelposten wählen Sie wie in Abbildung 2.68 den Button **Datenbankindizes**.

Datenbankindizes für Summentabellen

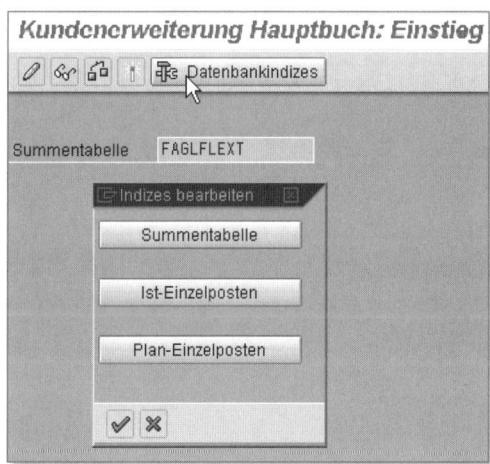

Abbildung 2.68 Datenbankindizes

Die Anlage dieser Datenbankindizes ist nicht zwingend erforderlich, jedoch kann ein geeigneter Index zu einer höheren Performance beitragen. Ordnen Sie die Felder den gewünschten Ledgern zu (siehe Abbildungen 2.69 und 2.70).

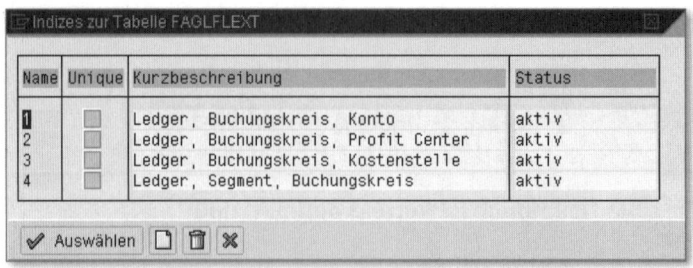

Abbildung 2.69 Indizes zur Tabelle FAGLFLEXT

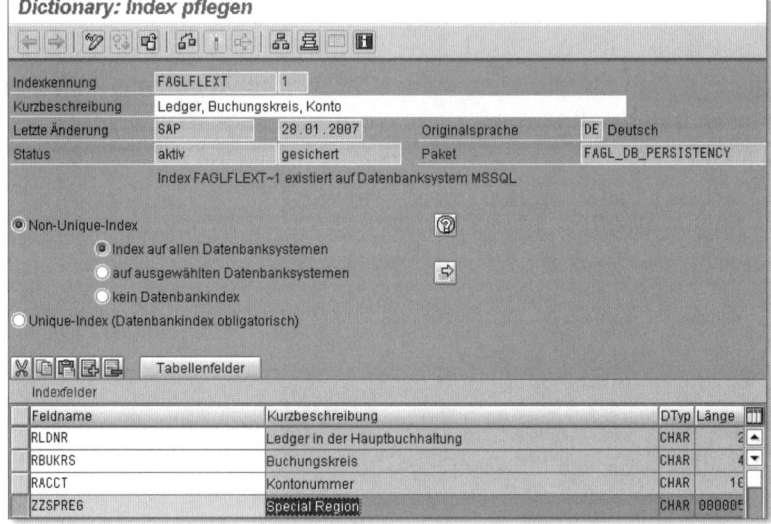

Abbildung 2.70 Dictionary – Index pflegen

[!]   Bedenken Sie: Mit der Erweiterung der Summentabelle werden zusätzliche Datensätze erzeugt. Mit jedem Feld, das Sie aufnehmen, erhöhen Sie das Datenvolumen.

Gefahr der Performance- verschlechterung   Wenn Sie zu viele neue Felder aufnehmen, führt das zu Verschlechterungen der Performance und einem erhöhten Speicherbedarf. Nehmen Sie deshalb nur so viele eigene Kontierungen auf, wie Sie unbedingt benötigen.

Vor allem Felder, die sehr viele Ausprägungen haben können, erhöhen das Datenvolumen unter Umständen besonders stark, wie z. B.:

- Innenauftrag

- Kundenauftrag

- PSP-Element

Bitte lesen Sie dazu den SAP-Hinweis 820495:

> *Das Datenvolumen in einer Summensatztabelle des NewGL sollte ins-*
> *gesamt 5 bis 6 Millionen Einträge nicht übersteigen. Übersteigt die*
> *Gesamtzahl der insgesamt für alle Ledger zu erwartenden Summen-*
> *sätze diesen Wert, empfiehlt SAP, die Ledger in separaten Tabellen-*
> *gruppen fortzuschreiben. Die Nutzung einer separaten, kundeneigenen*
> *Tabellengruppe (neben FAGLFLEXT) ist insbesondere dann erwägens-*
> *wert, wenn Kundenfelder, die das Datenvolumen merklich aufblähen,*
> *in nur einer Rechnungslegungsvorschrift bzw. nur in einem oder eini-*
> *gen wenigen Buchungskreisen für eine nicht führende Sicht benötigt*
> *werden.*
>
> *Wenn Sie ein separates Tabellenwerk anlegen, beachten Sie, dass von*
> *SAP ausgelieferte Standardreports, die auf dem Recherchetool oder*
> *dem Report Painter/Writer basieren, für alle in diesem Tabellenwerk*
> *fortgeschriebenen Ledger nicht genutzt werden können. Die Anzahl der*
> *Tabellenwerke sollten Sie so gering wie möglich halten. Für die füh-*
> *rende Bewertungssicht empfiehlt SAP das ausgelieferte Standardtabel-*
> *lenwerk zu verwenden.*

Im Zuge der Erweiterung auf Summensatzebene werden vom System die Einzelpostensätze verlängert, aber ohne dass dabei zusätzliche Datensätze erzeugt werden. Daher ist diese Art der Erweiterung im Vergleich zur Erweiterung der Summentabelle hier als unkritisch zu betrachten. **Datenvolumen**

2.3.3 Definition eigener Summentabellen

Sie haben die Möglichkeit, eine eigene Summentabelle als Grundlage für Ihre Ledger zu definieren.

Damit werden vom System automatisch sowohl die Summentabelle als auch die zugehörige Einzelpostentabelle angelegt. **Summen- und Einzelposten- tabellen**

Gemäß der Empfehlung von SAP sollten Sie die von SAP ausgelie- ferte Standardsummentabelle verwenden. Einige Funktionen (z.B. Planung, Berichtswesen) der Hauptbuchhaltung basieren auf dieser Standardsummentabelle.

Wenn die ausgelieferte Tabelle nicht Ihren Anforderungen genügt und Sie eine eigene Summentabelle definieren (siehe Abbildung 2.71), sollten Sie dafür Sorge tragen, dass diese Funktionen auf die von Ihnen definierte eigene Summentabelle zugreifen.

Wählen Sie hierzu im Customizing **Finanzwesen (neu) · Grundeinstellungen Finanzwesen (neu) · Bücher · Felder · Kundeneigene Felder · Felder in Summentabelle aufnehmen · Zusätze · Tabellengruppe anlegen**.

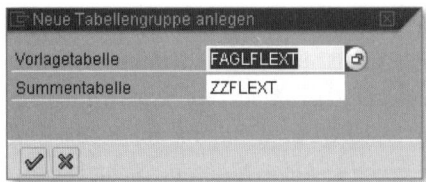

Abbildung 2.71 Summentabelle mit Vorlagetabelle FAGLFLEXT

Wenn Sie in eine eigene Summentabelle ein kundeneigenes Feld aufnehmen möchten, müssen Sie es auch zuvor bereits in den Kontierungsblock aufgenommen haben.

2.3.4 Aufnahme kundeneigener Felder in Enjoy-Transaktionen

Damit Sie auch in den Enjoy-Transaktionen, die es seit dem SAP R/3-Releasestand 4.6 gibt (z. B. FB50, FB60, FB70), manuell auf Ihre kundeneigenen Felder buchen können, müssen Sie die Felder den Erfassungsvarianten der Enjoy-Buchungstransaktionen zuordnen.

Erfassungsvarianten

Den entsprechenden Customizing-Punkt finden Sie unter **Finanzwesen (neu) · Grundeinstellungen Finanzwesen (neu) · Bücher · Felder · Kundeneigene Felder · Kundeneigene Felder in Enjoy-Transaktionen aufnehmen**. In dieser IMG-Aktivität können Sie Ihre kundeneigenen Felder einer Erfassungsvariante für die Sachkontenpositionen (Bild 100 im Programm SAPLFSKB) der Enjoy-Buchungstransaktionen zuordnen.

Manuelle Buchung

Damit stehen Ihnen Ihre kundeneigenen Felder z. B. beim manuellen Buchen zur Kontierung zur Verfügung, wie in Abbildung 2.72 beim Buchen einer Sachkontenbuchung mit Transaktion FB50 zu sehen.

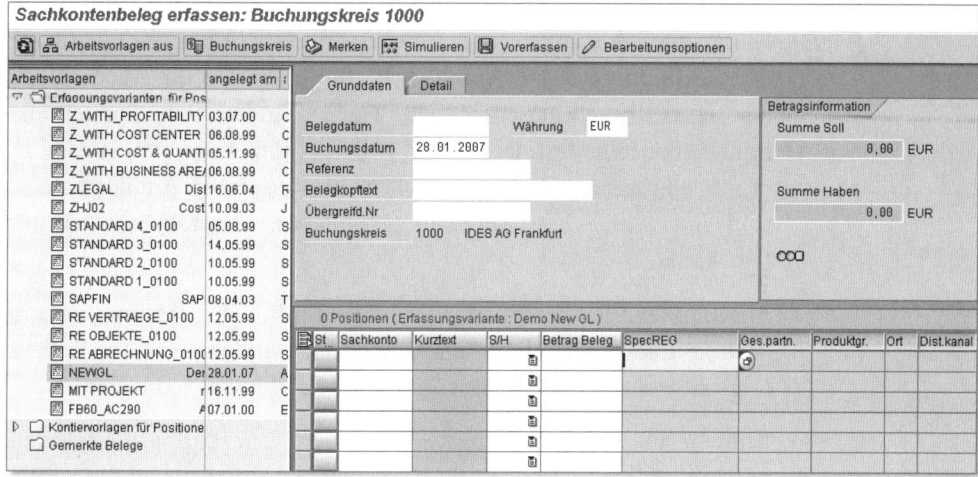

Abbildung 2.72 Erfassungsmaske der Enjoy-Transaktion FB50

Sie können die kundeneigenen Felder nicht direkt beim Anlegen einer Erfassungsvariante für die Sachkontenpositionen auswählen. Anstelle der kundeneigenen Felder sind als Platzhalter in der Erfassungsvariante (siehe Abbildung 2.73) nur generische Felder (ACGL_ ITEM_GEN-GEN_CH ...) zu finden. Im SAP-Anwendungsmenü unter **Rechnungswesen • Finanzwesen • Hauptbuch • Buchung • Sachkontenbeleg erfassen • Bearbeiten • Erfassungsvariante • Erfassungsvariante anlegen** können Sie die Erfassungsvariante anlegen.

```
Ändern Screenvarianten

 GuiXT Skript  [i]


 Screenvarianten für Transaktion        FB50


 Werte für Dynpro 0100 Programm SAPLFSKB

 ☑ Einstellungen übernehmen    Name der Screenvariante: NEWGL          ☐ GuiXT-Skript
                               Kurztext Screenvariante: Demo New GL
 ☐ Bild nicht anzeigen
```

Feld	Inhalt	Mit Inhalt	Nur Ausgabe	Unsichtbar	Obligat.	Technischer Name
_____	1	☐	☐	☐	☐	ACGL_ITEM_GEN-GEN_CH
_____	1	☐	☐	☐	☐	ACGL_ITEM_GEN-GEN_CH
_____	1	☐	☐	☐	☐	ACGL_ITEM_GEN-GEN_CH
_____	1	☐	☐	☐	☐	ACGL_ITEM_GEN-GEN_CH
_____	1	☐	☐	☐	☐	ACGL_ITEM_GEN-GEN_CH

Abbildung 2.73 Screenvarianten zur Aufnahme kundeneigener Felder

Kundeneigene
Felder in Enjoy-
Transaktionen

Zur Laufzeit werden die kundeneigenen Felder auf die generischen Felder des Bilds abgebildet. Sie müssen deshalb Folgendes tun: Bei der Bearbeitung der Erfassungsvariante legen Sie die Maximalzahl der sichtbaren kundeneigenen Felder und deren Spaltenposition/Reihenfolge fest. Dabei sind maximal fünf kundeneigene Felder in einer Erfassungsvariante möglich. Im Beispiel in Abbildung 2.72 sind dies die Felder **SpecREG**, **Ges.Partn.**, **Produktgr.**, **Ort** und **Dist.kanal**.

Anschließend legen Sie fest, welche Felder in der Erfassungsvariante anstelle der generischen Felder angezeigt und in welcher Reihenfolge sie auf die generischen Felder abgebildet werden sollen.

Falls Sie für eine Erfassungsvariante keine Zuordnung vornehmen, werden bis zur in der Variante festgelegten Maximalzahl die kundeneigenen Felder in der Reihenfolge wie im Kontierungsblock definiert eingeblendet.

2.4 Fazit

In SAP R/3 müssen Kunden eine Vielzahl von Komponenten installieren und implementieren, um systemgestützt die große Anzahl an gesetzlichen und branchenspezifischen Anforderungen und Standards erfüllen zu können. Gerade in Branchenlösungen wie Public Sector, Financial Services und Media (um lediglich drei zu nennen) werden Bilanzen nach eigenen Kriterien gefordert.

Das neue Hauptbuch bietet die Möglichkeit, innerhalb des Hauptbuchs mehrere Ledger zu führen – was eine Option zur Darstellung einer parallelen Rechnungslegung ist (mehr dazu in Kapitel 4, *Parallele Rechnungslegung*). Doch das neue Hauptbuch darf nicht auf die Lösung dieser Herausforderung reduziert werden. Wir haben in diesem Kapitel die standardmäßig erweiterte Datenstruktur des neuen Hauptbuchs ebenso wie die Vielzahl der abbildbaren Szenarios gesehen. In der Summentabelle des neuen Hauptbuchs FAGLFLEXT werden mehr Entitäten fortgeschrieben, als dies in der klassischen Summentabelle (GLT0) möglich ist.

Das Design des neuen Hauptbuchs zeugt von seiner Flexibilität. Sie können kundeneigene und branchenspezifische Felder aufnehmen und hierfür vom System Summen fortschreiben lassen.

Zusammenkommen ist der Anfang. Zusammenarbeiten ist der Erfolg. (Henry Ford)

3   Integration im Rechnungswesen

Integration oder Konvergenz zwischen interner und externer Berichterstattung ist von besonderer Bedeutung. Für SAP-Systeme bedeutet dieses eine stärkere Verzahnung oder auch Verschmelzung von Funktionen der Module FI und CO. Dieses Kapitel widmet sich der systemseitigen Abbildung, indem im ersten großen Teil das Szenario einer Profit-Center-Rechnung im Hauptbuch dargestellt wird. Ist das Szenario aktiv, werden die Felder **Profit-Center** und **Partner-Profit-Center** in der Summentabelle FAGLFLEXT fortgeschrieben. Diese Datenbasis steht anschließend nicht nur für bilanzielle Auswertungen, sondern auch für Segment- und andere Managementberichte zur Verfügung. Der zweite Teil gehört den in R/3 vorhandenen periodischen Abläufen zwischen FI und CO, die im neuen Hauptbuch in Echtzeit ausgeführt werden können.

3.1   Profit-Center-Rechnung im neuen Hauptbuch

Eine der stärksten Integrationen ist die Eingliederung der Profit-Center-Rechnung in die neue Hauptbuchhaltung. Ein Vorteil ist das Wegfallen des Abstimmungsbedarfs, den es in der Vergangenheit zwischen Berichten in der Hauptbuchhaltung basierend auf der Tabelle GLT0 und der Profit-Center-Rechnung basierend auf der Tabelle GLPCT gegeben hat. Das Szenario einer Profit-Center-Rechnung im Hauptbuch spiegelt ebenfalls die Konvergenz legaler und Managementberichterstattung wider. Die Implikationen, die eine solche Strukturierung mit sich bringen, sollen in den folgenden Abschnitten näher betrachtet werden.

Einheitliche Datenbasis

Gemäß Hinweis 826357 empfiehlt SAP allen Neukunden das Szenario FIN_PCA (Profit-Center-Fortschreibung) im neuen Hauptbuch,

Auswahl der Szenarios

siehe Kapitel 2, *Konzeption und Ausprägung der Ledger*. Eine Aktivierung der klassischen Profit-Center-Rechnung inklusive der Fortschreibung von Datenbeständen in zwei Tabellen ist nicht sinnvoll, zumal dadurch zusätzlicher Abstimmungsbedarf entsteht.

Wenn Sie als R/3-Bestandskunde die klassische Profit-Center-Rechnung im Einsatz haben und auf das neue Hauptbuch wechseln, sollten Sie ebenfalls das Szenario verwenden. Es existieren Interdependenzen mit anderen Einstellungen wie z.B. Belegaufteilung und Fortschreibung der Segmente, die sonst nicht aktiviert werden konnten.

3.1.1 Bilanz je Profit-Center

Bilanzen mit Saldo null konnten bisher je Buchungskreis oder Geschäftsbereich erstellt werden. Mit einer integrierten Profit-Center-Rechnung in der Hauptbuchhaltung und aktiver Belegaufteilung eröffnen sich neue Möglichkeiten.

Buchungskreis oder Profit-Center

Es ist dennoch nach wie vor zu berücksichtigen, dass der Buchungskreis das steuernde Kriterium bei operativen Arbeiten darstellt. Wenn es darum geht, Mahnungen, Zahlungen, Verzinsungen oder eine Umsatzsteuervoranmeldung zu erstellen, ist und bleibt das Organisationselement »Buchungskreis« das Abbild der kleinsten zu bilanzierenden Einheit. Somit ist das Profit-Center lediglich ein neues Kriterium für bilanzielle Auswertungen ohne den Anspruch, alle operativen Arbeiten als Selektionskriterium übernehmen zu können. Abbildung 3.1 zeigt eine Bilanz für verschiedene Profit-Center.

Sie finden diese im Anwendungsmenü über den Pfad **Rechnungswesen • Finanzwesen • Hauptbuch • Infosystem • Berichte zum Hauptbuch (neu) • Bilanz/GuV/Cash Flow • Allgemein • Ist-/Ist-Vergleich • Bilanz/GuV Ist/Ist-Vergleich.**

Objektliste:0SAPBSPL-01 -Bilanz/GuV Ist/Ist-Vergleich							

0SAPBSPL-01	Bilanz/GuV Ist/Ist-Vergleich
Daten vom	05.04.2007 11:21:45
Währ.Typ	00 Belegwährung
BuKr.	1000 IDES AG
Ledger	0L führendes Ledger
Satzart	2 Umlage/Verteilung Is
Satzart	0 Ist
Version	1 Standard-Version

Kontonummer	Profitcenter	Segment	Funktionsbereich	Bil/GuV-Pos/Konto	GJ 2006 1 - 12	GJ 2007 1 - 12	Abweichung
INT /211100	1000/1000	nicht zugeordnet	0400	Planmaessige Abschreibung auf Sachanlagen	1.618,00	0,00	1.618,00-
INT /211100	1000/1010	nicht zugeordnet	0100	Planmaessige Abschreibung auf Sachanlagen	32.475,00	0,00	32.475,00-
INT /211100	1000/1010	nicht zugeordnet	0120	Planmaessige Abschreibung auf Sachanlagen	500,00	0,00	500,00-
INT /211100	1000/1010	nicht zugeordnet	0400	Planmaessige Abschreibung auf Sachanlagen	11.060,00	0,00	11.060,00-
INT /211100	1000/1100	nicht zugeordnet	0100	Planmaessige Abschreibung auf Sachanlagen	29.855,00	0,00	29.855,00-
INT /211100	1000/1100	nicht zugeordnet	0400	Planmaessige Abschreibung auf Sachanlagen	11.943,00	0,00	11.943,00-
INT /211100	1000/1200	nicht zugeordnet	0100	Planmaessige Abschreibung auf Sachanlagen	475,00	0,00	475,00-
INT /211100	1000/1200	nicht zugeordnet	0400	Planmaessige Abschreibung auf Sachanlagen	191,00	0,00	191,00-
INT /211100	1000/1300	nicht zugeordnet	0100	Planmaessige Abschreibung auf Sachanlagen	45.931,00	0,00	45.931,00-
INT /211100	1000/1300	nicht zugeordnet	0400	Planmaessige Abschreibung auf Sachanlagen	18.372,00	0,00	18.372,00-
INT /211100	1000/1400	nicht zugeordnet	0100	Planmaessige Abschreibung auf Sachanlagen	1.080,00	0,00	1.080,00-
INT /211100	1000/1400	nicht zugeordnet	0400	Planmaessige Abschreibung auf Sachanlagen	433,00	0,00	433,00-
INT /211100	1000/1402	nicht zugeordnet	0400	Planmaessige Abschreibung auf Sachanlagen	47.991,00	0,00	47.991,00-
INT /211100	1000/1500	nicht zugeordnet	0100	Planmaessige Abschreibung auf Sachanlagen	5.891,00	0,00	5.891,00-
INT /211100	1000/1500	nicht zugeordnet	0300	Planmaessige Abschreibung auf Sachanlagen	6.825,00	0,00	6.825,00-
INT /211100	1000/1500	nicht zugeordnet	0400	Planmaessige Abschreibung auf Sachanlagen	2.356,00	0,00	2.356,00-
INT /211100	1000/8110	nicht zugeordnet	0300	Planmaessige Abschreibung auf Sachanlagen	2.275,00	0,00	2.275,00-

Abbildung 3.1 Bilanz je Profit-Center

3.1.2 Allokationen im Hauptbuch

Umlagen und Verteilungen sind in der klassischen Profit-Center-Rechnung gängige Verfahren. Werte werden gesammelt und anschließend mit einer bestimmten Schlüsselung auf mehrere Profit-Center weiterbelastet. Für die Profit-Center-Rechnung im Hauptbuch ist es für einen Buchhalter ein neuer Vorgang. Es gilt zwischen den zwei Arten der Allokationen zu differenzieren: Umlagen und Verteilungen.

Die Verteilung wird genutzt, um allgemeine Kosten oder Erlöse von einer allgemeinen Kostenstelle, einem Profit-Center oder Segment auf andere zu verteilen. Hierbei wird ausschließlich auf dem Originalkonto gearbeitet. Abbildung 3.2 zeigt, wie die Stromrechnung vom Profit-Center XY auf Basis fester Prozentsätze auf die Profit-Center 1, 2 und 3 verteilt wird. Hierbei bleiben die originären Sachkonten 416100 und 416110 bestehen.

Verteilung

Im Gegensatz zur Verteilung wird bei der Umlage ein Entlastungskonto verwendet. Abbildung 3.3 zeigt die Entlastung des Profit-Centers XY mit einem eigenen Umlagekonto 630099.

Umlage

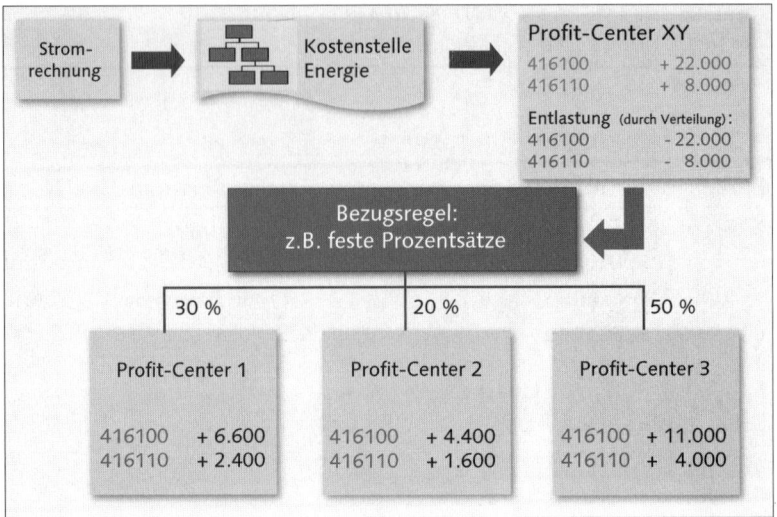

Abbildung 3.2 Verteilung

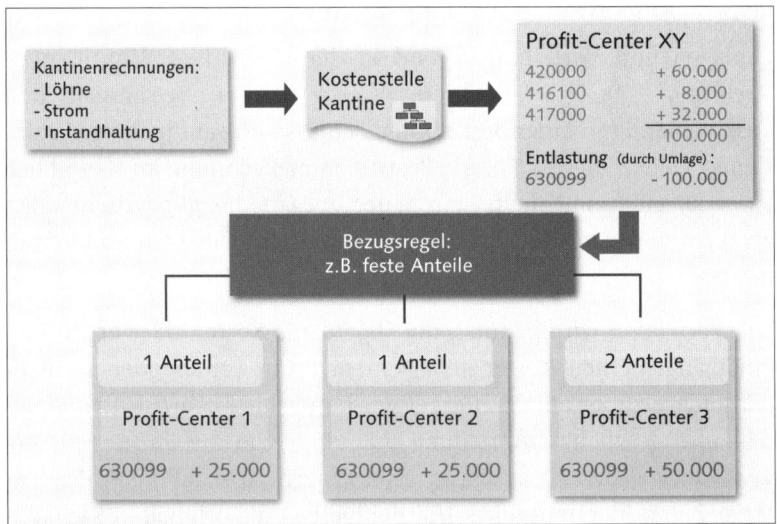

Abbildung 3.3 Umlage

Im Vergleich zur klassischen Handhabung darf es sich bei der Profit-Center-Rechnung im Hauptbuch hierbei nicht um eine sekundäre Kostenart handeln. Das Entlastungskonto spiegelt somit ein Sachkonto wider, sollte zum Abschlussstichtag Saldo null ergeben und unterhalb der Bilanz ausgewiesen werden. Dieses ist einer der wesentlichen Unterschiede bei Allokationen einer Profit-Center-Rechnung im neuen Hauptbuch.

3.1.3 Planung im Hauptbuch

Eine Planung auf Basis der neuen Profit-Center-Rechnung ist in dem Szenario ebenfalls möglich. Für diesen Sachverhalt werden eigens neue Transaktionen zur Plandatenerfassung ausgeliefert. Sie finden sie im Anwendungsmenü über den Pfad **Rechnungswesen • Finanzwesen • Hauptbuch • Periodische Arbeiten • Planung • Planwerte • Erfassen (neu)**.

Die Profit-Center-Planung in FI wird immer in Verbindung mit einem Konto abgespeichert. Dieses impliziert, dass ausschließlich primäre Prozesse abgebildet werden können. Sekundärprozesse wie z. B. die Planung von Leistungen sind außen vor. Abbildung 3.4 zeigt ein Beispiel mit der Planung des Profit-Centers PC18 in Verbindung mit dem Konto »400000 – Verbrauch Rohstoffe«.

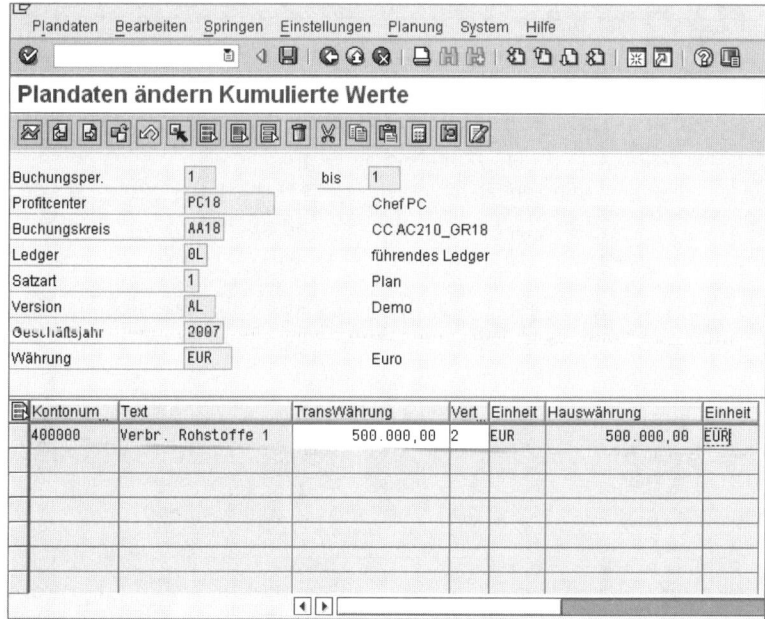

Abbildung 3.4 Plandaten ändern

Damit Sie überhaupt in der Lage sind, eine Profit-Center-Planung im Anwendungsmenü auszuführen, benötigen Sie eine Reihe von Einstellungen im Customizing:

1. **Aktivierung der Summentabelle**
   Die Summentabelle FAGLFLEXT ist unter folgendem Pfad für die Planung zu aktivieren: **Finanzwesen(neu) • Hauptbuchhaltung(neu) • Planung • Technische Hilfen • Summentabelle installieren**.

2. **Planungslayout importieren**
   Damit Sie Plandaten erfassen können, benötigt das System ein Layout. Die in der Auslieferung des Quellmandanten 000 vorhandenen Layouts importieren Sie über den Customizing-Pfad **Finanzwesen (neu) • Hauptbuchhaltung (neu) • Planung • Technische Hilfen • Planungslayout importieren**. Abbildung 3.5 zeigt die zu importierenden Planungslayouts im Namensraum FAGL.

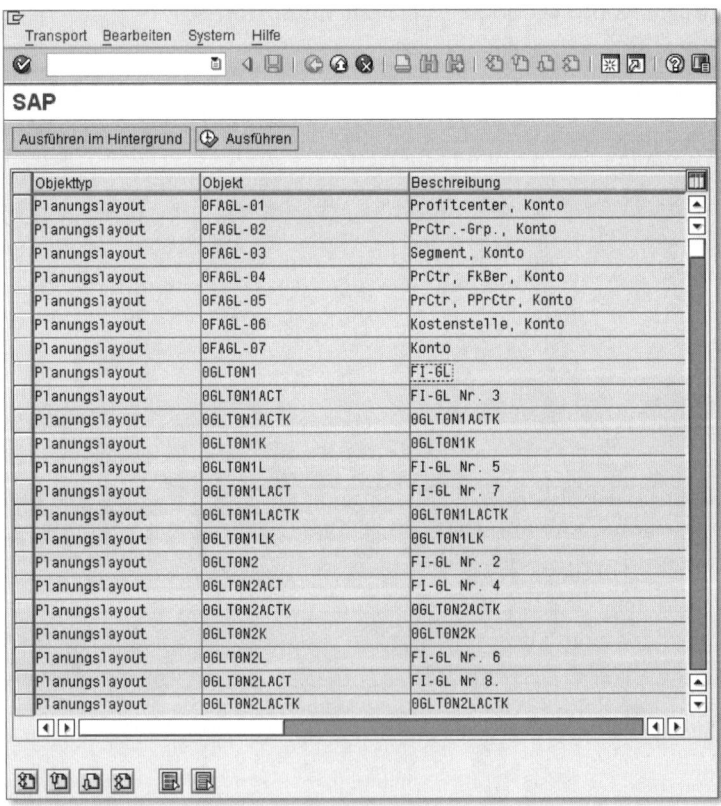

Abbildung 3.5 Planungslayouts

3. **Planungsbelegart anlegen**

Erfasste Planungsdaten werden im System als Buchung abgespeichert. Ähnlich der Ist-Buchungen benötigen Sie in unserem Fall eine gültige Belegart, die ausschließlich für die Planung verwendet wird. Sie definieren diese im Customizing über den Menüpfad **Finanzwesen (neu) · Hauptbuchhaltung (neu) · Planung · Belegarten für Planung definieren**. Abbildung 3.6 zeigt die definierte Belegart P0 mit dem zugeordneten Nummernkreisintervall 01.

Abbildung 3.6 Belegart

4. **Nummernkreis definieren**

Insbesondere wenn Sie zur besseren Nachvollziehbarkeit Einzelposten für Ihre Plandatenerfassung abspeichern wollen, ist ein Nummernkreisintervall notwendig. Im Customizing nehmen Sie über den Pfad **Finanzwesen (neu) · Hauptbuchhaltung (neu) · Planung · Nummernkreise für Planbelege definieren** die notwendigen Einstellungen vor. Das Nummernkreisintervall 01 wird in Abbildung 3.7 dargestellt. Sie gelangen zu dieser Ansicht, indem Sie den Button **Gruppen pflegen** betätigen.

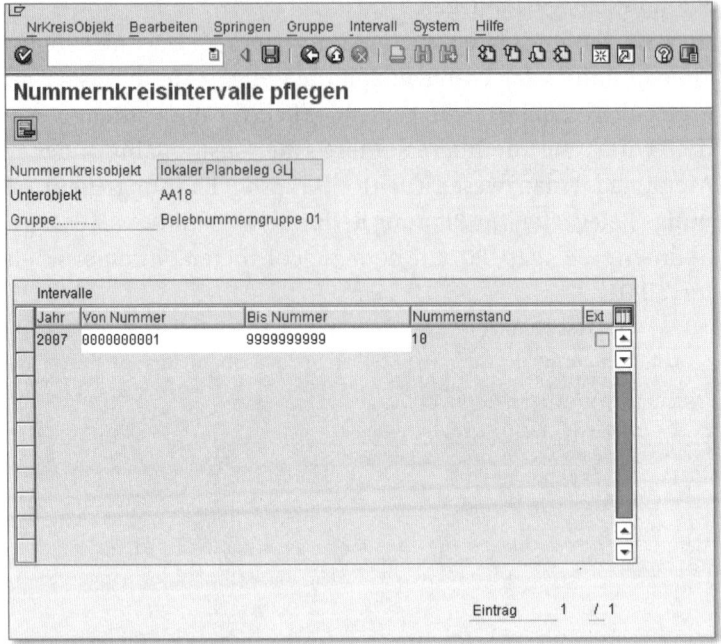

Abbildung 3.7 Nummernkreisintervall

5. **Planversion definieren**

In der Regel haben Sie verschiedene Szenarios, die in einer Planung betrachtet werden sollen. Diese gilt es im Customizing mit Versionen abzubilden, siehe **Finanzwesen (neu) · Hauptbuchhaltung (neu) · Planung · Planversionen · Planversionen definieren**.

Insbesondere für eine spätere Planintegration mit der Kostenrechnung kommt dem Versionsschlüssel besondere Bedeutung zu. In unserem Fall in Abbildung 3.8 ist Ledger 0L mit der Version AL für eine manuelle Planung in der Hauptbuchhaltung sowie für eine Planintegration definiert.

Ist in CO-OM eine identische Version AL definiert, werden deren Planwerte aus primären Prozessen ebenfalls in Echtzeit ins Hauptbuch fortgeschrieben. Im Gegensatz dazu erfolgt eine Übernahme der Planwerte von der Komponente CO-PA nicht online, sondern über einen Programmlauf. Auch hier gilt die Einschränkung für sekundäre Kostenarten, die in der Planintegration nicht übernommen werden. Zusätzlich handelt es sich um eine Einbahnstraße. Bisher können Planwerte aus dem neuen Hauptbuch nicht an andere Module weitergereicht werden.

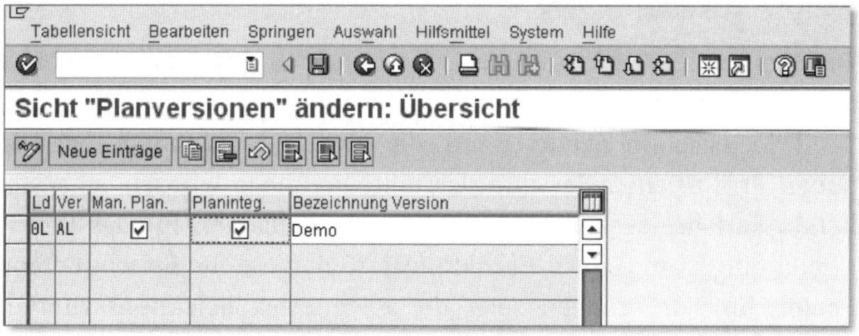

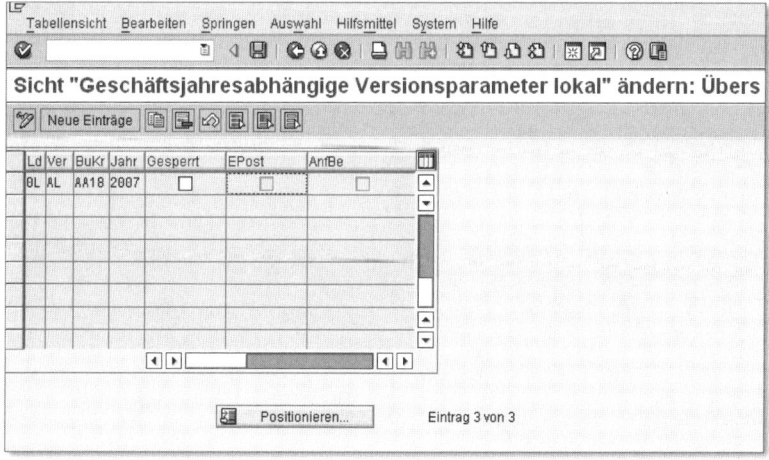

Abbildung 3.8 Planversion

6. Planversion einem Geschäftsjahr zuordnen

Abschließend erfolgt eine Zuordnung des Ledgers und der Version zum Buchungskreis und Geschäftsjahr. Im Customizing nehmen Sie dies über den Pfad **Finanzwesen (neu) · Hauptbuchhaltung (neu) · Planung · Planversionen · Geschäftsjahresabhängige Versionsparameter** vor.

Abbildung 3.9 zeigt die Zuordnung des Ledgers 0L und der Version AL zum Buchungskreis AA18 für das Geschäftsjahr 2007. Zusätzlich können Sie entscheiden, ob Einzelposten fortgeschrieben werden sollen. Datentechnisch würden diese Planbelege in der Tabelle FAG-LFLEXP abgespeichert werden.

Abbildung 3.9 Zuordnung von Buchungskreis und Geschäftsjahr

3.1.4 Auspwertungen

Standardberichts-
wesen

Die Integration der Profit-Center-Rechnung in das neue Hauptbuch hat ebenfalls Auswirkungen auf das Standardberichtswesen. Es ist nicht so, dass ein neuer Unterordner im Informationssystem alle neuen Profit-Center-Berichte darstellt. Vielmehr wurden in bestehende Berichte zusätzliche Selektionsmöglichkeiten für das Profit-Center eingebaut. Der in Abbildung 3.10 dargestellte Bericht **Offene Posten** für Forderungen zeigt die erweiterten Selektionskriterien Kostenrechnungskreis und Profit-Center.

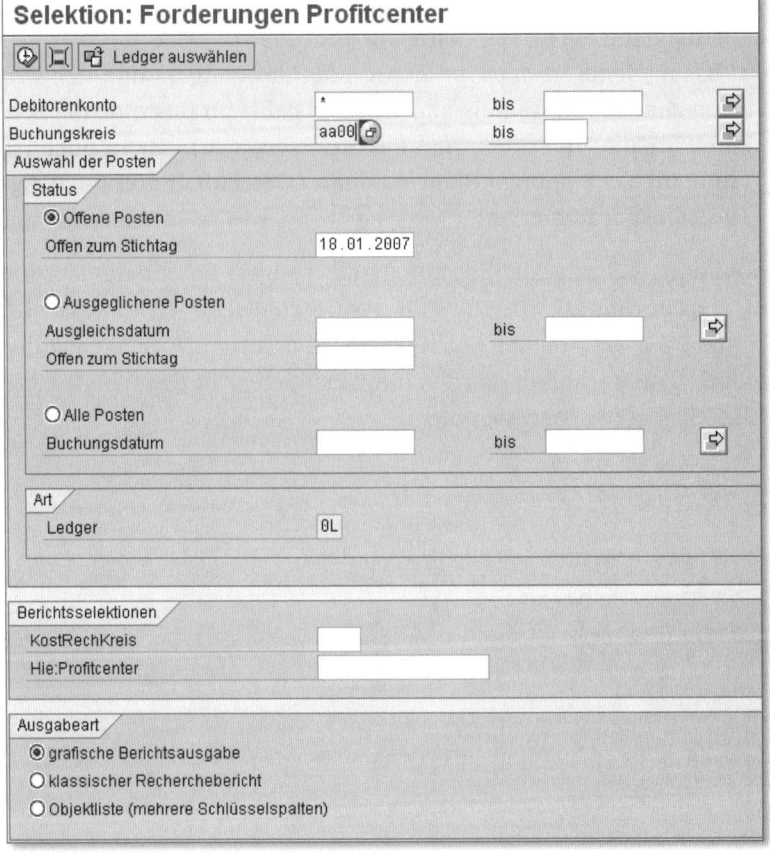

Abbildung 3.10 Selektionskriterium »Profit-Center«

Sie finden diesen im Anwendungsmenü unter **Rechnungswesen • Finanzwesen • Hauptbuch • Infosystem • Berichte zum Hauptbuch (neu) • Einzelposten • Offene Posten • Forderungen Profit-Center**.

Beachten Sie in Abbildung 3.11 den Buchhaltungsbeleg 1800000000 für das Geschäftsjahr 2006.

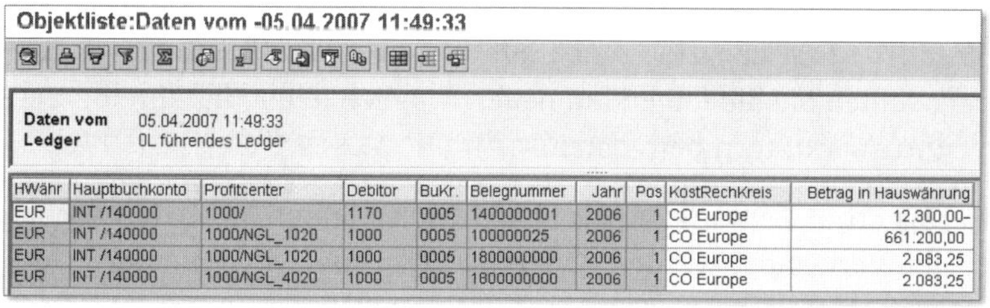

Objektliste:Daten vom -05.04.2007 11:49:33

Daten vom 05.04.2007 11:49:33
Ledger 0L führendes Ledger

HWähr	Hauptbuchkonto	Profitcenter	Debitor	BuKr.	Belegnummer	Jahr	Pos	KostRechKreis	Betrag in Hauswährung
EUR	INT /140000	1000/	1170	0005	1400000001	2006	1	CO Europe	12.300,00-
EUR	INT /140000	1000/NGL_1020	1000	0005	100000025	2006	1	CO Europe	661.200,00
EUR	INT /140000	1000/NGL_1020	1000	0005	1800000000	2006	1	CO Europe	2.083,25
EUR	INT /140000	1000/NGL_4020	1000	0005	1800000000	2006	1	CO Europe	2.083,25

Abbildung 3.11 Liste der Einzelposten je Profit-Center

Bei aktiver Belegaufteilung selektiert der Bericht nur die relevanten Belegzeilen. Abbildung 3.12 zeigt deutlich, dass mehrere Profit-Center im Geschäftsvorfall kontiert wurden, jedoch ausschließlich der Wert 2.083,25 des selektierten Profit-Centers in den offenen Posten angezeigt wird.

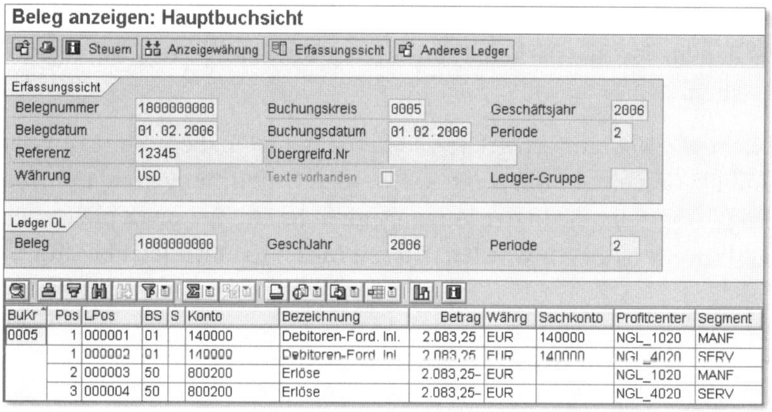

Beleg anzeigen: Hauptbuchsicht

Steuern | Anzeigewährung | Erfassungssicht | Anderes Ledger

Erfassungssicht

Belegnummer	1800000000	Buchungskreis	0005	Geschäftsjahr	2006
Belegdatum	01.02.2006	Buchungsdatum	01.02.2006	Periode	2
Referenz	12345	Übergreifd.Nr			
Währung	USD	Texte vorhanden	☐	Ledger-Gruppe	

Ledger 0L

Beleg	1800000000	GeschJahr	2006	Periode	2

BuKr	Pos	LPos	BS	S	Konto	Bezeichnung	Betrag	Währg	Sachkonto	Profitcenter	Segment
0005	1	000001	01		140000	Debitoren-Ford. Inl.	2.083,25	EUR	140000	NGL_1020	MANF
	1	000002	01		140000	Debitoren-Ford. Inl.	2.083,25	EUR	140000	NGL_4020	SERV
	2	000003	50		800200	Erlöse	2.083,25-	EUR		NGL_1020	MANF
	3	000004	50		800200	Erlöse	2.083,25-	EUR		NGL_4020	SERV

Abbildung 3.12 Beleg mit mehreren Profit-Centern

Das Beispiel zeigt deutlich eine Selektion inklusive Ausgabe auf Ebene eines oder mehrerer Profit-Center. Die bekannte Profit-Center-Hierarchie findet im FI-Standard keine Anwendung. Über eine Modifikation der Standardreports können hierarchische Listen als Output oder Profit-Center-Knoten für Selektionen im Rahmen von Sets abgebildet werden. Bedenken Sie außerdem, dass Bestandskunden bereits eine hohe Anzahl von selbst entworfenen Berichten auf Profit-Center-Basis haben können. Bisher gibt es keine Umsetzrouti-

Hierarchie

nen, um diese kundenindividuellen Auswertungen per Knopfdruck konvertieren zu können. Hier könnte ein gewisser Aufwand durch Neuerstellung entstehen.

Wenn Sie das Szenario *Profit-Center-Rechnung* im Hauptbuch aktivieren, sollten Sie die folgenden neuen Möglichkeiten und ihre operativen Auswirkungen betrachten:

▶ Das Profit-Center kann als neue bilanzielle Entität für Auswertungen verwendet werden. Operative Prozesse wie Mahnen, Zahlen oder Verzinsung werden nach wie vor über die Entität Buchungskreis gesteuert.

▶ Allokationen können im Hauptbuch stattfinden. Primär werden Verteilungen unterstützt, es existieren keine sekundären Kostenarten im Hauptbuch.

▶ Eine Planung auf Basis der neuen Profit-Center-Rechnung ist möglich. Auch eine Integration von CO-OM und CO-PA ist geplant, ebenfalls nur für primäre Kostenarten bzw. Konten.

▶ Die Möglichkeiten des neuen Standardberichtswesens sind mit denen der klassischen Profit-Center-Rechnung nicht zu vergleichen.

Nicht alle Neuerungen greifen so fundamental in die Architektur der Applikation ein. In Abschnitt 3.2 werden Umbuchungen im Controlling dargestellt, die in der Vergangenheit in SAP R/3 nicht in Echtzeit an FI weitergegeben wurden. Diesen Makel hat man jetzt beseitigt.

3.2   Umbuchungen im Controlling

Lassen Sie uns jedoch zuerst einen Blick in die Vergangenheit werfen. Bei einer Architektur der verteilten Datenhaltung, wie in SAP R/3, kommt es zwangsläufig zu Abhängigkeiten zwischen den einzelnen Modulen. Werden z.B. Kosten der Betriebskantine auf verschiedene Kostenstellen im CO verteilt, kommt es zu folgendem Szenario: Die Kostenstellenrechnung (CO-OM) entlastet die Kostenstelle Betriebskantine, indem sie andere Kostenstellen und damit auch andere Funktionsbereiche belastet. Es handelt sich hierbei um einen reinen Controlling-Vorgang. Der Funktionsbereichswechsel kann in SAP R/3 nicht in Echtzeit an das Finanzwesen weitergegeben werden. Das System speichert die Informationen aus der Kostenstellenrechnung in einem Abstimmledger zwischen. Eine Zusammenfassung der Controlling-Veränderungen mit Auswirkungen auf das FI wurde zumeist zum Periodenende mit der Transaktion KALC übertragen.

Im neuen Hauptbuch bleibt eine eigene Datenhaltung als Kostenstellenrechnung erhalten. Es werden weiterhin zwei Belege für FI und CO produziert. Ein Abstimmungsprotokoll kann nun aktiviert werden und fragt in Echtzeit ab, ob der Beleg im Finanzwesen gebucht werden soll. Diese Abfrage kann zu einer FI-CO-Echtzeitintegration führen bei:

Abstimmledger

▸ Buchungskreiswechsel

▸ Geschäftsbereichswechsel

▸ Funktionsbereichswechsel

▸ Änderungen des Profit-Centers

▸ Änderung des Segments

In Abbildung 3.13 wird eine manuelle Transaktion zur Umbuchung im Controlling dargestellt. Analog verhält sich das System bei maschinellen Verfahren wie Umlagen oder Verteilungen. Die Kostenstelle 5_1000 wird entlastet, Kostenstelle 5_2200 belastet.

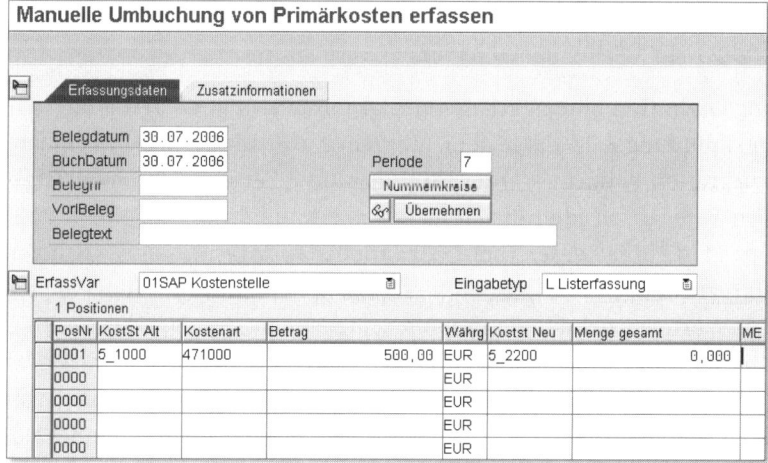

Abbildung 3.13 Kostenstellenumbuchung

Dieser Vorgang beinhaltet einen Segment- und Profit-Center-Wechsel, der in diesem Beispiel automatisch einen Beleg für das externe Rechnungswesen (FI) produziert. In Abbildung 3.14 sehen Sie die Umbuchung im Hauptbuch von Profit-Center ADMIN auf Profit-Center 2200.

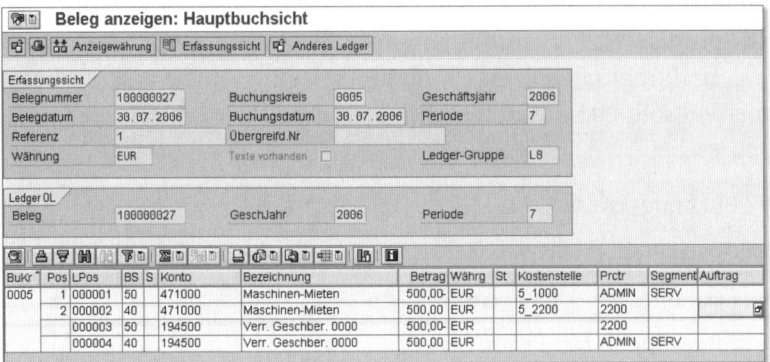

Abbildung 3.14 Echtzeit-FI-Integration

Dem Unternehmen steht somit ein jederzeit abgestimmtes Berichtswesen zur Verfügung. Das Sperren der Buchungsperiode im FI hat damit unmittelbare Auswirkungen auf CO. Im Umkehrschluss bedeutet ein jederzeit abgestimmtes legales und Management-Reporting auch, einen identischen Zeitraum für den Periodenabschluss zur Verfügung zu haben.

Die Definition einer Variante erfolgt mit einem Stichtagsdatum, wie in Abbildung 3.15 dargestellt. Vorgänge, die mit der CO-FI-Echtzeitintegration gebucht werden, sollten sinnvollerweise mit einer eigenen Belegart zu identifizieren sein. Sie finden diese im Menü über den Pfad **Finanzwesen (neu)** • **Grundeinstellungen** • **Bücher** • **Echtzeitintegration.** Die Ledgergruppe signalisiert, in welche Ledger Sie die CO-Werte zurückschreiben wollen. Bedenken Sie, dass das Controlling im Standardfall immer mit Werten aus dem führenden Ledger 0L versorgt wird. Fallbezogen lässt sich auswählen, wann eine Integration gewünscht ist. Mit einer BAdI-Programmierung sind Feldwechsel in kundenindividuellen Feldern ebenfalls möglich. Theoretisch ist es ebenfalls denkbar, dass alle CO-Belege sich in der Hauptbuchhaltung wiederfinden. Dieser Ansatz liegt dem Gedanken zugrunde, auch eine schmale Kostenstellenrechnung komplett im neuen Hauptbuch abzubilden.

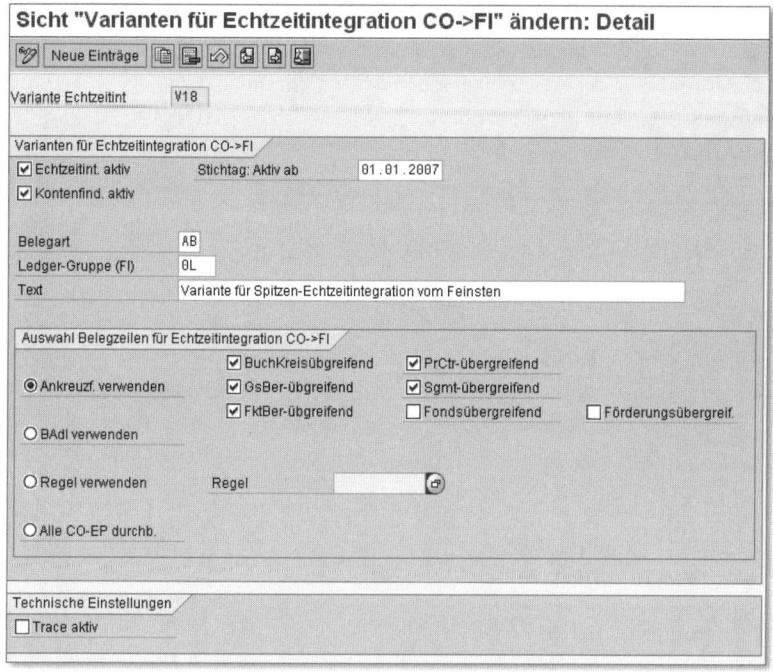

Abbildung 3.15 Variante für Echtzeitintegration definieren

Mittels TRACE können Sie eine detaillierte Protokollierung aufrufen. Der Schalter im Customizing hat globale Wirkung auf alle Transaktionen bzw. Benutzer und empfiehlt sich deshalb in der Regel nicht. Über die Transaktion FAGLCOFITRACEADMIN erhalten Sie eine benutzerabhängige Protokollierung (siehe Abbildung 3.16).

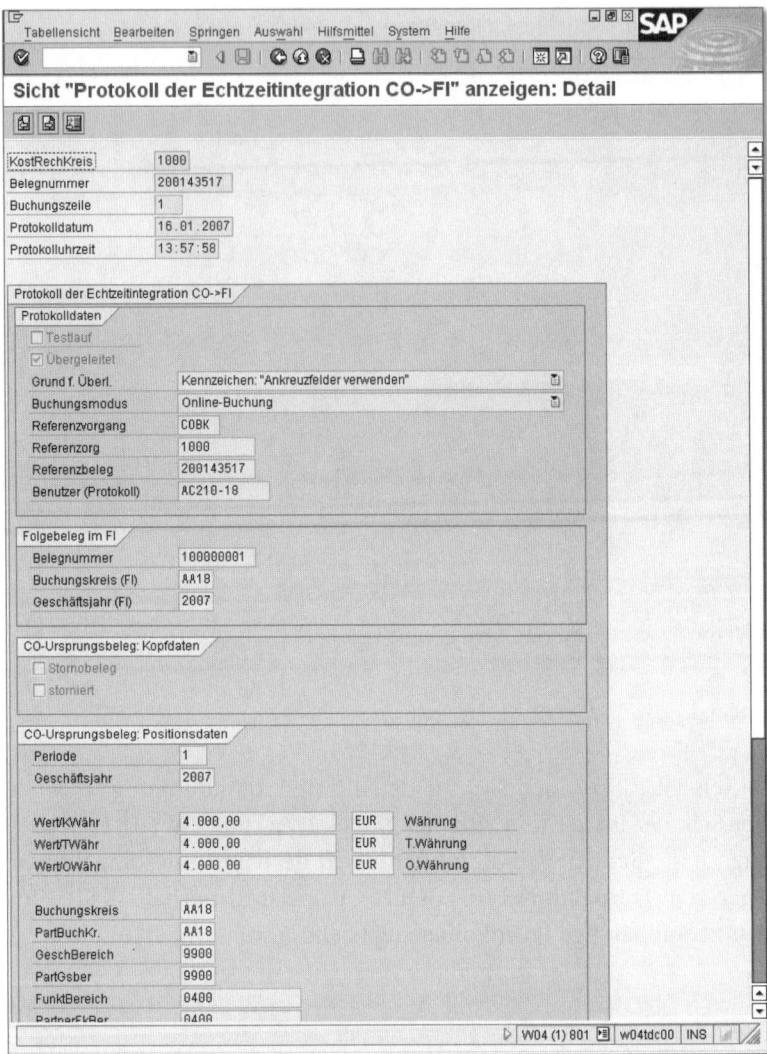

Abbildung 3.16 Protokoll der Echtzeitintegration CO-FI

Umlagen, die auf sekundären Kostenarten basieren, sind prinzipiell mithilfe einer Transfertabelle auf primäre Konten umzuschlüsseln. Abbildung 3.17 zeigt eine solche Transfertabelle.

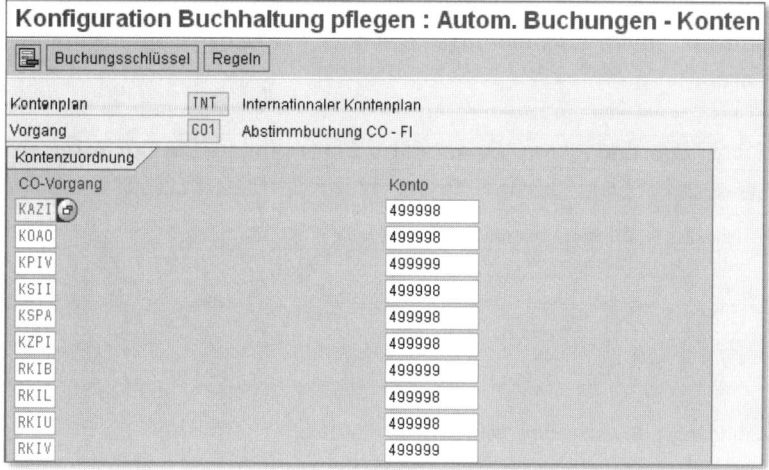

Abbildung 3.17 Transfertabelle »sekundäre Konten«

Die sekundäre Kostenart kann unter folgenden Bedingungen nicht abgeleitet und fortgeschrieben werden:

Bedingungen für eine Fortschreibung von sekundären Kostenarten

▸ Wenn der CO/FI-Echtzeitbeleg bereits unter dem klassischen Hauptbuch erstellt wurde. Hintergrund ist hier, dass der CO-Beleg bei der Migration ins neue Hauptbuch nicht nachgelesen wird.

▸ Wenn ein ALE-Szenario mit verteilter Kostenrechnung vorliegt. Die Echtzeitintegration ist im sendenden System gepflegt, kann jedoch nicht mittels IDoc übertragen werden, da dort die Informationen nicht abgebildet werden können.

▸ Eine Währungsumstellung beim neuen Hauptbuch bedeutet das Löschen des aktuellen Jahres und das Nachbuchen über die Migrationsprogramme.

▸ Das Kostenelement ist in der Erfassungssicht (Tabelle BSEG) nicht gespeichert. Falls mehrere sekundäre Kostenarten in einem Beleg gebucht werden, findet eine Verdichtung im FI-Beleg statt.

Sind diese Ausnahmefälle nicht gegeben, wird die Aktivierung der Echtzeitintegration je Buchungskreis vorgenommen. Abbildung 3.18 zeigt eine Aktivierung für die Buchungskreise 0005, 0006, 0007 und 0008. Insbesondere für Buchungskreiswechsel ist es wichtig, dass für die beteiligten Buchungskreise jeweils ein Eintrag im Customizing vorhanden ist. Beim Überschreiten der Grenzen zwischen legalen Einheiten bleibt die generelle Frage, ob dieses betriebswirtschaftlich mit dieser Technik erlaubt ist. Diese legalen Rahmenbedingungen sind mit einem Buchhaltungsleiter oder Wirtschaftsprüfer vorab zu klären.

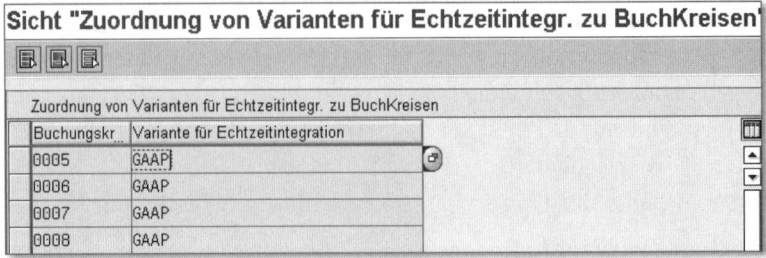

Abbildung 3.18 Aktivierung der Echtzeitintegration

Das System erstellt lediglich eine Umbuchung. Es kann legale Anforderungen geben, denen ein solcher interner Beleg nicht genügt, so dass vollständige Ein- bzw. Ausgangsrechnungen inklusive Steuer produziert werden müssen. Für diese Geschäftsvorfälle ist weder das alte Abstimmledger noch die neue Echtzeitintegration ausgelegt. Die Umlagen und Verteilungen, die zu solchen legalen Konsequenzen führen, darf es per Definition nicht geben.

3.3 Onlinebuchung von Nachlaufkosten

Nachlaufkosten entstehen, wenn der ursprüngliche Rechnungsbetrag dem Unternehmen nicht in vollständiger Höhe zufließt. In der Debitoren-, Kreditoren- und Anlagenbuchhaltung gibt es verschiedene Buchungssachverhalte, die jeweils zu Nachlaufkosten führen. In der Vergangenheit wurden diese Korrekturen zum Periodenende mittels Nachbelastung Bilanz und GuV (SAPF180/SAPF181) berichtigt. Anhand von zwei Beispielen sollen die neuen Möglichkeiten mit jeweils in Echtzeit ausgeführten Buchungen dargestellt werden.

3.3.1 Debitoren- und Kreditorenbuchhaltung

Korrektur der Profit-Center-Werte in Echtzeit

Zu den Nachlaufkosten zählen in der Debitoren- und Kreditorenbuchhaltung beispielsweise Skontoabzüge. Nehmen Sie als Beispiel eine Ausgangsrechnung von 110.000 €, mit zehn Prozent Steuern. Der Erlös fließt beim Einbuchen der Rechnung mit 100.000 € in SAP

R/3 ein. Dieser Betrag wird neben dem Finanzwesen in aller Regel auch in die Erfolgsrechnung/Profit-Center-Rechnung fortgeschrieben, z.B. mit 80.000 € für Profit-Center A und 20.000 € für Profit-Center B. Zahlt der Kunde mit drei Prozent Skontoabzug, sind 3.000 € anteilig in der Profit-Center-Rechnung zu berücksichtigen. In SAP R/3 erfolgt dies nicht in Echtzeit, sondern mit einer monatlichen Abgleichungsbuchung, dem Nachbelasten der Gewinn- und Verlustrechnung SAPF181. Im neuen Hauptbuch ist die Onlineverteilung der Nachlaufkosten mit der Technik *Belegaufteilung* verknüpft. Bereits der Originalbeleg beinhaltet Informationen, wie bei einem Skontoabzug eine anteilige Minderung der CO-Objekte vorzunehmen ist. Wird z.B. eine Debitorenrechnung mit Skonto bezahlt, hat der Skontoertrag die zugehörigen CO-Objekte, im Beispiel die Profit-Center A und B, ebenfalls in Echtzeit zu korrigieren.

In Abbildung 3.19 wird eine Ausgangsrechnung mit zwei Erlöszeilen und unterschiedlichen Segmenten bzw. Profit-Centern dargestellt.

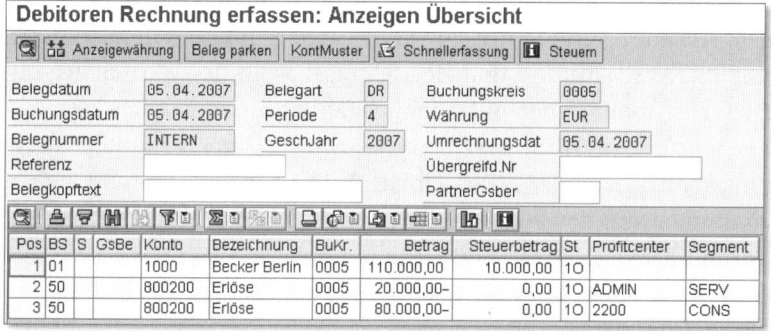

Abbildung 3.19 Ausgangsrechnung mit unterschiedlichen Segmenten bzw. Profit-Centern

Im Anschluss erfolgt der Zahlungseingang inklusive Skontoabzug (siehe Abbildung 3.20). Bereits in der Erfassungssicht werden gemäß dem Ursprungsbeleg die dazugehörigen Profit-Center und Segmente in Echtzeit korrigiert.

Zahlungseingang inklusive Skontoabzug

Eine Nachbelastung der Gewinn- und Verlustrechnung ist nicht mehr notwendig. Vollständige und inhaltlich korrekte Kontierungsmerkmale können in Echtzeit ermittelt und originär beim Zahlungseingang gebucht werden.

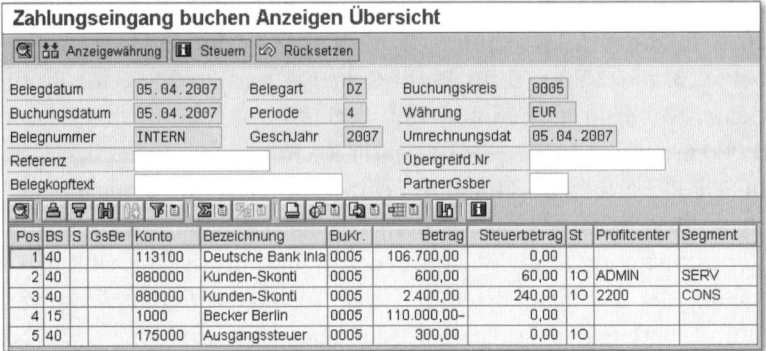

Zahlungseingang buchen Anzeigen Übersicht

🔍 📊 Anzeigewährung		🈯 Steuern		↻ Rücksetzen					

Belegdatum	05.04.2007	Belegart	DZ	Buchungskreis	0005
Buchungsdatum	05.04.2007	Periode	4	Währung	EUR
Belegnummer	INTERN	GeschJahr	2007	Umrechnungsdat	05.04.2007
Referenz				Übergreifd.Nr	
Belegkopftext				PartnerGsber	

Pos	BS	S	GsBe	Konto	Bezeichnung	BuKr.	Betrag	Steuerbetrag	St	Profitcenter	Segment
1	40			113100	Deutsche Bank Inla	0005	106.700,00	0,00			
2	40			880000	Kunden-Skonti	0005	600,00	60,00	1O	ADMIN	SERV
3	40			880000	Kunden-Skonti	0005	2.400,00	240,00	1O	2200	CONS
4	15			1000	Becker Berlin	0005	110.000,00-	0,00			
5	40			175000	Ausgangssteuer	0005	300,00	0,00	1O		

Abbildung 3.20 Zahlungseingang, der in Echtzeit Segment und Profit-Center berücksichtigt

3.3.2 Anlagenbuchhaltung

Skonto mindert Anschaffungs- und Herstellungskosten

Skontoabzüge schlagen natürlich nicht nur bei Ausgangsrechnungen zu Buche. Kauft ein Unternehmen ein Wirtschaftsgut, so entsteht ein Einkaufsbeleg, der den Skontoabzug mit Zahlungsausgang der Eingangsrechnung ermöglicht. In vielen Ländern mindert der Skontobetrag die Anschaffungs- und Herstellungskosten des Wirtschaftsguts. Dieser ist somit in der Anlagenbuchhaltung zu berücksichtigen. Bisher wurde beim Bruttoverfahren in SAP R/3 der komplette Rechnungsbetrag aktiviert. Bei einem Wirtschaftsgut von 100.000 € zusammen mit der Eingangssteuer von 10.000 € summiert sich die Verbindlichkeit auf 110.000 € (siehe Abbildung 3.21).

Kreditoren Rechnung erfassen: Anzeigen Übersicht

🔍 📊 Anzeigewährung		🈯 Steuern		↻ Rücksetzen					

Belegdatum	05.04.2007	Belegart	KR	Buchungskreis	0005
Buchungsdatum	05.04.2007	Periode	4	Währung	EUR
Belegnummer	INTERN	GeschJahr	2007	Umrechnungsdat	05.04.2007
Referenz				Übergreifd.Nr	
Belegkopftext				PartnerGsber	

Pos	BS	S	GsBe	Konto	Bezeichnung	BuKr.	Betrag	Steuerbetrag	St	Profitcenter	Segment
1	31			1000	C.E.B. BERLIN	0005	110.000,00-	10.000,00-	1I		
2	70		9900	21000	000000000001 0000	0005	100.000,00	0,00	1I	ADMIN	SERV
3	40			154000	Eingangssteuer	0005	10.000,00	0,00	1I		

Abbildung 3.21 Kauf einer Anlage – Bruttoverfahren

Bei Zahlungsausgang (siehe Abbildung 3.22) stand fest, ob und in welcher Höhe Skonto gebucht werden kann. Zur besseren Darstellung wird hier eine manuelle Buchung gezeigt. Grundsätzlich wird dieser Vorgang mithilfe eines elektronischen Kontoauszugs maschinell gebucht.

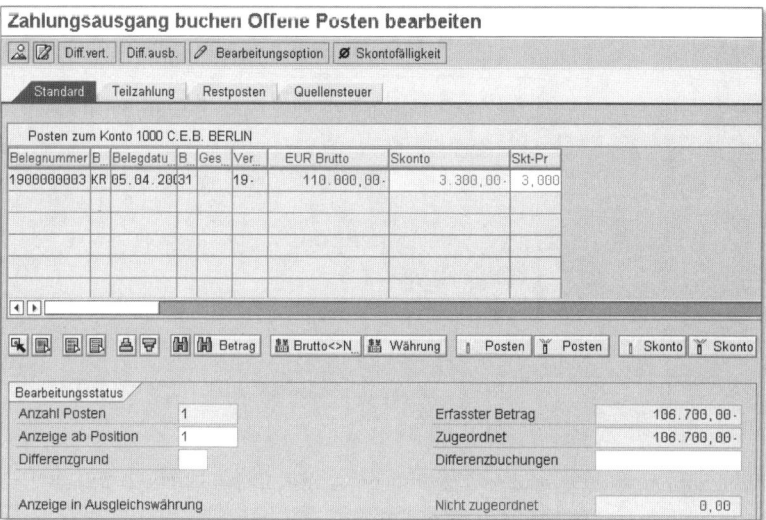

Abbildung 3.22 Zahlungsausgang

Drei Prozent reduzieren die Verbindlichkeit um 3.300 € auf 106.700 €, entsprechend den Nettopreis des Wirtschaftsgutes um 3.000 € und die Eingangssteuer um 300 €. In SAP R/3 wird das Wirtschaftsgut jedoch weiterhin mit 100.000 € in der Anlagenbuchhaltung aufgeführt, obwohl es nach dem Zahlungsausgang nur 97.000 € sein sollten. Erst Korrekturbuchungen, d.h. Nachbelastungen am Periodenende, sorgten in SAP R/3 für eine Reduzierung der Anschaffungs- und Herstellungskosten in der Anlagenbuchhaltung. Dazu diente das Programm SAPF181. Abbildung 3.23 zeigt, dass im neuen Hauptbuch mittels Belegaufteilung neue Möglichkeiten zu nutzen sind. Das alte Programm kann entsprechend nicht mehr ausgeführt werden.

Stattdessen beinhaltet bereits der Originalbeleg Informationen, wie bei einem Skontoabzug eine anteilige Minderung der Wirtschaftsgüter vorzunehmen ist. Bei der Buchung des Zahlungsausgangs wird das Wirtschaftsgut in der Anlagenbuchhaltung direkt auf 97.000 € reduziert. Dieser Umstand ist in Abbildung 3.24 zu erkennen.

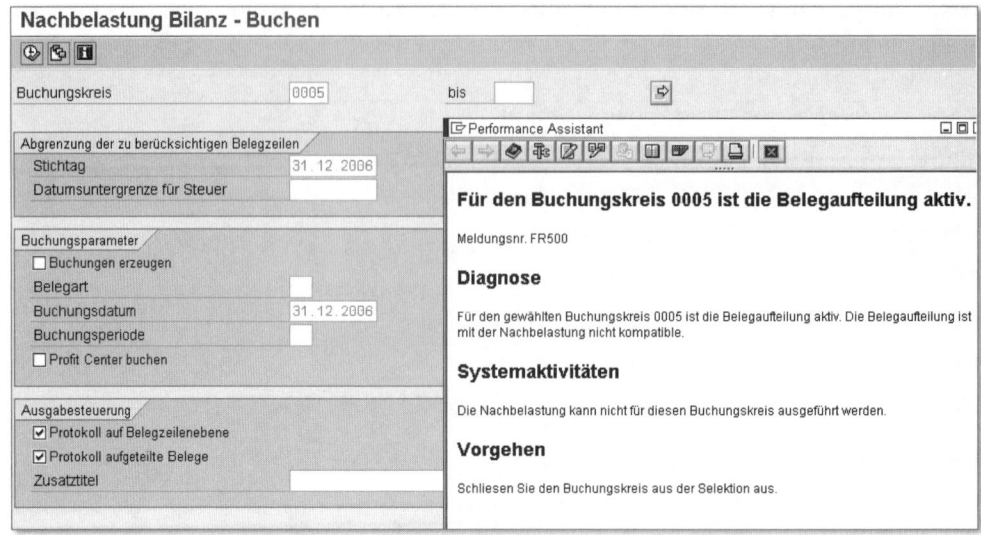

Abbildung 3.23 Fehlermeldung des Programms »Nachbelasten Bilanz«

	Nachbelastung Bilanz - Buchen

Für den Buchungskreis 0005 ist die Belegaufteilung aktiv.

Meldungsnr. FR500

Diagnose

Für den gewählten Buchungskreis 0005 ist die Belegaufteilung aktiv. Die Belegaufteilung ist mit der Nachbelastung nicht kompatibel.

Systemaktivitäten

Die Nachbelastung kann nicht für diesen Buchungskreis ausgeführt werden.

Vorgehen

Schliessen Sie den Buchungskreis aus der Selektion aus.

Zahlungsausgang buchen Anzeigen Übersicht

Belegdatum	05.04.2007	Belegart	KZ	Buchungskreis	0005
Buchungsdatum	05.04.2007	Periode	4	Währung	EUR
Belegnummer	INTERN	GeschJahr	2007	Umrechnungsdat	05.04.2007
Referenz				Übergreifd.Nr	
Belegkopftext				PartnerGsber	

Pos	BS	S	GsBe	Konto	Bezeichnung	BuKr.	Betrag	Steuerbetrag	St	Profitcenter	Segment
1	50			113100	Deutsche Bank Inland	0005	106.700,00-	0,00			
2	75		9900	21000	000000000001 0000	0005	3.000,00-	300,00-	1I	ADMIN	SERV
3	25			1000	C.E.B. BERLIN	0005	110.000,00	0,00			
4	50			154000	Eingangssteuer	0005	300,00-	0,00	1I		

Abbildung 3.24 Zahlungsausgang inklusive Korrektur des Wirtschaftsguts

Im Customizing sind zwei Einstellungen wesentlich. Zum einen muss das Aufteilungsverfahren Nachlaufkosten unterstützen. Dieses ist bei der Standardauslieferung 0000000012 der Fall. Aufteilungsverfahren finden Sie im Customizing unter **Finanzwesen (neu)** · **Hauptbuch (neu)** · **Geschäftsvorfälle** · **Belegaufteilung** · **Erweiterte Belegaufteilung** · **Belegaufteilungsverfahren definieren**.

Auf der anderen Seite ist ein Eintrag in der Konfiguration für die Anlagenbuchhaltung notwendig (siehe Abbildung 3.25). Dieser Eintrag muss bereits beim Zugang des Wirtschaftsgutes vorhanden sein.

Bereits zu diesem Zeitpunkt wird der Ursprungsbeleg für einen späteren Zahlungsausgang angereichert. Nur dann ist eine Online-Nachaktivierung von Skonto auf Anlage möglich.

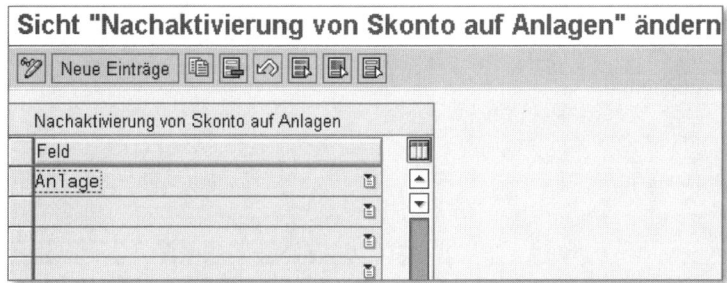

Abbildung 3.25 Nachaktivierung von Skonto auf Anlage

Im Customizing finden Sie diese Einstellung unter **Finanzwesen (neu)** · **Hauptbuch (neu)** · **Geschäftsvorfälle** · **Belegaufteilung** · **Nachaktivierung von Skonto auf Anlage definieren**.

3.4 Periodenabschluss

Die Prozesse des Monatsabschlusses sind bei dieser integrierten Architektur ebenfalls zu berücksichtigen. Die Profit-Center-Rechnung findet de facto im Hauptbuch statt und generiert auch bei Umlagen Primärbuchungen. Als weiteres Szenario entstehen bei Umbuchungen im Controlling nicht mehr periodische Werte für ein Abstimmledger, sondern Echtzeitkontierungen in der Hauptbuchhaltung. Gab es in der Vergangenheit Möglichkeiten, diese Rückbuchungen auch unter den Tisch fallen zu lassen, wird heute beim Entstehen der Umbuchung im CO die FI-Relevanz und damit die offene Buchungsperiodenvariante geprüft. Die im Anwendungsmenü unter **Rechnungswesen** · **Finanzwesen** · **Hauptbuch** · **Umfeld** · **Laufende Einstellungen** · **Buchungsperioden öffnen und schließen** hinterlegten Einstellungen (siehe Ausführungen in Kapitel 2, *Konzeption und Ausprägung der Ledger*) bekommen mit der erweiterten Integration im Rechnungswesen zusätzliche Bedeutung.

CO-Relevanz für FI-Buchungen

Diese Sachverhalte machen deutlich, dass die bisherigen Periodensperren in der Hauptbuchhaltung den Anforderungen der neuen Integration nur noch bedingt gerecht werden. Für den Public Sector wurde deshalb eine Transaktion für eine kontierungsabhängige Periodensperre geschaffen. Bei aktivierter Extension EA-PS finden Sie diese im Anwendungsmenü unter **Rechnungswesen • Finanzwesen • Hauptbuch • Umfeld • Laufende Einstellungen • Buchungsperioden nach Hauptbuchkontierungsobjekten öffnen und schließen**.

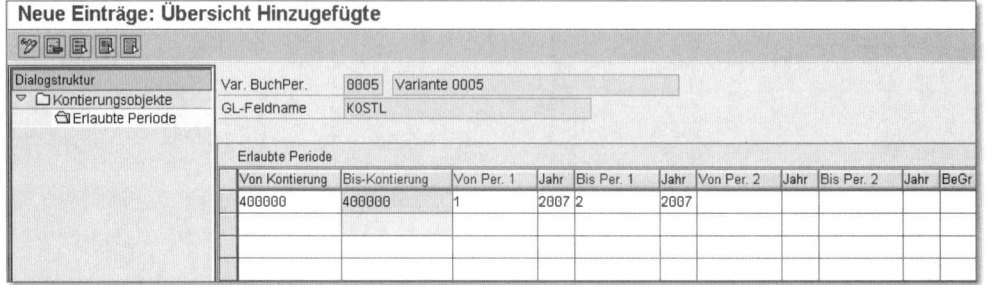

Abbildung 3.26 Periodensperre für Kontierungsobjekte

Die Transaktion funktioniert bisher ausschließlich für die spezielle Branche und deren eigenen Tabellenbereich FMGLFLEX und ermöglicht dort ein flexibleres Öffnen und Schließen der Buchungsperiode je Kontierungsobjekt.

3.5 Fazit

Neben der Integration der Profit-Center-Rechnung ins Hauptbuch steckt in den erweiterten Funktionen noch mehr Echtzeit als in R/3. Damit lassen sich Aufgaben während der täglichen Arbeit erledigen, die sonst zum ohnehin zeitlich gedrängten Periodenende durchgeführt werden mussten. Hierdurch entsteht eine transparente, jederzeit abgestimmte Sichtweise auf das Rechnungswesen. Damit wird die Abstimmung innerhalb einer Periode vereinfacht und der Fast-Close-Gedanke unterstützt. Das zur Verfügung stehende Zahlenwerk gibt darüber hinaus ein noch genaueres Bild der aktuellen Vermögens-, Finanz- und Ertragslage eines Unternehmens.

Fortschritt ist die Verwirklichung von Ideen.
(Oscar Wilde)

4   Parallele Rechnungslegung

Das neue Hauptbuch umfasst Funktionalität der Speziellen Ledger
(Special Ledger). In diesem Kapitel werden Anwendungsbeispiele
und Systemkonfiguration für eine parallele Rechnungslegung mit der
Ledgerlösung im neuen Hauptbuch dargestellt. Das Erstellen von
parallelen Abschlüssen hat nicht zur Folge, dass der gesamte
Buchungsstoff gleichzeitig mehrfach und zeitgleich angelegt werden
muss. Vielmehr ist es wichtig, Prioritäten zu setzen. Als Speicherort
für die parallelen Wertansätze dienten bisher entweder Konten, Special Ledger oder in Ausnahmefällen Buchungskreise. Mit dem neuen
Hauptbuch steht ab SAP ERP eine neue vierte Option zur Abbildung
einer parallelen Rechnungslegung zur Verfügung. Ausgehend vom
betriebswirtschaftlichen Hintergrund werden Kontenlösung und
Ledgerlösung im neuen Hauptbuch in diesem Kapitel gegenübergestellt. Eine Abbildung mittels Buchungskreisen oder Special Ledger
wird nicht empfohlen und daher in diesem Kapitel nicht dargestellt.
Als Schwerpunkt wird in den folgenden Abschnitten die Konfiguration der Lösung im neuen Hauptbuch beschrieben.

4.1   Grundsätzliche Prinzipien

Lassen Sie uns vorab auf einige grundsätzliche Prinzipien eingehen.
Die Buchungstechnik und der spätere Speicherort für Auswertungen
sind wesentliche Rahmenbedingungen für eine parallele Rechnungslegung.

Buchungstechnik/ Speicherort

Wird von Konzernseite z. B. ein Monatsabschluss nach IFRS oder US-
GAAP verlangt, spricht vieles dafür, diesen originär zu buchen und
lokale Werte separat nur bei abweichenden Sachverhalten zu ermitteln. Dabei ist die Buchungstechnik vollständiger Werte hilfreich.

[zB]

> Es ist eine Rückstellung nach IFRS mit 800 zu bewerten, lokales Recht verlangt einen Wertansatz von 1.000 €. Deltatechnik bedeutet, 800 und später 200 zu buchen. Probleme der Transparenz und Nachvollziehbarkeit resultieren aus dieser Methode. Nur beide Kontierungen erläutern den Sachverhalt. Bei vollständigen Werten werden zwei separate, unabhängige Buchungssätze zum jeweiligen Geschäftsvorfall gebildet, 800 und 1.000 €.

Internationaler Einfluss

Das Beispiel deutet den Einfluss internationaler Rechnungslegungsvorschriften an. Dieser ist heutzutage so stark, dass er sich unmittelbar auf die operative Arbeit im lokalen Rechnungswesen auswirkt. IFRS und US-GAAP als internationale Konzern-Reporting-Standards wirken sich so auf das operative Handeln der Landesgesellschaften in Echtzeit aus.

[zB]

> Ein Vertrag in Holland führt z. B. zu Erlösen in den Geschäftssegmenten A und B. Das Geschäftssegment B wird neu aufgebaut und vom hochprofitablen Segment A quer subventioniert. Entsprechend den Rabatten sind die Erlöse aufzuteilen. Um jedoch für Investoren eine Wachstums- und Erfolgsstory darstellen zu können, könnte es reizvoll sein, diese Aufteilung zugunsten des neuen Segments B positiv ausfallen zu lassen. Das heißt, der Vertrag wird so gestaltet, dass nach US-GAAP oder IFRS eine dargestellte Quersubventionierung weder möglich noch notwendig ist. Diese Frage stellt sich nicht, wenn zwischen Vertrag und Leistungserbringung für Segment A und später B z. B. ein Zeitraum von mindestens sechs Monaten liegt. Bereits auf dieser operativen Ebene schwingt das spätere Konzernberichtswesen mit und verhindert einen späteren Konflikt bei der Segmentberichterstattung.

Lokale Anforderungen

Lokale Anforderungen bleiben jedoch als Basis der steuerlichen Bemessungsgrundlage bestehen. Parallele Abschlüsse im Rahmen der Rechnungslegung sind somit bei den meisten Unternehmen bereits zum Alltag geworden. Manuelle Nebenrechnungen in Excel befinden sich auf dem Rückzug. Dieses ist eine Folge steigender Anforderungen in Transparenz und Durchgängigkeit der Bilanz (Audit-Trail). Hinzu kommt ein geringerer Zeitrahmen für den Abschlussprozess, entsprechend dem Fast-Close-Prinzip.

Abbildungsmöglichkeiten im SAP-System

Aus diesen Eckdaten ergibt sich zwangsläufig die Fragestellung, wie es mit den Abbildungsmöglichkeiten innerhalb von SAP ERP Financials aussieht. Bis zum SAP R/3 Release 4.7 gab es drei Möglichkeiten: Konten, Special Ledger und Buchungskreise. Ab SAP ERP können verschiedene Bücher/Ledger in der neuen Hauptbuchhaltung als Speicherort für eine parallele Rechnungslegung genutzt werden. Obwohl viele Prinzipien analog aufgebaut sind, ist der neue Lösungsansatz nicht mit der in SAP R/3 vorhandenen Special-Ledger-Lösung zu verwechseln. Vielmehr wird von der Ledgerlösung im neuen Hauptbuch gesprochen.

Unterschiedliche Rechnungslegungsvorschriften können im neuen Hauptbuch auch weiterhin mit der Kontenlösung abgebildet werden. In SAP-Hinweis 779251 werden zwei gleichberechtigte Abbildungsformen für eine parallele Rechnungslegung in SAP ERP empfohlen:

- Kontenlösung
- Ledgerlösung im neuen Hauptbuch

In den nächsten Abschnitten soll die Ledgerlösung im neuen Hauptbuch als Speicherort näher beschrieben werden.

4.2 Anlagevermögen

Das Nebenbuch FI-AA ermittelt in bis zu 99 Bewertungsbereichen unterschiedliche Wertansätze, die sich aufgrund verschiedener Anschaffungs- und Herstellungskosten, Abschreibungsschlüssel, Nutzungsdauern oder Wiederbeschaffungswerte ergeben. Diese Informationen können im Nebenbuch Anlagenbuchhaltung verwaltet und ausgewertet werden. Zusätzlich ist für eine bilanzielle parallele Rechnungslegung der Integrationsaspekt zu betrachten. Mit dem neuen Hauptbuch ab SAP ERP folgt nun auch eine Integration für die Ledgerlösung im neuen Hauptbuch. Dieser Ansatz soll basierend auf einem Szenario auf den nächsten Seiten veranschaulicht werden.

4.2.1 Szenario einer unterschiedlichen Bewertung

Das Szenario einer parallelen Bewertung soll den kompletten Lebenszyklus eines Wirtschaftsgutes beinhalten – vom Kauf (Zugang) über die Nutzung (Abschreibung) bis hin zum Verkauf (Abgang). Anhand von zwei Wertansätzen nach US-GAAP und lokalem Recht soll eine parallele Rechnungslegung inklusive Integration aufgezeigt werden. Speicherort ist die Ledgerlösung im neuen Hauptbuch.

Führende
Bewertung

Führende Bewertung in diesem Beispiel ist US-GAAP. Das heißt, dieser Wertansatz spiegelt sich im Bewertungsbereich 01 der Anlagenbuchhaltung wider und wird in das Controlling übergeben. Parallele Rechnungslegung bedeutet allerdings nicht, alle Buchungen zeitgleich durchzuführen. Lediglich der Bewertungsbereich 01 wird auch in SAP ERP 2005[1] in Echtzeit gebucht.

4.2.2 Anlagenzugang

Wirtschaftsgüter
Software und
Hardware

Die Testfirma IDES, Buchungskreis 0005, aktiviert in diesem Szenario zwei Wirtschaftsgüter, die jeweils zur Anlagenklasse Betriebs- und Geschäftsausstattung gehören. Es handelt sich hierbei um Software und Hardware. Um mit einem einfachen Fall zu starten, zeigt Tabelle 4.1 den Zugang des Wirtschaftsgutes Hardware basierend auf den Rechnungslegungsvorschriften US-GAAP und lokales Recht. Eine Kreditorenrechnung, aus Vereinfachungsgründen ohne Steuer, liegt über 20.000 € vor. Bewertungsunterschiede gibt es nicht.

Konto	Bezeichnung	Soll	Haben	US-GAAP	Local GAAP
21000	Betriebs- und Geschäftsausstattung	20.000		0L	L6
160000	Verbindlichkeiten		20.000	0L	L6

Tabelle 4.1 Zugang des Wirtschaftsgutes Hardware

Im Buchungssatz (siehe Tabelle 4.1) ist gut zu erkennen, dass mit einem Buchungsbeleg beide Ledger fortgeschrieben werden. Der Zugang wird mit der Ledgergruppe »Blank« als gemeinsamer Wertansatz gebucht. Bei bilanziellen Auswertungen für das führende Ledger »0L – US-GAAP« oder »L6 – lokales Recht« wird jeweils der Wert von 20.000 € angezeigt.

Unterschiedliche
Anschaffungs-
kosten

Etwas differenziert verhält es sich mit dem Zugang des Wirtschaftsgutes Software in diesem Szenario. Hier werden unterschiedliche Anschaffungs- und Herstellkosten zugrunde gelegt. Insgesamt werden zur Erstellung der Software 100.000 € Fremdleistungen eingekauft, die nach US-GAAP zu 80% und nach lokalem Recht zu 100% aktiviert werden. Tabelle 4.2 zeigt eine Kreditorenrechnung über

---

1 SAP ERP 2005 wurde kurz vor Drucklegung in SAP ERP 6.0 umbenannt. In diesem Buch verwenden wir durchgehend den alten Releasenamen SAP ERP 2005.

den gesamten Betrag und alle Ledger. Die Aufwandsposition »Fremdleistung« wird mit dem Controlling-Objekt »Innenauftrag« gebucht. So ist sichergestellt, dass eine spätere Abrechnung für unterschiedliche Rechnungslegungsvorschriften ermöglicht wird.

Konto	Bezeichnung	Soll	Haben	US-GAAP	Local GAAP
471000	Fremdleistung	100.000		0L	L6
160000	Verbindlichkeiten		100.000	0L	L6

Innenauftrag

Tabelle 4.2 Zugang des Wirtschaftsgutes Software (1) – Buchung über einen Innenauftrag

Im ersten Schritt jedoch findet eine gemeinsame Buchung statt, indem für Auswertungen beide Ledger mit Werten versorgt werden. Als nächster Schritt wird in Tabelle 4.3 der Buchungssatz für die Abrechnung des Innenauftrags an das Objekt »Anlage im Bau (AiB)« dargestellt. Als Investitionsschlüssel sind 80% für US-GAAP und 100% für das lokale Recht hinterlegt.

Abrechnung

Konto	Bezeichnung	Soll	Haben	US-GAAP	Local GAAP
21000	Betriebs- und Geschäftsausstattung	80.000		0L	L6
299999	Weitere Kosten	20.000		0L	L6
471000	Fremdleistung		100.000	0L	L6

Tabelle 4.3 Zugang des Wirtschaftsgutes Software (2) – Innenauftrag wird abgerechnet

Zu diesem Zeitpunkt hätte man intuitiv erwarten können, dass je Ledger ein eigener Beleg mit 80.000 € für »0L – US-GAAP« und 100.000 € für »L6 – lokales Recht« erstellt wird. Dem ist jedoch nicht so. Obwohl in den parallelen Büchern vollständige Wertansätze abgespeichert werden, findet in der Anlagenbuchhaltung eine Delta-buchungstechnik statt. Im konkreten Fall bedeutet das, dass der Wertansatz des führenden Bewertungsbereichs 01 immer in alle Ledger übertragen wird. Erst eine anschließende zweite periodische Bestandsbuchung korrigiert den Wertansatz, in unserem Beispiel 100.000 € für Betriebs- und Geschäftsausstattung. Tabelle 4.4 zeigt die Deltabuchung für das Wirtschaftsgut und eine Rücknahme der Werte auf dem Konto »Weitere Kosten«.

Buchungstechnik

Konto	Bezeichnung	Soll	Haben	US-GAAP	Local GAAP
21000	Betriebs- und Geschäftsausstattung	20.000		Keine Buchung	L6
299999	Weitere Kosten		20.000	Keine Buchung	L6

Tabelle 4.4 Zugang des Wirtschaftsgutes Software (3) – Durchführung der periodischen Bestandsbuchung

In der Nebenbuchhaltung werden die zwei Belege mit 80.000 € und 20.000 € nicht dargestellt. Abbildung 4.1 stellt den Asset Explorer dar. Bereits zum Zeitpunkt der Abrechnung des Innenauftrags (siehe Tabelle 4.3) sind im Nebenbuch FI-AA die korrekten Werte ersichtlich. Ausschließlich für eine Integration mit der Ledgerlösung in der neuen Hauptbuchhaltung kommt die spezielle Deltabuchungstechnik zum Einsatz.

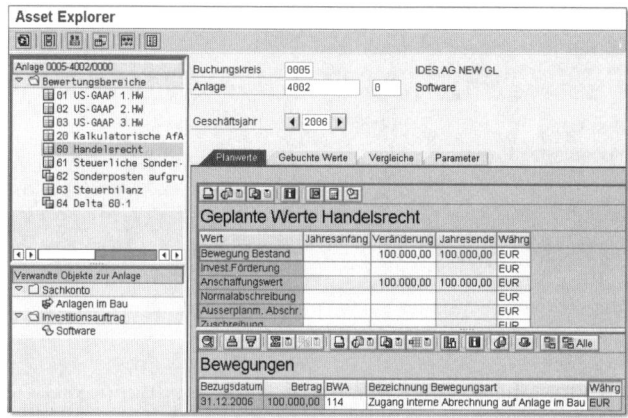

Abbildung 4.1 Darstellung des Asset Explorers

4.2.3 Abschreibungslauf

Unterschiedliche Nutzungsdauern

Gemäß der US-GAAP-Regelung werden die Wirtschaftsgüter Hard- und Software über zehn Jahre abgeschrieben, d.h. mit 10% pro Jahr im Wert korrigiert. Für US-GAAP bedeuten Anschaffungs- und Herstellungskosten von 20.000 € für Hardware und 80.000 € für Software Abschreibungsbeträge von 2.000 € bzw. 8.000 €. Für das lokale Recht wird ein kürzerer Abschreibungszeitraum, nämlich fünf Jahre, unterstellt. Bei Anschaffungs- und Herstellungskosten von 20.000 € für Hardware und 100.000 € für Software resultieren

4.000 € bzw. 20.000 € an Abschreibungsbeträgen. Tabelle 4.5 zeigt die entsprechenden Buchungssätze, die der Abschreibungslauf je Ledger erstellt. Für US-GAAP ist das führende Ledger 0L und für lokales Recht das Ledger L6 hinterlegt.

Konto	Bezeichnung	Soll	Haben	US-GAAP	Local GAAP
211100	Abschreibung Sach-anlagevermögen	2.000 8.000		0L	Keine Buchung
21010	Wertberichtigung Betriebs- und Geschäftsausstattung		2.000 8.000	0L	Keine Buchung
211100	Abschreibung Sach-anlagevermögen	4.000 20.000		Keine Buchung	L6
21010	Wertberichtigung Betriebs- und Geschäftsausstattung		4.000 20.000	Keine Buchung	L6

Tabelle 4.5 Abschreibung der Wirtschaftsgüter Hardware und Software

Die Buchungssätze zeigen sehr deutlich, dass die Ledgerlösung im neuen Hauptbuch mit identischen Konten für unterschiedliche Wertansätze arbeitet. Damit kann der Kontenplan schmal und übersichtlich gestaltet werden. Eine FI-CO-Integration gibt es jedoch nur für das führende Ledger, in unserem Fall »0L – US-GAAP«.

4.2.4 Anlagenabgang mit Erlös

Als nächste Station im Lebenszyklus steht der Verkauf des Wirtschaftsgutes Hardware an. In unserem Beispiel handelt es sich um einen Abgang mit Erlös. Damit stellt sich die anschließende Frage, ob es sich um ein gutes oder schlechtes Geschäft handelt, d.h., erfolgte der Verkauf über oder unter dem Buchwert. Der Fall ist so gewählt, dass die Antwort vom Betrachtungswinkel, d.h. von der Rechnungslegungsvorschrift abhängt. Die Hardware hat in der US-GAAP-Bilanz nach einem Jahr noch einen Wertansatz von 18.000 €, der lokale Wertansatz beläuft sich aufgrund der kürzeren Abschreibungsdauer auf 16.000 €. Verkauft wird das Wirtschaftsgut für 17.000 € – ein schlechtes Geschäft oder auch Mindererlös nach US-GAAP und ein Mehrerlös oder gutes Geschäft nach lokalem Recht. In Tabelle 4.6 wird das Szenario des Anlagenabgangs in Form eines Buchungssatzes dargestellt.

Verkauf über bzw. unter Buchwert

Konto	Bezeichnung	Soll	Haben	US-GAAP	Local GAAP
21010	Wertberichtigung Betriebs- und Geschäftsausstattung	2.000		0L	L6
825000	Verrechnung Anlagenabgang	17.000		0L	L6
200000	Mindererlös Anlagenabgang	1.000		0L	L6
21000	Betriebs- und Geschäftsausstattung		20.000	0L	L6

Tabelle 4.6 Abgang des Wirtschaftsgutes Hardware (1)

Buchungstechnik in der Anlagenbuchhaltung

Der ursprüngliche Anschaffungswert von 20.000 € wird auf dem Bilanzkonto 21000 als Haben-Posten zurückgenommen. Eine identische Buchungslogik gilt für das Wertberichtigungskonto und die Soll-Buchung in Höhe von 2.000 €. Der Bewertungsunterschied in der Abschreibung nach US-GAAP und lokalem Recht spielt an dieser Stelle für eine Integration in die Hauptbuchhaltung keine Rolle. Die Beträge werden in beide Ledger gebucht. Die Deltabuchungstechnik der Anlagenbuchhaltung korrigiert den Sachverhalt im Hauptbuch im Rahmen der periodischen Bestandsbuchung mit der in Tabelle 4.7 dargestellten Buchung.

Konto	Bezeichnung	Soll	Haben	US-GAAP	Local GAAP
21010	Wertberichtigung Betriebs- und Geschäftsausstattung	2.000		Keine Buchung	L6
200000	Mindererlös Anlagenabgang		1.000	Keine Buchung	L6
250000	Mehrerlös Anlagenabgang		1.000	Keine Buchung	L6

Tabelle 4.7 Abgang des Wirtschaftsgutes Hardware (2) – Durchführung der periodischen Bestandsbuchung

Mehr- und Mindererlös

Für das lokale Recht ist in Summe 4.000 € an Abschreibung auf dem Wertberichtigungskonto 21010 zu korrigieren. 2.000 sind im Buchungssatz in Tabelle 4.6 bereits dargestellt. Die Differenz von ebenfalls 2.000 wird später mit einer periodischen Bestandsbuchung (siehe Tabelle 4.7) gebucht. Der Verkauf der Hardware für 17.000 €

ist vom Blickwinkel des lokalen Wertansatzes bei einem Buchwert von 16.000 € ein gutes Geschäft. Folgerichtig entsteht ein Mehrerlös von 1.000 €, der dann auf das Konto 250000 gebucht wird. Konsequent ist ebenfalls eine Saldierung auf 0 für das Konto 200000 Mindererlös im Ledger »L6 – lokales Recht«. Die erzeugte Soll-Position in Tabelle 4.6 wird mit der Haben-Position in Tabelle 4.7 egalisiert. Im nächsten Abschnitt wird im Rahmen der Konfiguration erläutert, wie ein solcher Buchungsvorgang und Deltabewertungsbereich eingerichtet wird.

4.2.5 Konfiguration der Anlagenbuchhaltung

Nachdem Sie den Lebenszyklus von zwei Wirtschaftsgütern in der Anlagenbuchhaltung verfolgt haben, geht es in diesem Abschnitt um die Konfiguration des Systems. Widmen wir uns also dem Customizing, damit das System die vorher gezeigten Geschäftsvorfälle mit den jeweiligen Buchungssätzen abbilden kann. Der folgende Pfad führt zum FI-AA-Leitfaden der parallelen Bewertung in der Anlagenbuchhaltung: **Finanzwesen • Anlagenbuchhaltung • Bewertung allgemein • Bewertungsbereiche • Bewertungsbereiche für parallele Bewertung einrichten**.

Sieben Schritte der Konfiguration

Der Leitfaden (siehe auch Abbildung 4.2) hilft Ihnen, die sieben Schritte der Konfiguration durchzuführen.

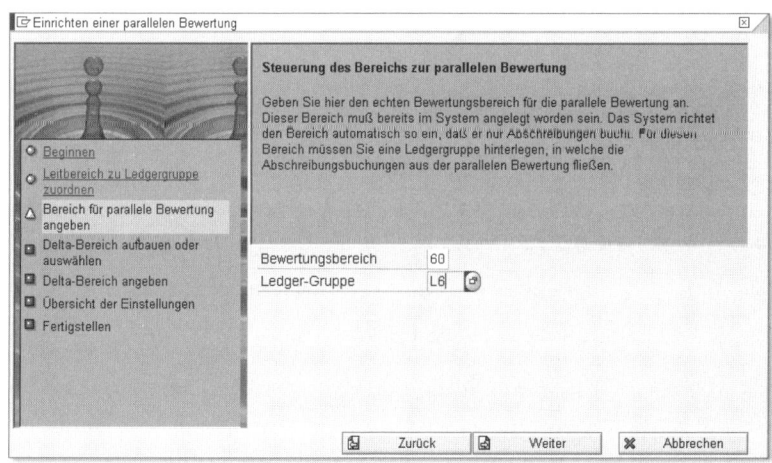

Abbildung 4.2 Leitfaden für eine parallele Bewertung in FI-AA

1. **Beginn**
   Ihnen wird erläutert, dass der Leitfaden sich ausschließlich für eine parallele Rechnungslegung mit der Ledgerlösung im neuen Hauptbuch eignet. Andere Lösungsansätze wie parallele Konten sind außen vor. Ledgergruppen müssen bereits vorhanden sein. Eine Zuordnung zu den Bewertungsbereichen der Anlagenbuchhaltung findet anschließend statt.

2. **Leitbereich zu Ledgergruppe zuordnen**
   In diesem Arbeitsschritt wird der Bewertungsbereich 01 dem führenden Ledger 0L zugewiesen. In unserem Szenario war das die Rechnungslegungsvorschrift US-GAAP.

3. **Bereich für parallele Bewertung angeben**
   Ein nicht-führendes Ledger wird dem Bereich für eine parallele Bewertung zugeordnet – in unserem Fall das Ledger »L6 – lokales Recht«.

4. **Deltabereich angeben und aufbauen**
   Wir haben Ihnen die Deltabuchungstechnik der Anlagenbuchhaltung im Fall des Zugangs von Software und des Abgangs von Hardware veranschaulicht. Um diese im System abbilden zu können, wird ein Deltabewertungsbereich für Bestandsbuchungen benötigt.

5. **Deltabereich angeben**
   In diesem Schritt verknüpfen Sie die Ledgergruppe für parallele Bewertungen mit dem Deltabewertungsbereich.

6. **Übersicht der Einstellungen**
   In unserem Szenario wurden die in Abbildung 4.8 dargestellten Einstellungen vorgenommen.

Bewertungs-bereich	Bezeichnung	Buchen im Hauptbuch	Ledgergruppe
01	US-GAAP	1 – Echtzeit	0L
60	Lokales Recht	3 – Abschreibungen	L6
64	Delta – lokales Recht	6 – Bestände	L6

Tabelle 4.8 Einstellungen je Bewertungsbereich

7. **Fertigstellen**
   Bevor das System die getätigten Einstellungen abspeichert und in einen Transportauftrag packt, bekommen Sie weitere Hinweise zur Konfiguration (siehe Abbildung 4.3).

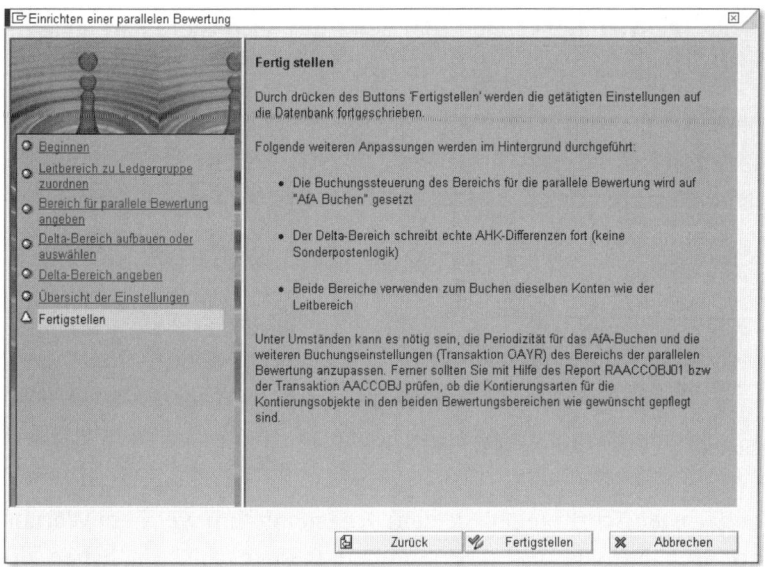

Abbildung 4.3 Leitfaden – Hinweise zur Konfiguration

Damit sind die prinzipiellen Einstellungen für eine parallele Rechnungslegung mit der Ledgerlösung im neuen Hauptbuch abgeschlossen.

Betrachten wir nun den Aspekt Anlagenzugang mit unterschiedlichen Anschaffungs- und Herstellungskosten, der im Szenario *Wirtschaftsgut Software* beschrieben wurde. Eigen- und Fremdleistungen werden mit dem Kontierungsobjekt »Investitionsauftrag« gebucht, der anschließend mit unterschiedlichen Prozentsätzen je Rechnungslegungsvorschrift auf das Objekt »Anlage im Bau (AiB)« abgerechnet wurde. Im Customizing finden Sie die Einstellungen im Menüpfad **Investitionsmanagement · Innenaufträge als Investitionsmaßnahmen · Abrechnung**.

Kontierungsobjekte Innenauftrag und AiB

Zuerst pflegen Sie beliebig wählbare Aktivierungsversionen. Im Szenario *Software* war dieses die Version 1 für lokales Recht und 3 für die führende Bewertung US-GAAP. Wie Abbildung 4.4 zu entnehmen ist, erfolgt anschließend die Verknüpfung der Aktivierungsversionen zum Bewertungsbereich der Anlagenbuchhaltung.

Aktivierungsversionen

Sicht "Aktivierungsversion zum Bewert.Bereich zuordnen" ändern

Bewertungsplan 1DE Musterbewertungsplan Deutschland

Ber	Bezeichnung Bewertungsbereich	Akt.-Vers.	Text
01	US-GAAP 1.HW	3	Konzern
02	US-GAAP 2.HW	3	Konzern
03	US-GAAP 3.HW	3	Konzern
20	Kalkulatorische AfA		100 % Aktivierung
51	Investitionsförderung passivisch		Keine Aktivierung möglich
60	Handelsrecht	1	Handelsrecht
61	Steuerliche Sonder-AfA zu handelsbilanzielle		
63	Steuerbilanz		

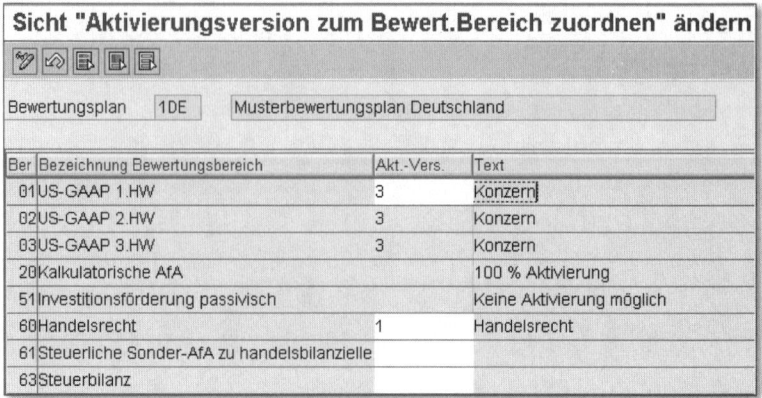

Abbildung 4.4 Aktivierung je Bewertungsbereich

Unterschiedliche Wertansätze

Im nächsten Schritt teilen Sie dem System mit, mit welchem Wertansatz eine Aktivierung vorgenommen werden soll. Sie haben die Wahl, auf Ebene der Organisationseinheit Buchungskreis differenziert nach Kostenarten unterschiedliche Prozentsätze je Aktivierungsversion zu definieren. Zwei Einträge für den Buchungskreis 0005 sind in Abbildung 4.5 für das vorher dargestellte Szenario maßgeblich. Das Pluszeichen in der Spalte **Kostenart** dient als Platzhalter für alle Konten im Bereich 400000 bis 4999999, für die gültig ab Periode 1 im Jahr 2006 der gesamte Betrag für das lokale Recht aktiviert wird.

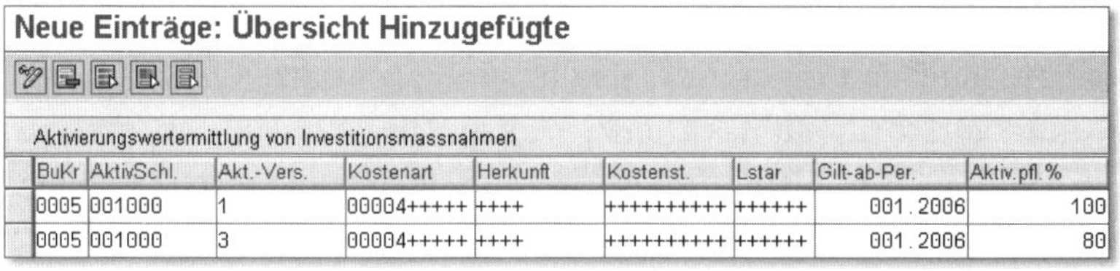

Neue Einträge: Übersicht Hinzugefügte

Aktivierungswertermittlung von Investitionsmassnahmen

BuKr	AktivSchl.	Akt.-Vers.	Kostenart	Herkunft	Kostenst.	Lstar	Gilt-ab-Per.	Aktiv.pfl.%
0005	001000	1	00004+++++	++++	++++++++++	++++++	001.2006	100
0005	001000	3	00004+++++	++++	++++++++++	++++++	001.2006	80

Abbildung 4.5 Aktivierung mit unterschiedlichen Prozentsätzen

Abgerundet wird das Customizing mit der Einstellung, um Konten für den neutralen Aufwand zu bestimmen. Dieser Unterpunkt wird bei nicht vollständiger Aktivierung benötigt. In unserem Szenario wird in der Rechnungslegung *US-GAAP* auf das Konto »299999 – Weitere Kosten« gebucht, das Bestandteil der Kontenfindung bzw. der Integration von FI-AA und Hauptbuchhaltung ist.

4.3 Umlaufvermögen

Neben den Bewertungsunterschieden im Anlagevermögen, die mit dem Modul FI-AA abgebildet werden, sind unterschiedliche Wertansätze im Umlaufvermögen bei einer parallelen Rechnungslegung ebenfalls zu berücksichtigen. Abhängig von der Art eines Unternehmens sind verschiedene Schwerpunkte zu setzen. Für eine Dienstleistungsfirma ist die Bewertung von Materialien nicht relevant. Einen Serieneinzelfertiger interessiert hingegen die Erlösrealisierung langfristiger Fertigungsaufträge. Allein mit dem Thema »Ware in Arbeit« ließe sich ein halbes Buch füllen. Dieser Abschnitt versucht, eine branchenunabhängige Darstellung zu bieten. Ziel ist es, einen generellen Überblick zu vermitteln und nicht Spezialthemen zu vertiefen, die ausschließlich für einzelne Branchen wesentlich sind. Deshalb sollen drei Bereiche der Bewertung dargestellt werden:

> **Bereiche der Bewertung**

- ▶ Vorratsbewertung
- ▶ Forderungsbewertung
- ▶ Wertpapierbewertung

Die nachfolgenden Abschnitte beinhalten Beispiele und Customizing-Einstellungen für eine parallele Rechnungslegung im Umlaufvermögen.

4.3.1 Vorratsbewertung

Eine Vorratsbewertung findet bei SAP im Modul MM (Materials Management) statt. Dort werden Roh-, Hilfs- und Betriebsstoffe sowie Fertigerzeugnisse als Materialstammsatz verwaltet. Dieser beinhaltet einen Wert, der online für die Bestandsführung fortgeschrieben wird. In seiner Ausprägung werden zwei Typen unterschieden:

> **Materialstammsatz**

- ▶ gleitender Preis
- ▶ Standardpreis

Jedem Materialstammsatz ist genau ein Typ für die Online-Bestandsführung zugewiesen: Roh-, Hilfs- und Betriebsstoffe, der gleitende durchschnittliche Einkaufspreis, Fertigerzeugnisse, der Standardpreis, der sich aus einer internen Kalkulation von Einzel- und Gemeinkosten ergibt. Abbildung 4.6 zeigt die Karteikarte **Buchhaltung 1** des Materialstammsatzes.

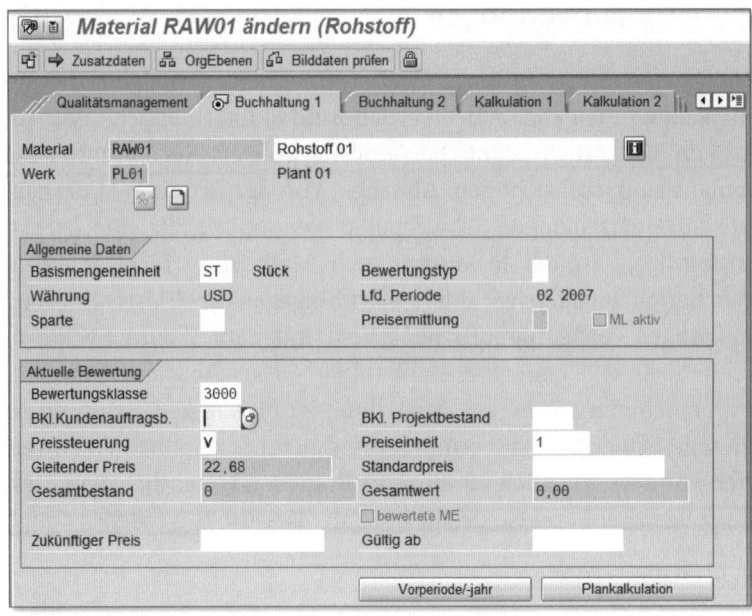

Abbildung 4.6 Materialstammsatz – Onlinebewertung

Roh-, Hilfs- und Betriebsstoffe

Parallele
Rechnungslegung
zum Bilanzstichtag

Im nächsten Beispiel soll betriebswirtschaftlich verdeutlicht werden, was es bedeutet, wenn die Online-Bestandsführung mit dem gleitenden Durchschnittspreis vorgenommen wird, und welche Aktionen anschließend im SAP-System für eine parallele Rechnungslegung zum Bilanzstichtag vorzunehmen sind. Tabelle 4.9 zeigt den Wareneingang von Rohstoffen im Wert von 50.000 €. Es findet immer eine Fortschreibung in Echtzeit in alle Ledger statt.

Konto	Bezeichnung	Soll	Haben	US-GAAP	Lokales Recht
300000	Rohstoff	50.000		OL	L6
191100	Wareneingang – Rechnungseingang		50.000	OL	L6

Tabelle 4.9 Kauf von Roh-, Hilfs- und Betriebsstoffen

Wird, ohne etwas zu verbrauchen, anschließend eine identische Menge für 55.000 € erworben, ergibt sich ein gleitender Durchschnitt von 52.500 €. Dieser Wertansatz spiegelt sich ebenfalls auf dem Bestandskonto »Rohstoffe – 300000« wider.

Auf dem Weg zum Bilanzstichtag findet ein Verbrauch unseres Rohstoffs statt, der die Frage der Wertermittlung nach verschiedenen Verfahren wie LIFO oder FIFO aufwirft. Außerdem liegen vielleicht zu viele Stücke auf Lager und sind nicht mehr gängig. Oder der aktuelle Marktpreis ist extrem gefallen oder gestiegen. Sie sehen, im Rahmen einer parallelen Rechnungslegung entsteht Spielraum, der sehr unterschiedlich genutzt werden kann. Wenn ein lokaler Abschluss als Ausgangslage für die spätere Versteuerung dient, wird ein Unternehmen versuchen, sich möglichst arm zu rechnen. Gegenüber IFRS und US-GAAP, die aus Investorensicht ein Unternehmen möglichst realistisch darstellen, kommt es dann zu Bewertungsunterschieden. Tabelle 4.10 zeigt ein Zahlenbeispiel. Durch den vorhandenen Bewertungsunterschied sind zwei Buchungen für die jeweiligen Ledger notwendig. Für US-GAAP findet eine Wertkorrektur in Höhe von 5.000 € im Ledger 0L und für das lokale Recht in Höhe von 20.000 € im Ledger L6 statt.

Verschiedene Methoden der Wertermittlung

Konto	Bezeichnung	Soll	Haben	US-GAAP	Lokales Recht
500001	Aufwand Wertberichtigung	5.000		0L	Keine Buchung
300001	Wertberichtigung Rohstoff		5.000	0L	Keine Buchung
500001	Aufwand Wertberichtigung	20.000		Keine Buchung	L6
300001	Wertberichtigung Rohstoff		20.000	Keine Buchung	L6

Tabelle 4.10 Bewertung von Roh-, Hilfs- und Betriebsstoffen

Neben der Online-Bestandsführung bietet der SAP-Materialstammsatz sechs zusätzliche Felder für eine Stichtagsbewertung. Die in Abbildung 4.7 dargestellten Informationen befinden sich auf der Karteikarte **Buchhaltung 2**.

Im SAP-Menü finden Sie unter **Logistik • Materialwirtschaft • Bewertung • Bilanzbewertung** mehrere Möglichkeiten, diese sechs Informationsfelder mithilfe unterschiedlicher Bewertungsverfahren maschinell füllen zu lassen. Eine weitere Integration zwischen MM und FI gab es in der Vergangenheit an dieser Stelle nicht. Informationen über Auf- und Abwertungen wurden in Form einer Liste zur Verfügung gestellt, Buchungen wie in Tabelle 4.10 beschrieben

Integration MM und FI

manuell vorgenommen. Mit SAP ERP 2005 wurde eine Kleinigkeit hinzugefügt. Im SAP-Menü unter **Logistik • Materialwirtschaft • Bewertung • Bilanzbewertung • Ergebnisse • Bilanzwert pro Konto** findet sich jetzt eine angedeutete Möglichkeit der Integration.

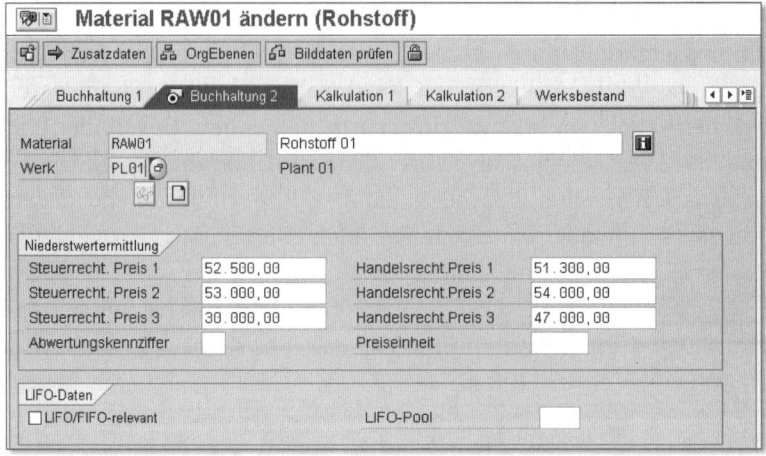

Abbildung 4.7 Materialstammsatz – Stichtagsbewertung

Abbildung 4.8 zeigt, dass neben der Preisfortschreibung jetzt auch ein zusätzliches Fenster für Deltabuchungen geöffnet wird. Mittels Rechnungslegungsvorschrift wird eine parallele Rechnungslegung inklusive Ledgerlösung im neuen Hauptbuch unterstützt.

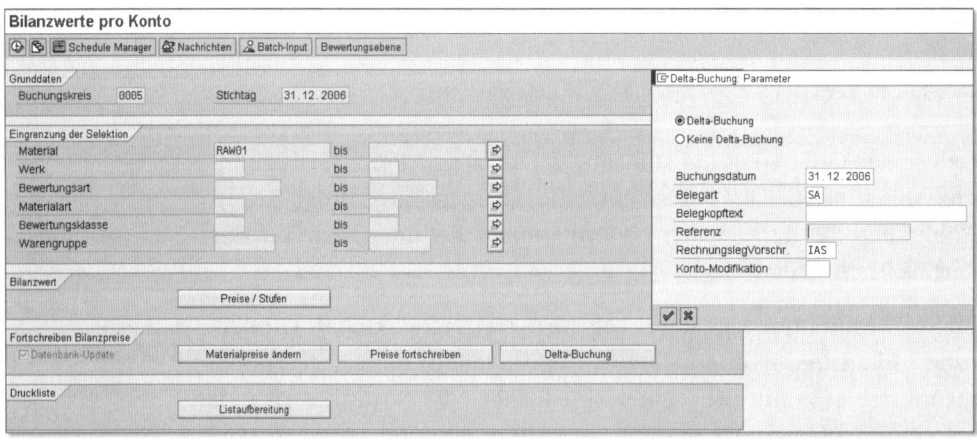

Abbildung 4.8 Bilanzwert pro Konto – Deltabuchung

Bisher befindet sich diese Funktion in der Konzeptionsphase. Mit dem bisherigen Auslieferungsstand sind integrierte Buchungen noch nicht möglich.

Fertigerzeugnisse

Im Gegensatz zu Roh-, Hilfs- und Betriebsstoffen werden Fertigerzeugnisse für die Online-Bestandsführung in der Regel mit dem Standardpreis abgebildet. Dieser ergibt sich aus Einzel- und Gemeinkosten des Controllings (CO). Auf den nächsten Seiten sollen die notwendigen Einstellungen für eine Inventurkalkulation für Fertigerzeugnisse vorgenommen werden. Hierzu bedarf es mehrerer Schritte:

Standardpreis

▶ Kalkulationsschema definieren

▶ Bewertungsvariante einem Kalkulationsschema zuordnen

▶ Kalkulationsvariante einer Bewertungsvariante zuordnen

▶ Inventurkalkulation mit Kalkulationsvariante ausführen

Bereits bei der Definition eines Kalkulationsschemas wird transparent, dass basierend auf Kostenarten und dem Werteansatz im CO die Bilanzposition »Fertigerzeugnisse« berechnet wird.

Abbildung 4.9 zeigt ein solches Kalkulationsschema in seinem Aufbau, bestehend aus Einzelkosten, wie z.B. Material, Löhne und Gehälter, und Gemeinkostenzuschlägen für Material, Fertigung, Verwaltung und Vertrieb. Sie finden die generelle Definition im Customizing unter **Controlling · Produktkosten-Controlling · Kostenträgerrechnung · Auftragsbezogenes Produkt-Controlling · Gemeinkostenzuschläge · Kalkulationsschema definieren**.

Kalkulationsschema

Gemeinkostenzuschläge, wie z.B. in Zeile 20 – Materialgemeinkosten, beinhalten einen definierten Prozentsatz, dessen Ergebnis sich basierend auf den in Zeile 10 hinterlegten Kostenarten berechnet. Abbildung 4.10 zeigt die Basis B000 mit den hinterlegten Kostenarten, Kostenartengruppen oder Hierarchieknotenpunkten – in unserem Beispiel alle Kostenarten im Intervall von 400000 bis 419999.

Abbildung 4.9 Kalkulationsschemazeilen

Abbildung 4.10 Basis ändern

Bewertungs-
variante

Mit der Definition eines Kalkulationsschemas ist der erste Schritt in Richtung Inventurkalkulation getan. Für das Thema parallele Rechnungslegung ist es ein entscheidender Schritt, da dort der wesentliche Nachteil einer Leder-Lösung im neuen Hauptbuch sichtbar wird. Als Nächstes wird die Bewertungsvariante definiert. Im Customizing finden Sie den ersten Schritt unter **Controlling · Produktkosten-Controlling · Materialkalkulation mit Mengengerüst · Kalkulationsvarianten: Bestandteile · Bewertungsvariante definieren.**

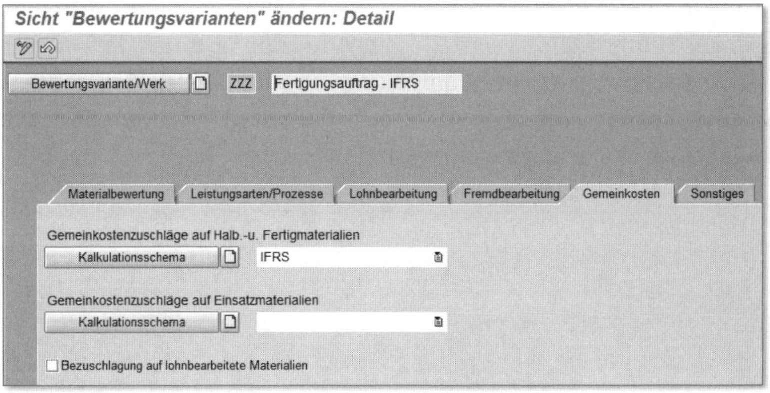

Abbildung 4.11 Bewertungsvariante – Kalkulationsschema

In Abbildung 4.11 ist zu erkennen, dass das zuvor definierte Kalkulationsschema »IFRS« der Bewertungsvariante »ZZZ Fertigungsauftrag IFRS« zugeordnet ist. Den zweiten Schritt finden Sie im Customizing unter **Controlling · Produktkosten-Controlling · Materialkalkulation mit Mengengerüst · Kalkulationsvariante definieren**.

Abbildung 4.12 Kalkulationsvariante – Bewertungsvariante

In Abbildung 4.12 wird der Bewertungsvariante »ZZZ Fertigungsauftrag IFRS« die Kalkulationsvariante »BW01 – Inventurkalkulation IFRS« zugewiesen. In beiden Abbildungen deuten sich sehr flexible und komplexe Einstellungsmöglichkeiten an. Für das Thema parallele Rechnungslegung sind diese weniger relevant, weshalb wir an dieser Stelle darauf verzichten, auf weitere Details einzugehen. In

Kalkulationsvariante

den Funktionen des Controllings wirken die Customizing-Einstellungen im Hintergrund, wenn Sie die Anwendung unter dem Menüpunkt **Rechnungswesen • Controlling • Produktkosten-Controlling • Produktkostenplanung • Materialkalkulation • Kalkulation mit Mengengerüst • Anlegen** aufrufen.

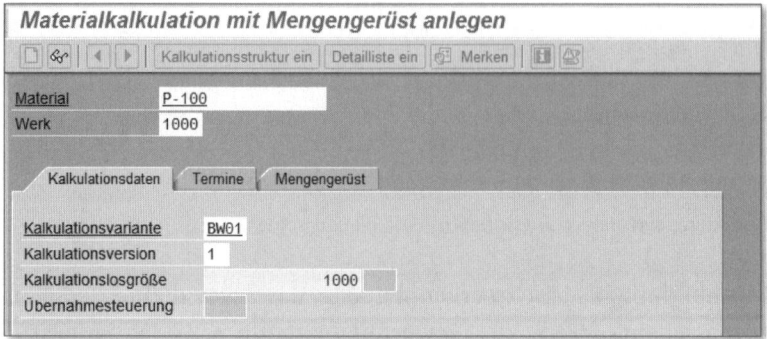

Abbildung 4.13 Selektion der Materialkalkulation mit Mengengerüst

Material-
kalkulation

Im Selektionsbildschirm in Abbildung 4.13 sind das zu produzierende Material, die Losgröße und die Kalkulationsvariante abgebildet. In unserem Beispiel soll der Preis für das Fertigmaterial »P-100 – Pumpe« in einer Größenordnung von 1.000 Stück innerhalb der Kalkulationsvariante BW01 kalkuliert werden. Hinter der Kalkulationsvariante BW01 steckt die Bewertungsvariante »ZZZ Fertigungsauftrag IFRS« mit den Einzel- und Gemeinkosten des Kalkulationsschemas IFRS. Mit der Losgröße besteht außerdem ein wesentlicher Faktor zur Verteilung der Fixkosten auf die einzelne Pumpe.

Eine Kalkulationsstruktur der Materialkalkulation wird in Abbildung 4.14 dargestellt. Das Material »Pumpe« besteht in unserem Beispiel aus einzelnen Komponenten einer Stückliste, d.h. Gehäuse, Laufrad, Hohlwelle, Antriebselektronik und Sechskantschrauben. Deren Einzel- und Gemeinkosten fließen in die Kalkulation ein, summieren sich zu einem Gesamtwert von 576.288 € für 1.000 produzierte Stück. Ist das Fertigprodukt »Pumpe« noch auf Lager, könnten diese nach der Rechnungslegung IFRS mit einem Stückpreis von 576,29 € bewertet werden.

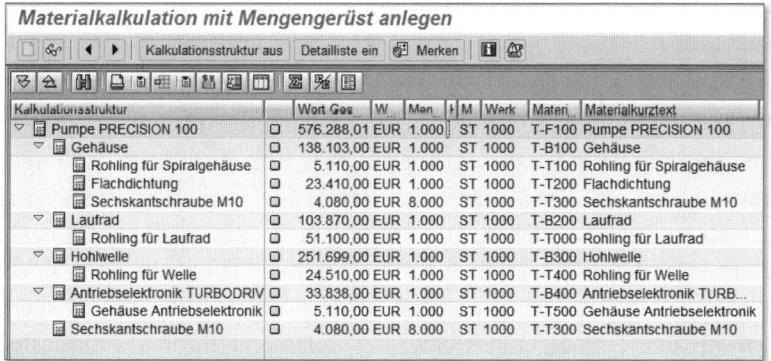

Abbildung 4.14 Ergebnis der Materialkalkulation mit Mengengerüst

Entsprechende Wertberichtigungsbuchungen sind analog den Roh-, Hilfs- und Betriebsstoffen manuell vorzunehmen.

Eine der Schwächen der Ledgerlösung im neuen Hauptbuch ist sicherlich, dass nur Werte des führenden Ledgers 0L in das Modul CO weitergereicht werden. Mit diesem Lösungsansatz gelangt eben nur eine Rechnungslegungsvorschrift ins CO. Dort ist eine parallele Rechnungslegung dann nicht möglich. Im Gegensatz zur Ledgerlösung im neuen Hauptbuch bietet die Kontenlösung den Vorteil, mit zusätzlichen Konten und Kostenarten mehrere Wertansätze in CO überführen zu können. Diese Option bietet wesentlich mehr Flexibilität, wenn es darum geht, unterschiedliche Wertansätze für z.B. Fertigerzeugnisse zu ermitteln.

Führendes Ledger

4.3.2 Forderungsbewertung

In den periodischen Arbeiten der Forderungsbewertung sind zwei Bewertungsprogramme hervorzuheben:

▸ pauschalierte Einzelwertberichtigung (SAPF107)

▸ Fremdwährungsbewertung (SAPF100)

Vor dem Hintergrund einer parallelen Rechnungslegung mit dem Speicherort Ledgerlösung im neuen Hauptbuch werden die Programme in diesem Abschnitt näher betrachtet.

Pauschalierte Einzelwertberichtigung

Erfahrungswerte

Hinter dem Begriff »Pauschalierte Einzelwertberichtigung« verbirgt sich eine Gruppierung von Kunden, deren Forderungen mit einem vorher definierten Regelwerk pauschal abgewertet werden sollen. Im Gegensatz zur Einzelwertberichtigung liegt noch kein Zahlungsausfall oder eine Insolvenz vor. Diese Fälle sind in einem ersten Schritt manuell zu buchen. Das Programm zur pauschalierten Einzelwertberichtigung selektiert in einem zweiten Schritt alle dann noch vorhandenen Forderungen, kalkuliert basierend auf Erfahrungswerten aus der Vergangenheit bzw. der Zulässigkeit der Rechnungslegungsvorschriften einen Korrekturbedarf und kann diesen jeweils automatisch kontieren. Anhand eines Beispiels wird auf den nächsten Seiten die genaue Funktionsweise und das Customizing näher erläutert.

Um eine Bewertung vornehmen zu können, bedarf es zunächst einmal einer Forderung im Bereich Debitorenbuchhaltung. Tabelle 4.11 zeigt eine Buchung über 10.000 €, die für alle Rechnungslegungsvorschriften gültig ist. Aus Gründen der Vereinfachung erfolgte keine zusätzliche Kontierung für Ausgangssteuer.

Konto	Bezeichnung	Soll	Haben	US-GAAP	Local GAAP
140000	Forderungen	10.000		0L	L6
800200	Erlöse		10.000	0L	L6

Tabelle 4.11 Buchung einer Forderung

Automatisierte Bewertung

Bevor diese Forderung automatisiert bewertet werden kann, bedarf es im Vorfeld einer Pflege der Stammdaten in der Debitorenbuchhaltung. Dort erfolgt eine Gruppierung für die spätere pauschalierte Einzelwertberichtigung. In Abbildung 4.15 ist der Wertberichtigungsschlüssel 01 als Gruppierungsmerkmal zu erkennen. Wenn z.B. eine Zusammenfassung der Debitoren nach Regionen sinnvoll ist, könnten die folgenden Schlüsselbegriffe verwendet werden:

- 01 = Ost
- 02 = West
- 03 = Süd
- 04 = Nord

Der Wertberichtigungsschlüssel kann jedoch prinzipiell frei definiert werden. Welche genauen Einstellungen und Funktionen mit dem Wertberichtigungsschlüssel verbunden sind, wird im Verlauf dieses Abschnitts näher erläutert. Andere Gruppierungsmerkmale für Branchen oder Kundengrößen sind ebenfalls praktikabel. Es kommt auf Ereignisse in der Vergangenheit an, aus der sich eine Zusammenfassung von sinnvollen Merkmalen und anschließenden pauschalen Wertberichtigungen ableiten lässt. In vielen Fällen haben die Abschlussprüfer konkrete Vorstellungen über den Einsatz von pauschalen Wertberichtigungen. Sie dürfen nicht vergessen, dass sich mit jedem Euro, der im Wert berichtigt wird, der Unternehmensgewinn und die daraus resultierende Steuerlast verringern.

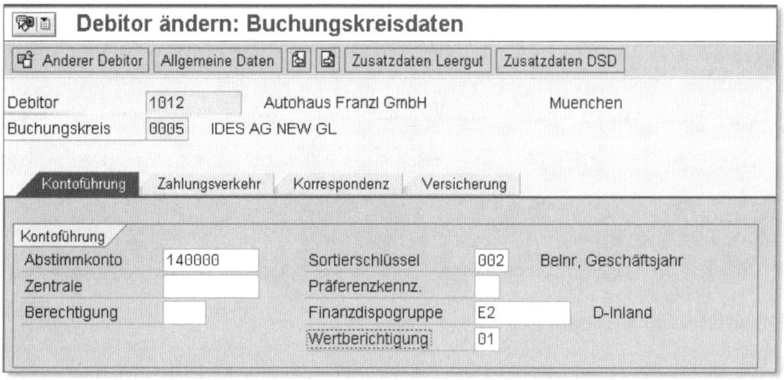

Wertberichtigungsschlüssel

Abbildung 4.15 Debitorenstammsatz

Der Vorgang der pauschalierten Einzelwertberichtigung wird periodisch ausgeführt und im Rahmen des Bewertungslaufs vom System prozessiert. Sie finden das Programm im SAP-Anwendungsmenü unter **Rechnungswesen • Finanzwesen • Debitoren • Periodische Arbeiten • Abschluss • Bewerten • Weitere Bewertungen**.

Bewertungslauf

Diese allgemeine Bezeichnung lässt bereits erahnen, dass das Programm mehrere Anwendungsbereiche hat. Beispielsweise können Abzinsungen oder andere kundenspezifische Bewertungen durchgeführt werden. Abbildung 4.16 zeigt neben wichtigen Selektions- und Buchungsparametern auch eine Auswahl der Bewertungsmethode »3 = pauschalierte Einzelwertberichtigung«. In unserem Beispiel wird diese für den Buchungskreis 0005 zum Stichtag 31.12.2006 ausgeführt. Der bewertete Betrag wird lediglich für Auswertungen zum

Stichtag 31.12. benötigt, deshalb wird dieser am 01.01.2007 vom Programm automatisch korrigiert oder storniert.

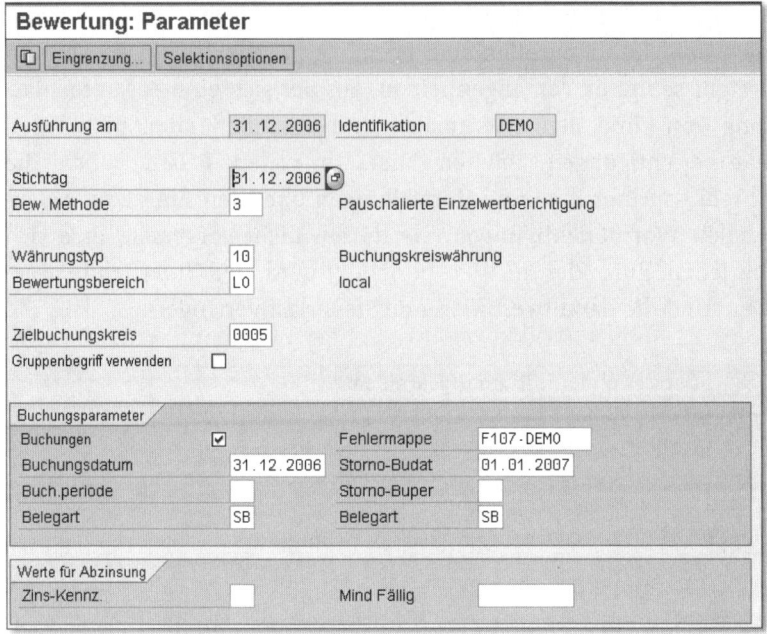

Bewertung: Parameter

▢ Eingrenzung...	Selektionsoptionen

Ausführung am	31.12.2006	Identifikation	DEMO

Stichtag	31.12.2006 ⊘		
Bew. Methode	3	Pauschalierte Einzelwertberichtigung	

Währungstyp	10	Buchungskreiswährung	
Bewertungsbereich	L0	local	

Zielbuchungskreis	0005	
Gruppenbegriff verwenden	☐	

Buchungsparameter

Buchungen	☑	Fehlermappe	F107-DEMO
Buchungsdatum	31.12.2006	Storno-Budat	01.01.2007
Buch.periode		Storno-Buper	
Belegart	SB	Belegart	SB

Werte für Abzinsung

Zins-Kennz.		Mind Fällig	

Abbildung 4.16 Bewertungslauf

Zweistufiges Verfahren

Beim Bewertungslauf handelt es sich ähnlich dem Zahl- bzw. Mahnlauf um ein zweistufiges Verfahren. Zuerst wird ein Vorschlag produziert, der im Rahmen einer Dialogliste bearbeitet werden kann. In einem zweiten Schritt werden Korrekturbuchungen im System durchgeführt. Das in Tabelle 4.12 dargestellte Beispiel zeigt eine Wertberichtigung der ursprünglichen Forderung von 10.000 € aufgrund des Wertberichtigungsschlüssels im Stammsatz des Debitoren und einer Auswahl der Selektions- und Buchungsparameter des Bewertungslaufs. Nehmen wir nun an, dass für die Rechnungslegung lokales Recht eine Korrektur von 5 % zum Stichtag 31.12.2006 stattfinden soll. Kunden verwenden das Programm ebenfalls zur ausschließlichen Ermittlung der Korrekturbedarfe. In diesem Fall wird das Häkchen **Buchungen** nicht gesetzt, da diese nicht erwünscht sind. Da das Forderungskonto 140000 im SAP-System typischerweise als Abstimmkonto definiert ist, kann es nicht direkt bebucht werden.

Konto	Bezeichnung	Soll	Haben	US-GAAP	Local GAAP
210100	Aufwand aus Wertberichtigungen zu Forderungen	500		Keine Buchung	L6
142100	Wertberichtigung Forderungen		500	Keine Buchung	L6

Tabelle 4.12 Forderungskorrektur

Tabelle 4.12 zeigt den generierten Buchungssatz mit dem direkt bebuchbaren Bilanzkonto »142100 Wertberichtigungen Forderungen«. In der Bilanz findet eine Darstellung in einer gemeinsamen Position als Summe (10.000 – 500 €) statt. Für eine parallele Rechnungslegung ist das Programm je Rechnungslegungsvorschrift auszuführen.

Nachdem Sie aus Sicht der Applikation einen Eindruck bekommen haben, wie pauschalierte Einzelwertberichtigungen funktionieren, lassen Sie uns das Customizing näher betrachten. Es ist mit zwei Menüpunkten sehr überschaubar.

Konfiguration

Zunächst gilt es die Wertberichtigungsschlüssel zu definieren. Sie finden diese im Menüpfad **Finanzwesen (neu) · Debitoren- und Kreditorenbuchhaltung · Geschäftsvorfälle · Abschluss · Bewerten · Diverse Bewertungen · Wertberichtigungsschlüssel hinterlegen**.

Abbildung 4.17 zeigt den Wertberichtigungsschlüssel 01, der für die Rechnungslegungsvorschrift »LO – lokales Recht« gültig ist. Demzufolge sind alle Forderungen der Debitoren im Land DE (Deutschland), deren Rechnungen mehr als 30 Tage überfällig sind, mit 5 % im Wert zu korrigieren. Grundsätzliche Voraussetzung ist die Hinterlegung des Wertberichtigungsschlüssels 01 im Debitorenstammsatz.

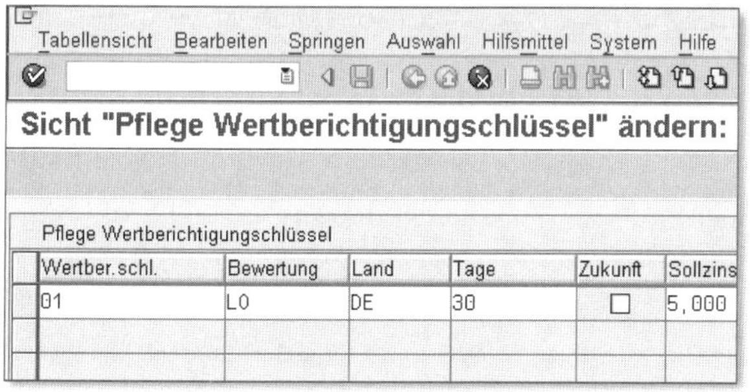

Abbildung 4.17 Customizing der Wertberichtigungsschlüssel

Vom betriebswirtschaftlichen Standpunkt her handelt es sich bei der Höhe einer pauschalierten Einzelwertberichtigung immer um Erfahrungswerte der Vergangenheit. Es könnte somit sinnvoll sein, den prozentualen Wertberichtigungsbedarf weiter zu differenzieren, z.B. in überfällige Posten mit:

▸ 30 Tage – 5%

▸ 60 Tage – 7%

▸ 90 Tage – 10%

In diesem Fall würden im Customizing mehrere Eintragungen für den Wertberichtigungsschlüssel 01 benötigt. Als zweiter Schritt ist die Kontenfindung im Customizing zu hinterlegen. Sie finden diese unter **Finanzwesen (neu) • Debitoren- und Kreditorenbuchhaltung • Geschäftsvorfälle • Abschluss • Bewerten • Diverse Bewertungen • Konten hinterlegen**.

Abbildung 4.18 zeigt, dass Konten für den Vorgang »B03 – Pauschalierte Einzelwertberichtigung« und je Rechnungslegungsvorschrift, in unserem Fall »LO – lokales Recht«, hinterlegt werden müssen.

Direkt bebuchbares Korrekturkonto

In der Kontenzuordnung ist ebenfalls gut zu erkennen, dass je Abstimmkonto 140000, 140010, 141000 und 141010 ein direkt bebuchbares Korrekturkonto (Bilanzkonto) benötigt wird. Mit dem Zielkonto spiegelt sich die Wertberichtigung auch in der Gewinn- und Verlustrechnung wider. Für eine Ledgerlösung im neuen Hauptbuch ist der Bewertungsbereich LO in den Grundeinstellungen dem lokalen Ledger L6 zugeordnet.

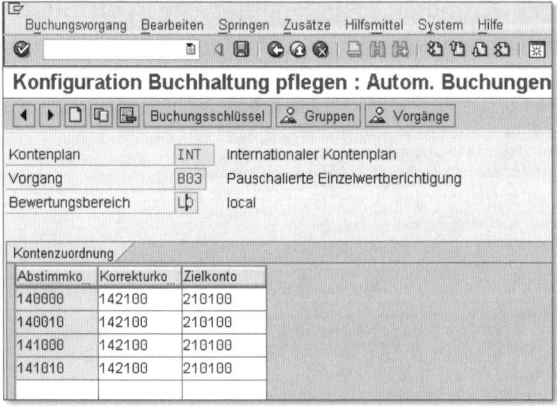

Abbildung 4.18 Customizing der Kontenfindung

Fremdwährungsbewertung

Neben der pauschalierten Einzelwertberichtigung können Forderungen in verschiedenen Währungen einen Effekt in einer parallelen Rechnungslegung haben. Verkauft ein in Euro bilanzierendes Unternehmen an eine amerikanische Firma in US-Dollar, ist diese Forderung zum Bilanzstichtag nach lokalen und internationalen Rechnungslegungsvorschriften gegebenenfalls unterschiedlich zu behandeln. Die Vorschriften der IFRS und US-GAAP sehen mit dem Stichtagsprinzip eine Bewertung zum aktuellen Kurs des Stichtags vor. Dem können lokale Vorschriften entgegenstehen, bei denen eine Abwertung erlaubt und eine Aufwertung verboten ist. Beispielsweise in Deutschland wird dieses so genannte Imparitätsprinzip auch als Vorsichtsprinzip verstanden. Für die Finanzabteilung handelt es sich bei der Bewertungsermittlung und Buchung um einen maschinellen Vorgang, der je Rechnungslegungsvorschrift ausgeführt werden kann.

Stichtagsprinzip

In unserem Beispiel verkauft ein europäisches Unternehmen zum Wechselkurs von 1,25 EUR/USD an eine amerikanische Firma. In Abbildung 4.19 wird der dazugehörige Buchungssatz über 100.000 $ bzw. 80.000 € dargestellt. Dieser Beleg wird immer für alle Rechnungslegungsvorschriften in die vorhandenen Ledger fortgeschrieben.

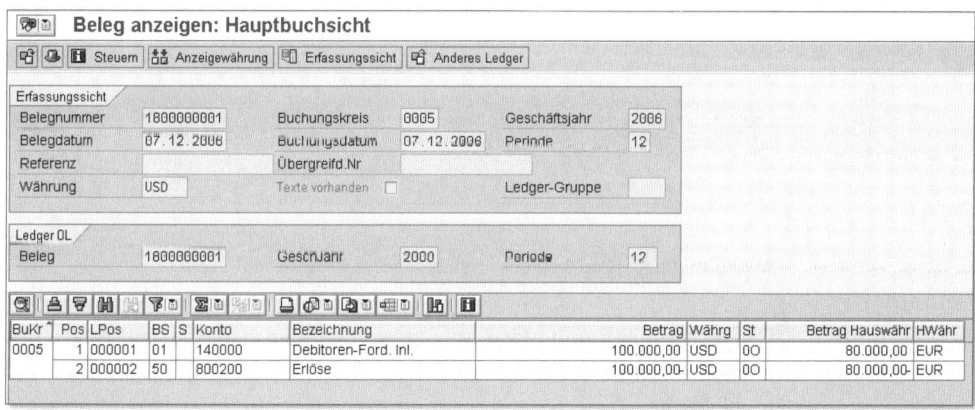

Abbildung 4.19 Buchung einer Forderung in Belegwährung Dollar und Hauswährung Euro

Bewertung zum Bilanzstichtag

Zum Bilanzstichtag findet eine Bewertung der Forderungen in Fremdwährung statt – in dem gewählten Beispiel für die Rechnungslegungsvorschrift US-GAAP zum Stichtagskurs von 1,35 EUR/USD. Da der Dollar an Wert verloren hat, werden nur noch ca. 74.000 € benötigt. Der Forderungsbetrag von 100.000 $ bleibt in der lokalen Bilanz weiterhin bestehen. Abbildung 4.20 stellt das Protokoll des Bewertungslaufs dar.

Neues Programm für die Fremdwährungsbewertung

Sie finden das neue Programm für eine Fremdwährungsbewertung im neuen Hauptbuch unter **Rechnungswesen • Finanzwesen • Debitoren • Periodische Arbeiten • Abschluss • Bewerten • Fremdwährungsbewertung der OP (neu)**. Mit einem aktiven neuen Hauptbuch ist die Transaktion mit der Bezeichnung »neu« wesentlich. Das Programm ohne diesen Zusatz kann ausschließlich mit dem klassischen Hauptbuch verwendet werden.

Buchungstechnik

Existieren in der parallelen Rechnungslegung Bewertungsunterschiede, sind weitere Bewertungsläufe je Bewertungsbereich notwendig. Das Fremdwährungsprogramm erzeugt in diesem Beispiel für die Rechnungslegungsvorschrift US-GAAP eine Batch-Input-Mappe mit zwei Buchungen (siehe Abbildung 4.21).

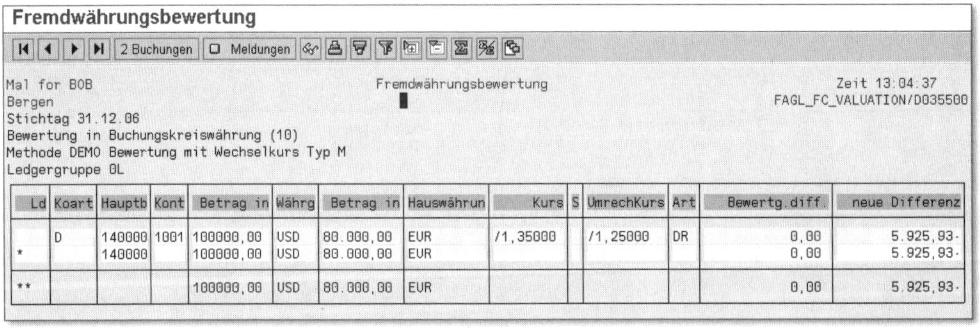

Fremdwährungsbewertung

```
|◄ ◄ ► ►|  2 Buchungen  □ Meldungen  ⚙ 🖨 🔽 🔻 ▦ ▤ 📊 ⚒ 🗗
```

```
Mal for BOB                           Fremdwährungsbewertung                            Zeit 13:04:37
Bergen                                         ▌                                FAGL_FC_VALUATION/D035500
Stichtag 31.12.06
Bewertung in Buchungskreiswährung (10)
Methode DEMO Bewertung mit Wechselkurs Typ M
Ledgergruppe 0L
```

Ld	Koart	Hauptb	Kont	Betrag in	Währg	Betrag in	Hauswährun	Kurs	S	UmrechKurs	Art	Bewertg.diff.	neue Differenz
	D	140000	1001	100000,00	USD	80.000,00	EUR	/1,35000		/1,25000	DR	0,00	5.925,93-
*		140000		100000,00	USD	80.000,00	EUR					0,00	5.925,93-
**				100000,00	USD	80.000,00	EUR					0,00	5.925,93-

Abbildung 4.20 Protokoll der Fremdwährungsbewertung

Der erzeugte Beleg wird mit dem gleichen Lauf zum Ersten des nächsten Monats wieder automatisch zurückgenommen oder storniert. In Ländern, in denen die Bewertung am Geschäftsjahresende nicht zurückgenommen werden darf, ist differenziert zu verfahren.

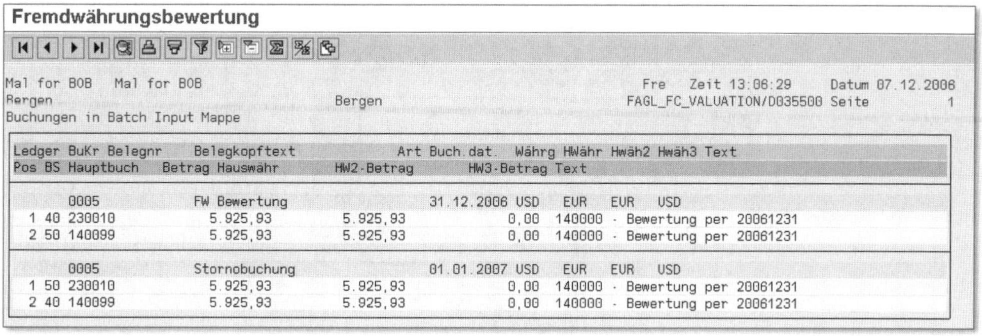

```
┌─────────────────────────────────────────────────────────────────────────────────┐
│ Fremdwährungsbewertung                                                            │
├─────────────────────────────────────────────────────────────────────────────────┤
│ [K][◄][►][M][Q][A][F][Y][≡][Σ][%][C]                                             │
│                                                                                   │
│ Mal for BOB   Mal for BOB                              Fre   Zeit 13:06:29  Datum 07.12.2006 │
│ Bergen                              Bergen             FAGL_FC_VALUATION/D035500 Seite      1 │
│ Buchungen in Batch Input Mappe                                                    │
│                                                                                   │
│ Ledger BuKr Belegnr  Belegkopftext      Art Buch.dat. Währg HWähr Hwäh2 Hwäh3 Text │
│ Pos BS Hauptbuch     Betrag Hauswähr   HW2-Betrag      HW3-Betrag Text            │
│                                                                                   │
│        0005          FW Bewertung         31.12.2006 USD  EUR  EUR  USD           │
│   1 40 230010        5.925,93          5.925,93          0,00 140000 · Bewertung per 20061231 │
│   2 50 140099        5.925,93          5.925,93          0,00 140000 · Bewertung per 20061231 │
│                                                                                   │
│        0005          Stornobuchung        01.01.2007 USD  EUR  EUR  USD           │
│   1 50 230010        5.925,93          5.925,93          0,00 140000 · Bewertung per 20061231 │
│   2 40 140099        5.925,93          5.925,93          0,00 140000 · Bewertung per 20061231 │
└─────────────────────────────────────────────────────────────────────────────────┘
```

Abbildung 4.21 Automatische Buchung der Fremdwährungsbewertung

> Ist das Szenario der Belegaufteilung aktiv, wird die Bewertungsbuchung je **[+]**
> Aufteilungsmerkmal vorgenommen. Ein entsprechendes Beispiel finden
> Sie in Abschnitt 5.6.

Auf der Grundlage des dargestellten Beispiels gehen wir auf den nächsten Seiten näher auf das Customizing ein. Grundsätzlich finden Sie dies unter dem Menüpfad **Finanzwesen (neu) · Hauptbuchhaltung(neu) · Periodische Arbeiten · Bewerten**.

Abbildung 4.22 beschreibt eine mehrstufige Konfiguration. Zuerst wird eine Definition verschiedener Bewertungsmethoden vorgenommen, z.B. Methode »INT – Stichtagsprinzip« und »DEMO – Vorsichtsprinzip«. Diese werden den jeweiligen Bewertungsbereichen zugeordnet und ermöglichen die Abbildung von Bewertungsunterschieden. Ein Bewertungsbereich bekommt genau eine Bewertungsmethode – eine Bewertungsmethode kann aber durchaus mehreren Bewertungsbereichen zugeordnet werden. Hierbei handelt es sich um einen der wesentlichen Unterschiede zur Fremdwährungsbewertung in SAP R/3. Dort erfolgte die Zuweisung der Bewertungsmethoden erst beim Start des eigentlichen Fremdwährungsbewertungsprogramms.

Verschiedene Bewertungsmethoden

In einer nächsten Stufe bekommt der Bewertungsbereich eine Zuordnung zur Rechnungslegungsvorschrift. Final bekommt die Rechnungslegungsvorschrift ebenfalls eine Verknüpfung auf das dazugehörige Ledger, in dem die Buchungen stattfinden sollen.

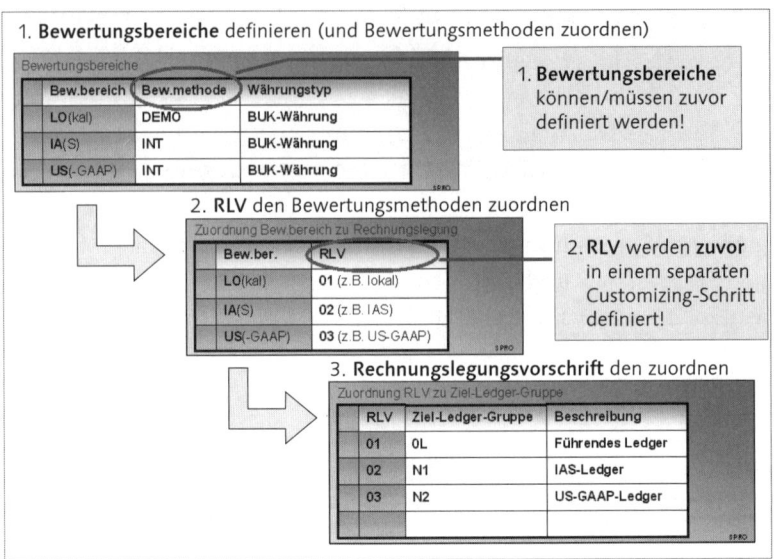

Abbildung 4.22 Customizing der Fremdwährungsbewertung mit dem Speicherort »neues Hauptbuch«

[!] Da die unterschiedlichen Ledger auch identische Konten buchen, reicht ein Eintrag für die Ledgerlösung im neuen Hauptbuch aus (siehe Abbildung 4.23).

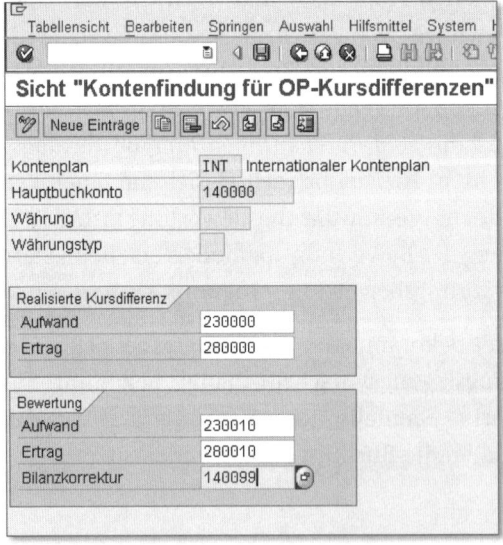

Abbildung 4.23 Customizing der Kontenfindung

4.3.3 Wertpapierbewertung

Im Nebenbuch »Treasury« findet die Verwaltung von Aktien, Anleihen, Darlehen und Derivaten statt. Für die parallele Rechnungslegung ist zum Stichtag eine Bewertung nach verschiedenen Rechnungslegungsvorschriften durchzuführen. Im SAP-Menü finden Sie im Release SAP ERP 2005 das passende maschinelle Bewertungsprogramm unter **Rechnungswesen · Financial Supply Chain Management · Treasury und Risk Management · Transaction Manager · Wertpapiere · Buchhaltung · Bewertung · Bewertung durchführen**.

Abbildung 4.24 zeigt eine Liste der zu bewertenden Bestände für den Buchungskreis 1000 und den Bewertungsstichtag Jahresende. Ähnlich der Anlagenbuchhaltung wird im Nebenbuch »Treasury« auch mit Bewertungsbereichen gearbeitet. In Abbildung 4.24 sind Spalten für eine Bewertung nach IFRS und lokalem Recht, Bewertungsbereich 001 und 002 zu sehen. Dort sind jeweils zwei wesentliche Informationen hinterlegt:

Bestandsbewertung ähnlich der Anlagenbuchhaltung

▸ je Bewertungsbereich Methoden zur Wertermittlung

▸ je Bewertungsbereich Rechnungslegungsvorschriften für die Kontierung ins Hauptbuch

Anzeige zu bewertender Bestände

Bewertungstyp Jahresendbewertung
Stichtag 28.12.2006

Bukr.	BB	Bez. BB	PArt	BK	Kennummer	Kurzbezeichnung	Depot	DepGr	Portfolio	Vertrag	Pos.konto	Geschäft	Status
1000	002	Operational	01A	3	US7427181091	Procter Gamble	JPMOR_01						
1000	001	IFRS	01A	4	DE0007100000	Daimlerchrysler	DEUBA_01		PORTFOLIO1				
1000	002	Operational	01A	3	GB0006107006	Cadb. Schweppes	DEUBA_01						
1000	002	Operational	01A	3	GB0031348658	Barclays	JPMOR_01						
1000	002	Operational	01A	5	DE0005190003	BMW AG	DEUBA_01						
1000	002	Operational	01A	3	DE0005151005	BASF AG	DEUBA_01						
1000	001	IFRS	01A	3	CH0012005267	Novartis	DEUBA_01		PORTFOLIO1				
1000	002	Operational	01A	4	DE0007614406	E.ON AG	DEUBA_01						
1000	002	Operational	01A	4	U04592001014	IBM	DEUBA_01						
1000	001	IFRS	01A	3	CH0008742519	Swisscom	DEUBA_01		PORTFOLIO1				
1000	001	IFRS	01A	4	US4592001014	IBM	DEUBA_01		PORTFOLIO1				
1000	001	IFRS	01A	5	DE0007100000	Daimlerchrysler	DEUBA_01		PORTFOLIO1				
1000	002	Operational	01A	3	DE0007100000	Daimlerchrysler	DEUBA_01						
1000	001	IFRS	01A	3	GB0031348658	Barclays	JPMOR_01		PORTFOLIO1				
1000	001	IFRS	01A	5	DE0005190003	BMW AG	DEUBA_01		PORTFOLIO1				
1000	001	IFRS	01A	5	CH0012056047	Nestlé SA	DEUBA_01		9000000000				
1000	001	IFRS	01A	2	AT0000720008	Telekom AT	DEUBA_01		PORTFOLIO1				
1000	001	IFRS	01A	1	CH0012056047	Nestlé SA	DEUBA_01		PORTFOLIO1				
1000	002	Operational	01A	4	DE0007100000	Daimlerchrysler	DEUBA_01						

Abbildung 4.24 Anzeige der zu bewertenden Bestände

Bewertungsarten
je Rechnungs-
legungsvorschrift Im Buchungsprotokoll werden die zu buchenden Geschäftsvorfälle je Bewertungsbereich aufgelistet. Buchungsschlüssel 40 und 50 kennzeichnen Soll- und Haben-Buchungen. In der Spalte **Hauptbuch** ist die Wertpapiergattung mit dem Schlüsselbegriff »01A – Aktien« zu sehen. Unterschiedliche Bewertungsarten je Rechnungslegungsvorschrift sind aufgrund des Textes für die Sachkonten ersichtlich. Ein Währungsertrag von 957,98 €, d.h. Kursgewinne aufgrund eines günstigen Wechselkursverhältnisses des Euros zum britischen Pfund, wird für beide Bewertungsbereiche mit identischem Betrag ausgewiesen. Obwohl nach IFRS und lokaler Rechnungslegung die Höhe der Bewertung gleich ist, werden im Buchungsprotokoll unterschiedliche Konten angezeigt.

Entsprechend ihrem Verwendungszweck sind die Wertpapiere für IFRS zu gruppieren und in der Bilanz auszuweisen. Es werden drei Kategorien unterschieden:

- Held to Maturity (Anlagevermögen)
- Available for Sale (Anlagevermögen)
- Trading (Umlaufvermögen)

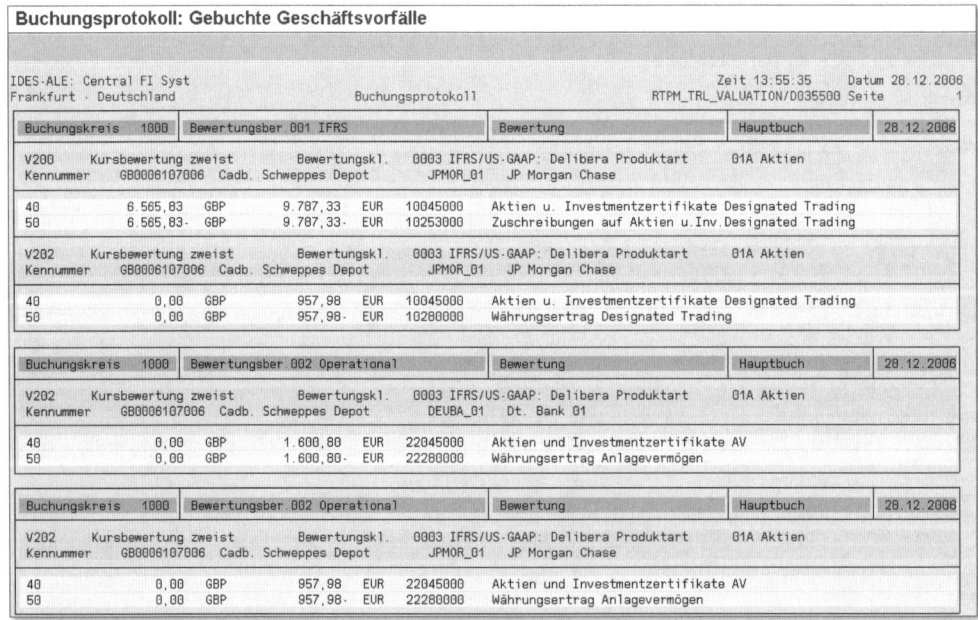

Abbildung 4.25 Buchungsprotokoll

Lokale Rechnungslegungsvorschriften können einen anderen bilanziellen Ausweis erlauben oder erfordern. IFRS bucht teilweise im Anlage- und Umlaufvermögen. Für lokale Anforderungen wird lediglich eine Bilanzposition gewünscht bzw. verlangt. Dieser Sachverhalt, der bei einer Kontenlösung typisch ist, könnte auch bei der Leder-Lösung im neuen Hauptbuch zur Anwendung kommen. Immer wenn für die Rechnungslegungsvorschriften unterschiedliche Ausweise in der Bilanz oder Gewinn- und Verlustrechnung vorkommen, könnten oder müssen zusätzliche Konten verwendet werden – auch wenn es sonst keine Bewertungsunterschiede gibt.

Abbildung von Bewertungs-unterschieden – Ledgerlösung

In unserem Beispiel bucht das maschinelle Bewertungsprogramm Belege für die Bewertungsbereiche »001 – IFRS« und »002 – lokales Recht« in die Ledger »L5 – IFRS« und »L6 – lokales Recht«. Exemplarisch wird in Abbildung 4.26 ein Beleg für die Rechnungslegungsvorschrift IFRS dargestellt. In diesem Fall hat eine Zuschreibung des Aktienwertes aufgrund des aktuellen Börsenkurses und eine Realisierung des Währungsertrags stattgefunden.

Für eine sachgerechte Kontierung innerhalb der Ledgerlösung im neuen Hauptbuch sind im Customizing mehrere Einstellungen vorzunehmen.

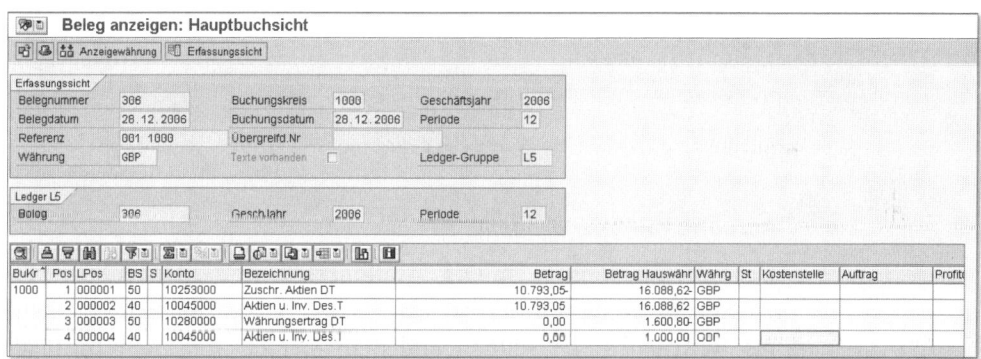

Abbildung 4.26 Beleg anzeigen – Hauptbuchsicht

Hierbei handelt es sich um die folgenden Schritte:

1. Bewertungsbereiche definieren

2. Account-Kreise zuordnen

3. Zuordnung der Bewertungsbereiche zu Account-Kreisen

4. Kontenfindung: Zuordnung der Fortschreibungsarten

5. Kontenfindung: Buchungsschema

6. Kontenfindung: Sachkonten

Die ersten drei Schritte der Einstellungen finden Sie im Customizing unter **Financial Supply Chain Management • Treasury und Risk Management • Transaction Manager • Übergreifende Einstellungen • Buchhaltung • Organisation**.

Bewertungsbereiche definieren

Im Nebenbuch Treasury (FI-TR) können Sie verschiedene Bewertungsbereiche führen, innerhalb deren Sie die Finanzgeschäfte gemäß verschiedenen Rechnungslegungsvorschriften bewerten können. Im Unterschied zur Anlagenbuchhaltung (FI-AA) sind in FI-TR bis zu 999 Bewertungsbereiche möglich. Abbildung 4.27 zeigt drei definierte Bewertungsbereiche.

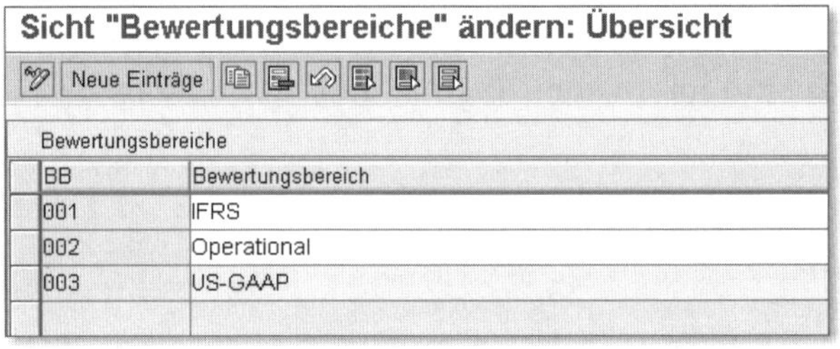

BB	Bewertungsbereich
001	IFRS
002	Operational
003	US-GAAP

Abbildung 4.27 Bewertungsbereiche definieren

Account-Kreise zuordnen

Der Account-Kreis ist ein Organisationselement des Nebenbuchs FI-TR. Wie in Abbildung 4.28 zu erkennen, ergibt sich ein 1:1-Verhältnis zwischen dieser Einheit und dem Element der Hauptbuchhaltung, dem Buchungskreis.

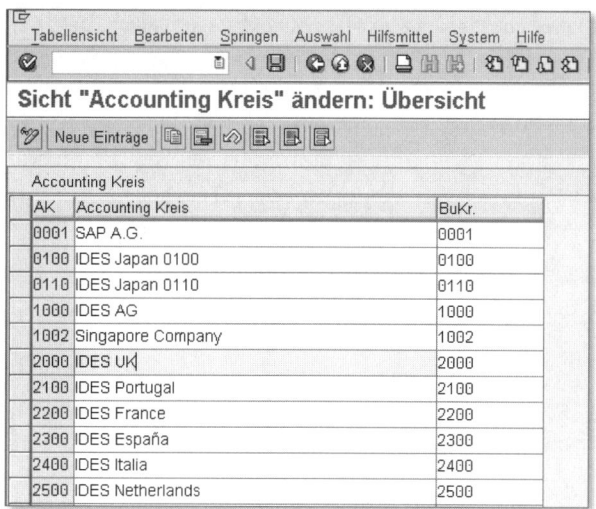

Abbildung 4.28 Account-Kreise zuordnen

Zuordnung der Bewertungsbereiche zu Account-Kreisen

Bei der Zuordnung des Bewertungsbereichs zum Account-Kreis wird grundsätzlich definiert, ob und wie eine Integration in die Hauptbuchhaltung aussehen soll. Abbildung 4.29 zeigt, dass für den Account-Kreis 1000 und den Bewertungsbereich »001 – IFRS« Buchungen ins Rechnungswesen vorgenommen werden sollen. Mittels Rechnungslegungsvorschrift (RLV), in unserem Beispiel IAS, legen Sie fest, in welchen Ledgern die Belege fortgeschrieben werden sollen. Grundsätzliche Einstellungen zur RLV nehmen Sie vorab unter **Finanzwesen (neu) · Grundeinstellungen Finanzwesen (neu) · Bücher · Parallele Rechnungslegung · Rechnungslegungsvorschrift Ledger-Gruppe zuordnen** vor.

Integration FI-TR und FI-GL

Den zweiten Teil der Einstellungen für die Kontenfindung erreichen Sie im Customizing unter **Financial Supply Chain Management · Treasury und Risk Management · Transaction Manager · Übergreifende Einstellungen · Buchhaltung · Anbindung an weitere Rechnungswesenkomponenten · Kontenfindung definieren**.

Kontenfindung

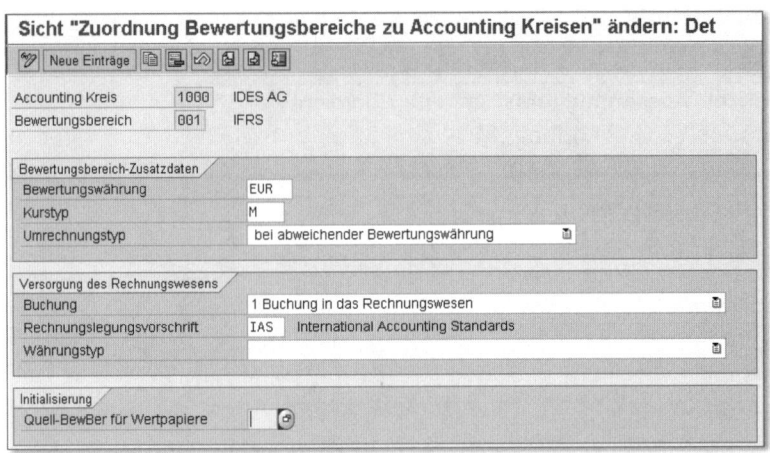

Abbildung 4.29 Zuordnung der Bewertungsbereiche zu Account-Kreisen

Kontenfindung: Zuordnung der Fortschreibungsarten

Buchungsschema — Fortschreibungsarten dienen zur Klassifizierung der zu bewertenden Geschäftsvorfälle. Im Buchungsprotokoll unseres Beispiels in Abbildung 4.30 wird in der linken Spalte der Schlüsselbegriff »V200« angezeigt. Dieser steht für eine zweistufige Kursbewertung bei Zuschreibungen für das Wertpapier. In Abbildung 4.30 findet eine Zuordnung von »V200« zum Buchungsschema 15100 statt.

Sicht "Zuordnung Fortschreibungsarten zu Buchungsschemata" ändern: Übe

Neue Einträge

Dialogstruktur
- ☐ Definition Kontosymbole
- ☐ Definition Buchungsscher
- ☐ Zuordnung Fortschreibun
- ▽ ☐ Bewertungsbereiche
  - ☐ Zuordnung Fortschreit
  - ☐ Zuordnung Sachkonten zi

Zuordnung Fortschreibungsarten zu Buchungsschemata

FArt	Bezeichnung Fortschreibungsart	Z	Buchungsschema	Bezeichnung Buchungsschema
V200	Kursbewertung zweistufig: Zuschreibung Titel	☐	15100	Bestand an Zuschreibungsert
V200_OCI	Kursbewertung zweistufig: pos. OCI-Posten(Titel) erzeugen	☐	23100	Bestand an Neubewertungsrü
V201	Kursbewertung zweistufig: Abschreibung Titel	☐	15500	Abschreibungsaufwand Titel a
V201_OCI	Kursbewertung zweistufig: neg. OCI-Posten(Titel) erzeugen	☐	23200	Neubewertungsrücklage Titel
V202	Kursbewertung zweistufig: Zuschreibung Devise	☐	15300	Bestand an Zuschreibungsert
V202_OCI	Kursbewertung zweistufig: pos. OCI-Posten(Devise) erzeugen	☐	23300	Bestand an Neubewertungsrü
V203	Kursbewertung zweistufig: Abschreibung Devise	☐	15700	Abschreibungsaufwand Devis
V203_OCI	Kursbewertung zweistufig: neg. OCI-Posten(Devise) erzeugen	☐	23400	Neubewertungsrücklage Devi
V204	Kursbewertung zweistufig: Kosten Zuschreibung Titel	☐	15100	Bestand an Zuschreibungsert
V204_OCI	Kursbewertung zweistufig: pos. OCI-Posten(Kosten Titel) erz.	☐	23100	Bestand an Neubewertungsrü
V205	Kursbewertung zweistufig: Kosten Abschreibung Titel	☐	15500	Abschreibungsaufwand Titel a
V205_OCI	Kursbewertung zweistufig: neg. OCI-Posten(Kosten Titel) erz.	☐	23200	Neubewertungsrücklage Titel
V206	Kursbewertung zweistufig: Kosten Zuschreibung Devise	☐	15300	Bestand an Zuschreibungsert
V206_OCI	Kursbewertung zweistufig: pos. OCI-Posten(Kosten Devise) erz	☐	23300	Bestand an Neubewertungsrü
V207	Kursbewertung zweistufig: Kosten Abschreibung Devise	☐	15700	Abschreibungsaufwand Devis
V207_OCI	Kursbewertung zweistufig: neg. OCI-Posten(Kosten Devise) erz	☐	23400	Neubewertungsrücklage Devi
V220	Besondere Zuschreibung Titel: Pflicht	☐	15100	Bestand an Zuschreibungsert
V221	Besondere Abschreibung Titel: Pflicht	☐	15500	Abschreibungsaufwand Titel a
V230	Besondere Zuschreibung Titel: Wahlrecht	☐	15100	Bestand an Zuschreibungsert
V231	Besondere Abschreibung Titel: Wahlrecht	☐	15500	Abschreibungsaufwand Titel a
V241	Impairment (Titel) bilden	☐	26001	Impairment an Bestand

Abbildung 4.30 Kontenfindung – Zuordnung der Fortschreibungsarten

Kontenfindung: Buchungsschema

Das Buchungsschema legt prinzipiell fest, wie Soll- und Haben-Buchungen durchgeführt werden sollen. Mithilfe symbolischer Konten wird in Abbildung 4.31 dem Buchungsschema 15100 für den Buchungsschlüssel »50 – Haben-Buchungen« das Kontosymbol 4.9.4.4 zugewiesen.

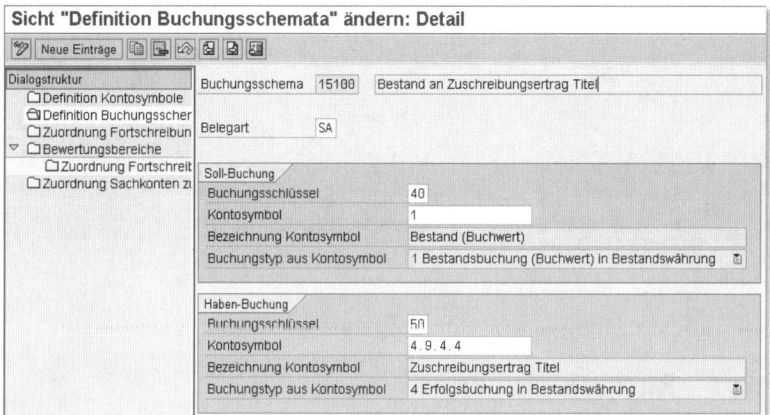

Abbildung 4.31 Kontenfindung – Buchungsschema

Kontenfindung: Sachkonten

Aus dem symbolischen Konto 4.9.4.4 wird je nach Geschäftsvorfall in Abbildung 4.32 das dazugehörige Sachkonto ermittelt. In unserem Beispiel finden Sie das Konto 10253000 für die Zuschreibung von Aktien wieder.

Symbolische Konten

Die mehrstufige Architektur der Kontenfindung ermöglicht auf der einen Seite ein besonderes Maß an Flexibilität, ist jedoch aufgrund dieser Vielschichtigkeit nicht als trivial zu bezeichnen.

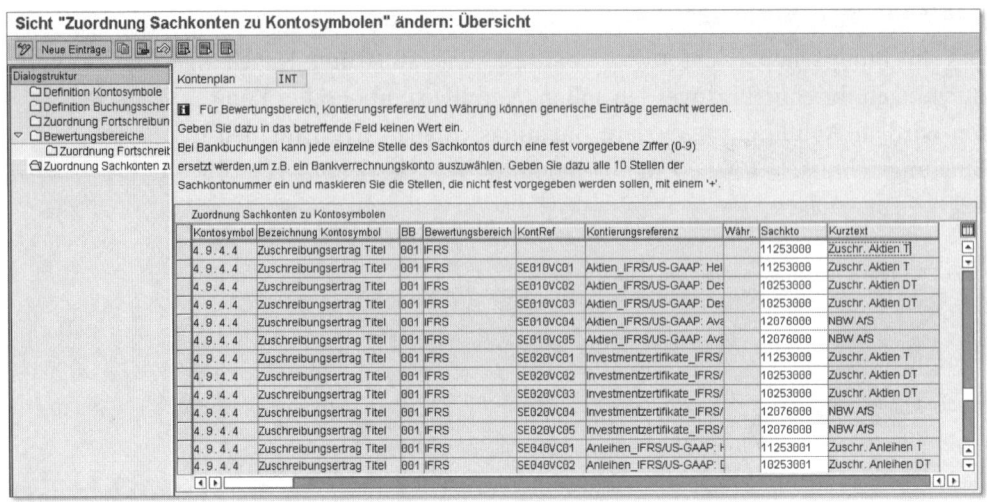

Abbildung 4.32 Kontenfindung – Sachkonten

4.4 Rückstellungen

In diesem Abschnitt möchten wir Konten- und Ledgerlösung im neuen Hauptbuch für den Bereich Rückstellungen gegenüberstellen. Geschäftsvorfälle wie Zuführung, Auszahlung und Auflösung einer Rückstellung sollen Ihnen die neuen Möglichkeiten näherbringen.

Rückstellungs-arten und Eintritts-wahrscheinlich-keiten

In einer parallelen Rechnungslegung kommt es aufgrund verschiedener Rückstellungsarten und Eintrittswahrscheinlichkeiten zu Bewertungsunterschieden. Gilt ein Ereignis, z.B. ein Garantiefall, als wahrscheinlich (probable), wird es nach US-GAAP in der Bilanz berücksichtigt. Gemäß der Rechnungslegungsvorschrift IFRS wird der Begriff *wahrscheinlich* als größer 50% eingestuft. Liegt die Wahrscheinlichkeit zwischen 30 und 70%, gilt ein Rückstellungsverbot nach US-GAAP, da das Ereignis als *möglicherweise* (reasonably) eingestuft wird. Lokale Vorschriften können ebenfalls variieren.

Konten- und Ledgerlösung

In der Kontenlösung hat man je Rückstellungsart und Rechnungslegungsvorschrift eigene Konten angelegt. Spätestens ab drei unterschiedlichen Verfahren – lokal, US-GAAP und IFRS – entsteht ein unhandlicher großer Sachkontenblock. Die Ledgerlösung im neuen Hauptbuch mildert diesen Umstand, indem keine Multiplikation der Sachkonten je Rückstellungsart stattfindet. Bewertungsunterschiede werden mithilfe der Ledgertechnik abgespeichert. Entsprechend ist die Belegerfassung für den Anwender benutzerfreundlich gestaltet (siehe Abbildung 4.33).

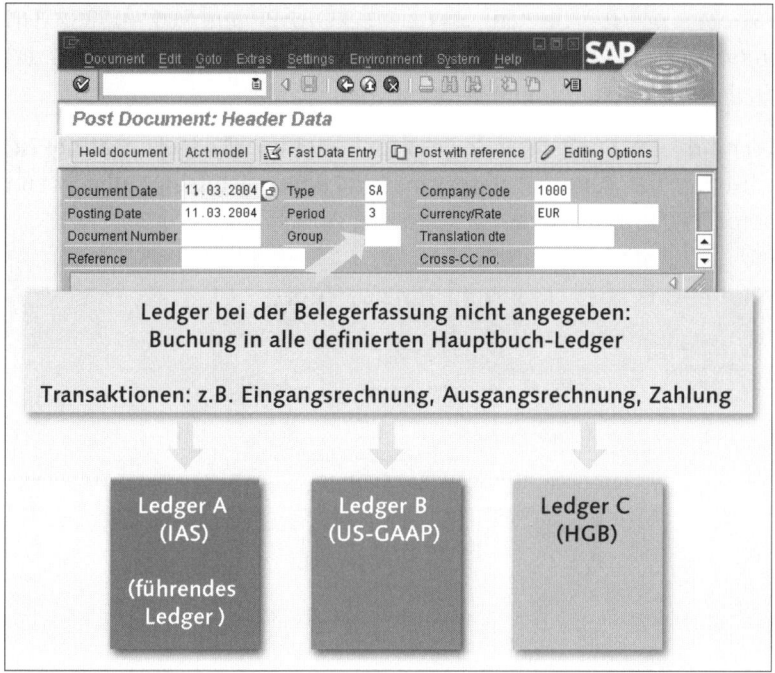

Abbildung 4.33 Buchung in alle Ledger

Erfolgt im Belegkopf im Feld **Group** keine Eingabe, geht das System von einem gemeinsamen Wertansatz für alle Ledger aus. Dieses Beispiel ist in Tabelle 4.13 dargestellt. Bei Bewertungsunterschieden werden einzelne Bücher OL für eine Buchung nach US-GAAP bzw. L6 für ausschließlich lokales Recht angegeben.

Differenzierung des Wertansatzes im Belegkopf

Konto	Bezeichnung	Soll	Haben	US-GAAP	IFRS	Lokales Recht
445000	Aufwendungen Altersversorgung	100.000		OL	L5	L6
089000	Sonstige Rückstellungen		100.000	OL	L5	L6

Tabelle 4.13 Bildung einer Rückstellung, US-GAAP und IFRS

Im Customizing können Sie im Pfad **Finanzwesen (neu) · Grundeinstellungen Finanzwesen (neu) · Bücher · Ledger · Ledger-Gruppen definieren** einzelne Ledger auch als Gruppen zusammenfassen. In

Bildung von Ledgergruppen

der Praxis ist das sinnvoll, wenn es für US-GAAP und IFRS keine Bewertungsunterschiede gibt und nur eine Buchung vorgenommen werden soll. Abbildung 4.34 stellt eine Definition der gemeinsamen Gruppe »ZZ« für die Ledger »0L – US-GAAP« und »L5 – IFRS« dar. Innerhalb der Gruppe gibt es genau ein repräsentatives Ledger, das die Periodensteuerung übernimmt.

Wenn die Buchungsperiode des repräsentativen Ledgers geöffnet ist, wird in alle weiteren zugeordneten Ledger gebucht, selbst wenn deren Buchungsperioden geschlossen sind.

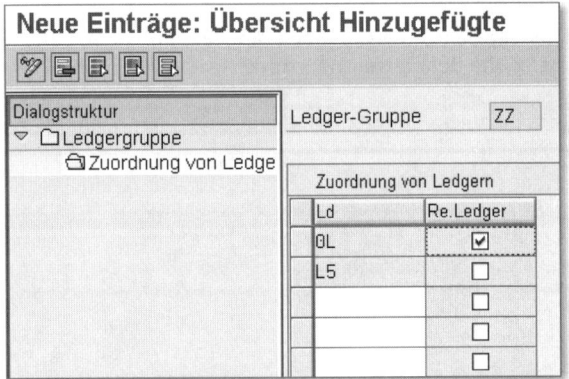

Abbildung 4.34 Definition von Ledgergruppen

Technisches Gegenkonto nicht mehr notwendig

Bisher sorgte in der Kontenlösung eine Auszahlung immer für Buchungen, die im hohen Maße mit Rückfragen belastet waren. Das Konzept gemeinsamer Konten und solcher mit Bewertungsunterschieden gelangt hier an Grenzen. Abbildung 4.35 hat als Ausgangspunkt eine Rückstellung von 20.000 € nach lokalem Recht bzw. 10.000 € für IFRS. In Buchung 3 soll diese mit einer Auszahlung von 8.000 € belastet werden. Das Bankkonto ist als gemeinsames Konto definiert und kann deshalb nur von einer Auszahlungsbuchung in Anspruch genommen werden. Da für zwei Rechnungslegungsvorschriften jeweils ein Konto benötigt wird, ist zusätzlich die Definition eines technischen Gegenkontos notwendig. Dieses spezielle Konto ist unterhalb der Bilanz darzustellen und wird deswegen häufig hinterfragt.

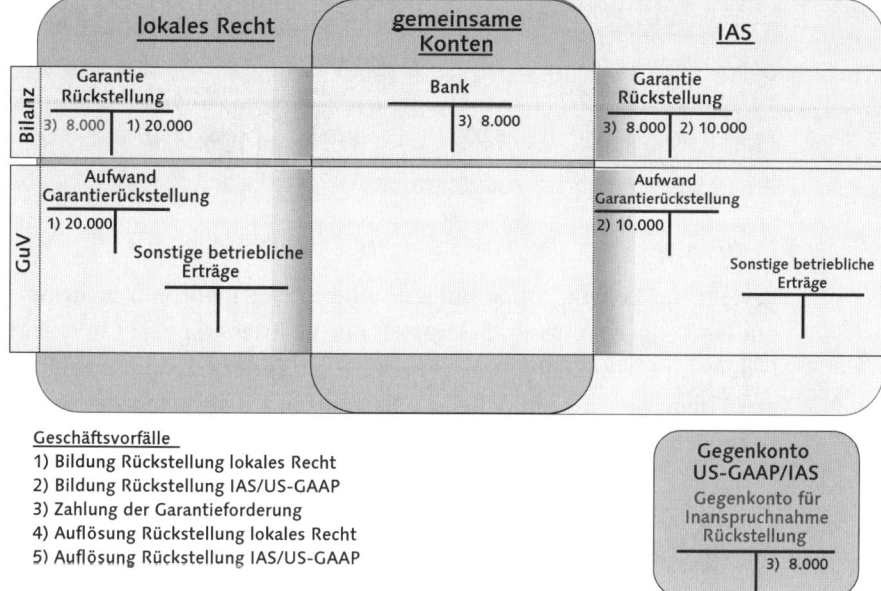

Geschäftsvorfälle
1) Bildung Rückstellung lokales Recht
2) Bildung Rückstellung IAS/US-GAAP
3) Zahlung der Garantieforderung
4) Auflösung Rückstellung lokales Recht
5) Auflösung Rückstellung IAS/US-GAAP

Abbildung 4.35 Rückstellungen – Kontentechnik

Der Nachteil der Kontentechnik entfällt mit dem Ledgerkonzept im neuen Hauptbuch. Tabelle 4.14 zeigt, dass der Auszahlungsvorgang Werte für alle vorhandenen Ledger produziert und ein technisches Gegenkonto überflüssig macht.

Konto	Bezeichnung	Soll	Haben	US-GAAP	IFRS	Lokales Recht
160000	Kreditor		8.000	0L	L5	L6
089000	Sonstige Rückstellungen	8.000		0L	L5	L6

Tabelle 4.14 Zahlung der Garantieforderung

Am Ende des Lebenszyklus einer Rückstellung steht ihre Auflösung. Aufgrund verschiedener Rückstellungsarten und Begriffsdefinitionen von *Wahrscheinlichkeit* kommt es an dieser Stelle in der Regel ebenfalls zu unterschiedlichen Buchungsvorgängen getrennt nach Rechnungslegungsvorschriften. Im Beispiel in Tabelle 4.15 wird der Restbetrag für die lokale Rechnungslegungsvorschrift im Ledger L6 aufgelöst. Buchungen im führenden Ledger »0L – US-GAAP« oder »L5 – IFRS« sollen nicht stattfinden. Entsprechend muss die Ledgergruppe L6 bei der Belegerfassung im Belegkopf berücksichtigt werden.

Konto	Bezeichnung	Soll	Haben	US-GAAP	IFRS	Lokales Recht
299000	Sonstige betriebliche Erträge		25.000	Keine Buchung	Keine Buchung	L6
089000	Sonstige Rückstellungen	25.000		Keine Buchung	Keine Buchung	L6

Tabelle 4.15 Auflösung der Rückstellung nach lokalem Recht

Besteht die Ledgergruppe nur aus einem oder mehreren nicht-führenden Ledgern, müssen Belegarten für die Erfassungssicht in einem Ledger im Customizing unter **Finanzwesen (neu) • Grundeinstellungen Finanzwesen (neu) • Beleg • Belegarten • Belegarten der Erfassungssicht in einem Ledger definieren** festgelegt werden.

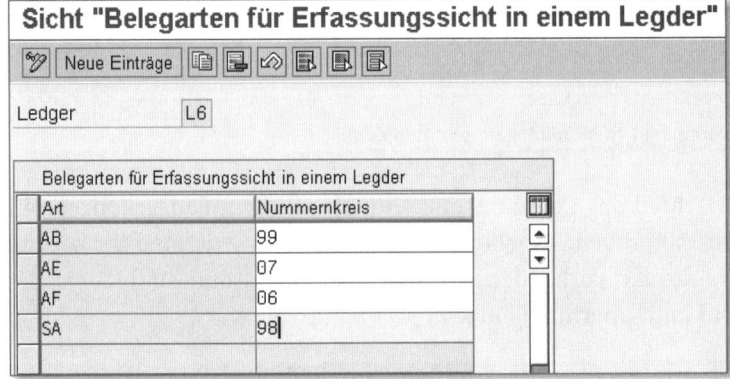

Abbildung 4.36 Belegart für die Erfassungssicht definieren

Eigene Belegarten und Nummernkreisintervalle

Der Aspekt eigener Belegarten und damit verbundener eigener Nummernkreisintervalle ist bei Auswertungen zu bedenken. Buchungen ohne Bewertungsunterschiede finden Sie in einem anderen Nummernkreisintervall als Buchungen mit Bewertungsunterschieden, die wie in diesem Beispiel nur in einem Ledger mit eigener Belegart und Nummernkreisintervall gebucht werden. Hintergrund ist die Vermeidung von Beleglücken innerhalb eines Intervalls, die in einzelnen Ländern wie z.B. Italien gesetzlich verboten sind.

[+] Restriktion für die Ledgerlösung im Hauptbuch: Generell ist ebenfalls zu berücksichtigen, dass eine Buchung mit Bewertungsunterschieden nur in Kombination mit Sachkonten, die keine Führung offener Posten erlauben, möglich ist.

Abbildung 4.37 zeigt eine Buchungsmaske mit der dazugehörigen Fehlermeldung. Im Umkehrschluss bedeutet dieses, dass ein Sachkonto, das mit offenen Posten geführt wird, immer Buchungen in alle Ledger entgegennimmt. Sind andere Kombinationen, wie z.B. beim Geschäftsvorfall Rückstellungen möglich, darf es diesen Eintrag im Stammsatz nicht geben.

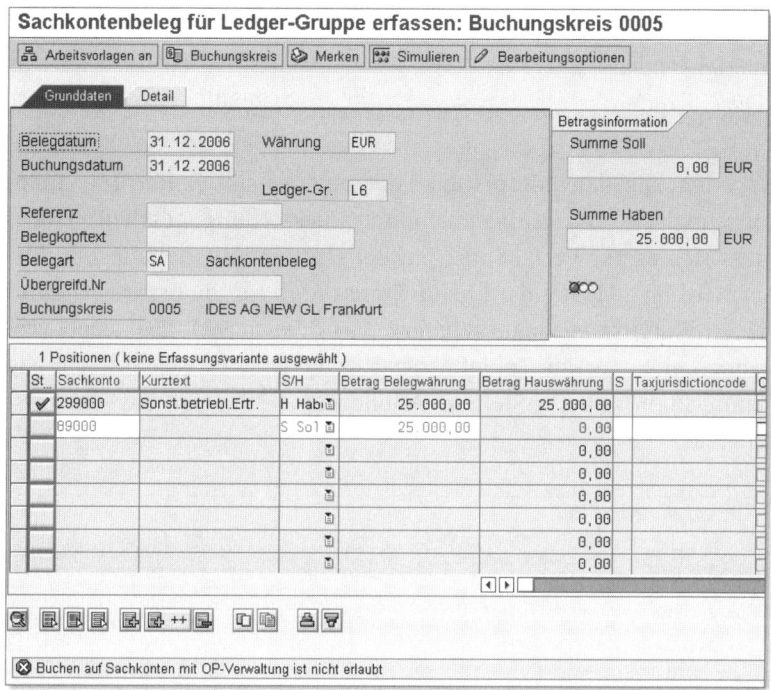

Abbildung 4.37 Buchung in ein Ledger

Eine parallele Rechnungslegung mittels Kontenlösung kennt diese Restriktion nicht. Abgeschlossene Vorgänge lassen sich aufgrund der offenen Posten Führung ausziffern und werden in der Einzelpostenanzeige nicht mehr dargestellt. Um eine vergleichbare Übersichtlichkeit zu erreichen, sind in der Ledgerlösung im neuen Hauptbuch Selektionsparameter und Sortier- bzw. Filterkriterien notwendig. Abbildung 4.38 zeigt eine neue Selektionsmöglichkeit je Ledger oder Rechnungslegungsvorschrift.

Vorteil der Kontenlösung

Abbildung 4.38 Auswertung der Einzelposten eines Ledgers

Rückstellungs-
spiegel

Nachdem Sie den kompletten Lebenszyklus mit Zuführung, Inanspruchnahme und Auflösung einer Rückstellung gesehen haben, muss sich dieser Verlauf auch im Berichtswesen widerspiegeln. Bisher wird im SAP-Standard keine Transaktion für die Erstellung eines Rückstellungsspiegels ausgeliefert. Mit dem in SAP ERP 2005 vorhandenen Reporting-Tool Report Painter lässt er sich mit einigen Handgriffen selbst erstellen. Abbildung 4.39 zeigt das Berichtsschema.

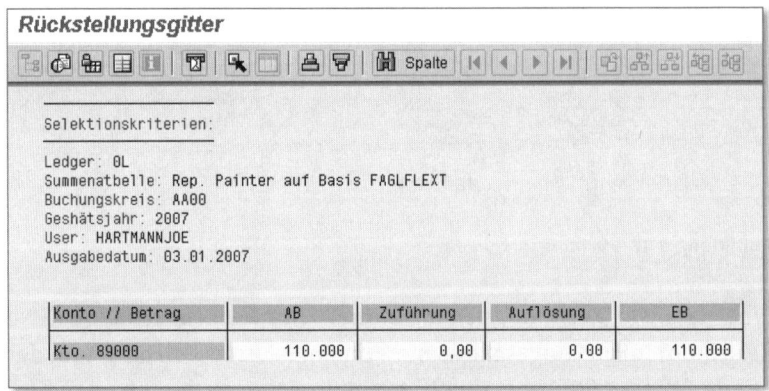

Abbildung 4.39 Schema eines Rückstellungsspiegels

Feldinformationen
der Bewegungsart
vollständig
speichern

In den Zeilen sind die jeweiligen Rückstellungsarten als Merkmal **Konto** und **Ledger** zu hinterlegen. In den Spalten wird mittels Bewegungsart der historische Verlauf abgebildet. Dieses bedingt einige grundsätzliche Einstellungen im Vorfeld. In der Feldstatusgruppe definieren Sie das Feld **Bewegungsart** für die Rückstellungskonten als Pflichtfeld, und zwar unter **Finanzwesen (neu) · Debitoren- und**

Kreditorenbuchhaltung · Geschäftsvorfälle · Interne Umbuchung · Einstellungen zum Beleg durchführen und prüfen · Feldstatusvarianten definieren · Feldstatusgruppen · Konsolidierung. Damit die Beleginformationen auch in der Summentabelle des neuen Hauptbuchs zur Verfügung stehen, müssen Sie das Szenario *Konsolidierungsvorbereitung* unter **Finanzwesen (neu) · Grundeinstellungen Finanzwesen (neu) · Bücher · Ledger · Szenarios und kundeneigene Felder zuordnen · Szenario: FIN_CONS** aktivieren. Ansonsten wird das Merkmal nicht in die Summentabelle übertragen und würde damit auch nicht für den Rückstellungsspiegel zur Verfügung stehen. Nicht zu vergessen ist ebenfalls, dass der Report Painter-Bericht auf dieser neuen Tabelle aufbauen muss. Hierbei genügt es, eine neue Bibliothek mit der Reporting-Tabelle FAGLFLEXT zu verknüpfen. Sie finden diese Einstellungen unter **Infosysteme · Ad-hoc-Berichte · Report Painter · Report Writer · Bibliothek**. Sollten Sie in Ihrem Rückstellungsspiegel keine Werte angezeigt bekommen, haben Sie einen oder mehrere Schritte dieser Anleitung übersprungen.

4.5 Fazit

Die Abbildung einer parallelen Rechnungslegung bereits im Einzelabschluss löst heute bei vielen Unternehmen bestehende Excel-Lösungen ab. Bei der Ermittlung unterschiedlicher Wertansätze unterstützt die SAP-Software mit SAP ERP Financials mehrere Optionen. Konten- und Ledgerlösung im neuen Hauptbuch sind dabei zwei gleichberechtigte Empfehlungen. Die Wahl des Speicherorts bleibt jedoch eine kundenindividuelle Entscheidung, die Sie anhand einiger Eckpunkte treffen können:

▸ **Kontenlösung als Speicherort**
Wenn Sie bereits eine parallele Rechnungslegung mittels Kontenlösung abbilden und mit der Realisierung zufrieden sind, gibt es keinen Grund, auf eine Ledgerlösung im neuen Hauptbuch zu wechseln. Vielmehr könnten andere neue Szenarios wie z. B. eine Echtzeitbelegaufteilung reizvoll sein.

▸ **Alternative zur Kontenlösung**
Stehen Sie jedoch vor der Entscheidung, eine parallele Rechnungslegung neu einzuführen, gibt es zwei gleichberechtigte Alternativen mit der Konten- und Ledgerlösung im neuen Hauptbuch. Aus-

schlaggebendes Kriterium könnte hier das Controlling und eine Abbildung von parallelen Werten in diesem Modul sein. Für diesen Fall ist einer Kontenlösung der Vorzug zu geben, da lediglich die Werte der Kostenarten des führenden Ledgers übertragen werden.

▶ **Integrationsaspekt Controlling**
Ist ein Wertansatz im Controlling ausreichend und ansonsten eine große Anzahl von Bewertungsunterschieden vorhanden, so bietet die neue Ledgerlösung im Hauptbuch wesentliche Vorteile.

▶ **Führende Bewertung im Kontext der Anlagenbuchhaltung**
Ist der führende Wertansatz IFRS, findet sich dieser neben dem Controlling auch in der Anlagenbuchhaltung im Bewertungsbereich 01 wieder. Mit der Deltabuchungslogik in diesem Nebenbuch erhält der Steuerprüfer wesentliche Einblicke in die IFRS-Bilanzierung und Kostenrechnung.

▶ **Einsatz in der Praxis**
Die neue Option zur Speicherung von Wertansätzen für eine parallele Rechnungslegung wird von ca. 50% aller Unternehmen verwendet, die das neue Hauptbuch eingeführt haben. Neben den Vorteilen gibt es jedoch zum heutigen Stand auch Einschränkungen. Wichtig ist uns, darauf hinzuweisen, dass das neue Hauptbuch nicht auf das Szenario *parallele Rechnungslegung – Ledgerlösung im Hauptbuch* reduziert werden sollte.

Um klar zu sehen, genügt oft schon ein Wechsel der Blick-
richtung. (Antoine de Saint-Exupéry)

5 Belegaufteilung

Bei der Belegaufteilung handelt es sich um ein automatisches Verfahren, durch das Belegzeilen im Beleg nach ausgewählten Dimensionen aufgeteilt werden, z. B. Forderungszeilen nach Profit-Centern. Somit ist eine Segmentbilanz bereits pro Beleg möglich. Für Unternehmen, die eine Segmentberichterstattung mit qualitativ hochwertigen Daten durchführen wollen, bietet die Funktion wesentliche Vorteile. Im folgenden Kapitel erläutern wir Ihnen anhand von Beispielen die SAP-Systemkonfiguration mit der jeweiligen Auswirkung auf operative Buchungsvorgänge.

Zunächst erläutern wir Ihnen die betriebswirtschaftlichen Zusammenhänge und den Nutzen der Funktion zur Belegaufteilung. Die Sichtweisen des Fachbereichs *Rechnungswesen* werden in den anschließenden Abschnitten dargestellt. Ziel dieser Abschnitte ist es, Auswirkungen der neuen Funktion anhand von praktischen Buchungsbeispielen aufzuzeigen. Der Schwerpunkt des Kapitels liegt auf dem Abschnitt zur Konfiguration. Dort sollen die flexiblen und damit komplexen Möglichkeiten des Customizings erläutert werden. Abgerundet wird das Kapitel durch die Abschnitte zu Sonderhauptbuchvorgängen sowie zu periodischen Arbeiten.

5.1 Motivation für die Belegaufteilung

Eine Online-Belegaufteilung bringt zuerst einmal einen gewissen Umfang an Customizing, Migrationsaufwendungen und Systemtests mit sich. Die Motivation für diese Funktion besteht darin, einen transparenten und detaillierten Einblick in die unterschiedlichen Geschäftsaktivitäten (Bereiche) eines Unternehmens zu bekommen. Die Forderung nach einer Segmentberichterstattung regelt IAS 14, d.h. die Grundsätze der Darstellung von Finanzinformationen nach Geschäftssegmenten und nach geografischen Segmenten. Über diese muss berichtet werden, wenn der Großteil der Erlöse aus den Verkäufen an externe Kunden stammt und der Erlös des Segments mindestens 10% der gesamten externen und internen Erlöse aller Segmente ausmacht, das Segmentergebnis mindestens 10% der Ergebnisse aller Segmente ausmacht oder die Segmentvermögenswerte mindestens 10% der Vermögenswerte aller Segmente betragen. Für die Erstellung solcher Berichte wurden in der Vergangenheit häufig die Objekte Geschäftsbereich oder Profit-Center genutzt, sofern – und darin lag oftmals die Herausforderung – die beiden Objekte nicht anderweitigen Ansprüchen an die Berichterstattung genügen mussten.

Nicht alle Buchungen, z.B. Steuervorgänge, Forderungen und Verbindlichkeiten, können mit diesen Merkmalen angereichert werden. Für diese Fälle wurde in den Abschlussarbeiten in SAP R/3 mittels Nachbelastung Bilanz und Erfolgskonten bzw. mithilfe der Programme SAPF180 und SAPF181 eine Summenbuchung zur Herstellung von Saldo null der Geschäftsbereichs- und Profit-Center-Bilanzen durchgeführt. Detaillierte Informationen, die eine Belegaufteilung liefern kann, werden von gesetzlicher Seite eigentlich nicht benötigt.

Interne Unternehmenssteuerung

Der Ansatz aus interner Sicht, zum Zweck der Unternehmenssteuerung originär aufgeteilte Belege zur Verfügung zu stellen, gestaltet sich differenziert. Im Rahmen des Abschlussprozesses ist ein Zahlenwerk mit besonders guter Qualität ein deutlicher Mehrwert, insbesondere wenn eine Matrixkonsolidierung zum Einsatz kommt. Auch können Entwicklungen einzelner Segmente für Entscheidungen besser, d.h. jederzeit und detaillierter analysiert werden. Wird das Konzept für eine Belegaufteilung konsequent umgesetzt, ist zu bedenken, dass es weitreichenden Einfluss auf das operative Geschäft der Buchhaltung haben wird. Es bedingt, dass Buchungsvorgänge bereits unter Aspekten einer späteren Konsolidierung und des Reportings originär erfasst werden. Jede Buchung muss damit innerhalb eines Regelwerks aufteilbar sein. Ist das nicht möglich, darf es den Vorgang in dieser Form nicht geben.

> Die Firma Siemens hat dieses Konzept als eine der ersten im Jahr 2004 **[zB]**
> umgesetzt. Legale und Managementkonsolidierung bauen mit dem SAP
> SEM-BCS auf einem einheitlichen Zahlenwerk mit unterschiedlichen Sich-
> ten auf. Klassische Abstimmungsarbeiten zwischen den beiden Bereichen
> entfallen. Zur Erhöhung der Datenqualität wurde die Belegaufteilung auf
> Basis der Profit-Center in den Vorsystemen implementiert, und operative
> Buchungsvorgänge wurden entsprechend angepasst.

Das Thema Segmentbilanzen und Belegaufteilung ist nicht ausschließlich für Konzerne interessant. Auch mittelständische Unternehmen sehen die Vorteile, die das neue Hauptbuch und die Belegaufteilung mit sich bringen.

> Der Anlagenbauer LOI Thermprocess hat im Rahmen der IT-Umstellung **[zB]**
> auf SAP-Lösungen das neue Hauptbuch von SAP ERP Financials einge-
> führt. Neben dem Umsatzkostenverfahren, der Profit-Center-Rechnung
> im Hauptbuch und der Online-Belegaufteilung für Segmente liefert die
> parallele Rechnungslegung nach HGB, IFRS und US-GAAP in verschiede-
> nen Ledgern die Basis, um den Abschlussprozess zu beschleunigen und
> gleichzeitig die Weichen in Richtung Segmentberichterstattung zu stellen.

Um das Ziel zu erreichen, dürfen operative Vorgänge jedoch nicht zu   Operative
stark verändert oder gestört werden. Personenkonten werden bei-   Vorgänge
spielsweise nur einmal erfasst, und es existiert trotz Belegaufteilung
weiterhin nur ein offener Posten für Forderungen und Verbindlichkeiten. Eine interne Aufteilung des originären Vorgangs hat damit
keine Auswirkungen auf externe Geschäftspartner und ist im
Umkehrschluss nur für das Berichtswesen der Hauptbuchhaltung
relevant.

5.2 Konzeption

Der in Abschnitt 5.1 dargestellte betriebswirtschaftliche Hintergrund
zur Erstellung von Segmentbilanzen und zur Anlieferung von qualitativ hochwertigen Daten für eine Matrixkonsolidierung wird in diesem Abschnitt vonseiten der Konzeption näher erläutert. Neben dem

Datenkonzept gehen wir auf die drei unterschiedlichen Arten der Funktion **Belegaufteilung** ein:

- aktiver (Beleg-)Split
- passiver (Beleg-)Split
- Verrechnungszeilen

5.2.1 Aktiver Split

Konfiguriertes Regelwerk

Ein hinterlegtes selbst zu konfigurierendes Regelwerk ist die Grundlage des aktiven Belegsplits. Sollen Bilanzen auf Profit-Center-Ebene oder für andere Entitäten möglich sein, müssen alle Geschäftsvorfälle dieses berücksichtigen. Bei Buchungen auf Personenkonten werden Merkmale der Erfolgskonten in alle anderen Zeilen des Belegs projiziert. In Abbildung 5.1 wird in einem Beispiel anhand des Geschäftsvorfalls Kreditorenrechnung eine aktive Belegaufteilung dargestellt. Aus den Kostenstellen CC01/CC02 wird das Merkmal **Profit-Center** abgeleitet und mittels aktiver Belegaufteilung in Echtzeit in die Verbindlichkeitszeilen und gegebenenfalls Steuerzeilen übertragen.

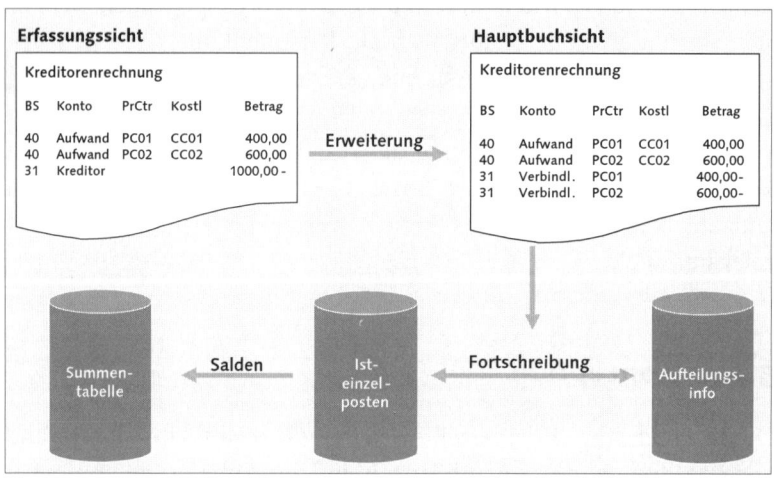

Abbildung 5.1 Belegaufteilung – Rechnung

Es ist hervorzuheben, dass sich in der Erfassungssicht für den Kreditorenbuchhalter nichts verändert hat. Lediglich in der Hauptbuchsicht werden zwei Kreditorenzeilen und gegebenenfalls Steuerzeilen abgespeichert. Aufteilungsinformationen werden in einer eigenen

Tabelle gespeichert, die in Abschnitt 5.2.4 näher beschrieben wird Für Auswertungen, die auf dem neuen Hauptbuch aufbauen, wie z.B. Profit-Center-Bilanzen, ist das durchaus sinnvoll und gewünscht. Einen Effekt im Nebenbuch gibt es nicht. Dort wird weiterhin ein offener Posten geführt.

5.2.2 Passiver Split

Der passive Split bewirkt bei Ausgleichsbelegen, dass nicht nur das Konto in sich, sondern ebenso die zusätzlichen Dimensionen ausgeglichen sind. Wie Abbildung 5.2 zeigt, passt zur Kreditorenrechnung der Zahlungsausgang, bei dem Bank- und Skontokontierung gemäß dem Ursprungsbeleg im Verhältnis 6:4 auf Profit-Center aufgeteilt werden. Der Geschäftsvorgang wird vom System erkannt, und die Kontierungen der auszugleichenden Posten werden automatisch im entsprechenden Verhältnis in die Ausgleichszeilen vererbt. Bei diesem Vorgang findet ein Zugriff auf die neue Tabelle mit Aufteilungsinformationen statt. Im Gegensatz zum aktiven Split ist beim passiven Split eine detaillierte Konfiguration weder notwendig noch möglich.

Ausgleichen gemäß Ursprungsbeleg

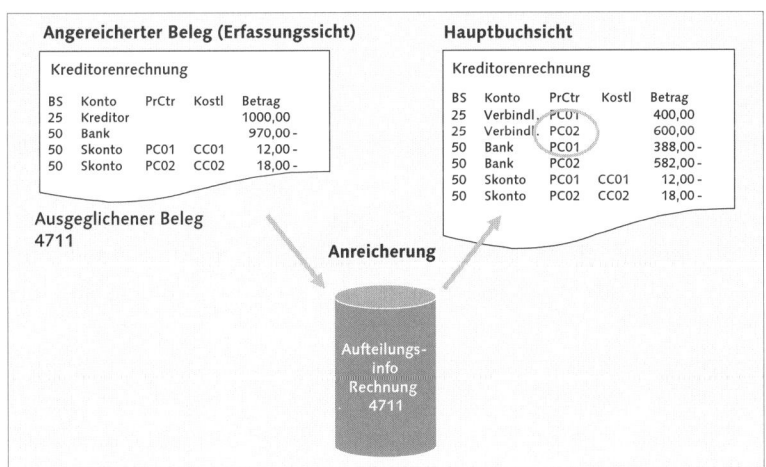

Abbildung 5.2 Belegaufteilung – Zahlung

5.2.3 Verrechnungszeilen

Verrechnungszeilen bewirken, dass nicht nur der Beleg an sich ausgeglichen ist, sondern ebenso die zusätzlichen Dimensionen. Diese

Saldo null für jede Dimension

finden immer dann Anwendung, wenn Werte zwischen Kontierungsobjekten umgebucht werden müssen. Exemplarisch wird in Tabelle 5.1 eine Korrektur der Bankbuchung gezeigt. Für den Sachbearbeiter ändert sich die Belegerfassung nicht. Der wesentliche Unterschied liegt in den automatisch produzierten Verrechnungszeilen für die bilanzierende Entität. Ohne diese würde eine Bilanz für das Merkmal **Segment** nicht mehr Saldo null ergeben. Die Saldo-null-Bildung mittels Verrechnungszeilen ist nur sinnvoll und nötig, wenn Sie für das betreffende Merkmal eine komplette Bilanz erstellen möchten. Kostenstellen- und Profit-Center-Umbuchungen im Hauptbuch würden identisch aussehen.

Konto	Bezeichnung	Betrag Soll	Betrag Haben	Segment
113100	Bank	10.000		A
194500	Verrechnungskonto Segment		10.000	A
113100	Bank		10.000	B
194500	Verrechnungskonto Segment	10.000		B

Tabelle 5.1 Verrechnungszeilen der Hauptbuchsicht

5.2.4 Datenkonzept

Neue Summentabelle

Bei der Speicherung von Beleginformationen hat sich einiges verändert. Stellte das klassische Hauptbuch mit der Summentabelle GLT0 ursprünglich die Basis für Auswertungen dar, wird diese im neuen Hauptbuch durch die Tabelle FAGLFLEXT ersetzt. Hierbei steht der letzte Buchstabe im Tabellennamen für *Totals* – Summensätze, die die Grundlage für Saldenlisten und Bilanzen bilden können. Zur Auswertung von Einzelposten sind Tabellen für den Belegkopf (BKPF) und Belegzeilen (BSEG) nach wie vor vorhanden. Erweiterungen finden sich hier aufgrund der neuen Splitinformationen in der Belegtabelle FAGLFLEXA wieder. Hierbei steht der letzte Buchstabe im Tabellennamen für *Actuals* – Einzelpostensätze.

Kundeneigene Felder

Sollten eigene Felder als bilanzielles Merkmal benötigt werden, können diese nachträglich in den Tabellen FAGLFLEXA und FAGLFLEXT hinzugefügt werden. Weitere Merkmale, wie z.B. das Segment, werden standardmäßig mit ausgeliefert. Ein aufzuteilender Beleg bucht

Einträge in die Tabellen BKPF, BSEG, FAGLFLEXA und in die neue Summentabelle FAGLFLEXT. Funktionalitäten der Belegaufteilung liegen an zentraler Stelle vor der Rechnungswesenbuchung. Dieses hat den Vorteil, dass sich für angeschlossene Nebenbücher wie Human Capital Management, Treasury oder Immobilienverwaltung vom Prinzip her nichts ändert. Es ist immer zu bedenken, dass die Merkmale, nach denen aufgeteilt werden soll, auch mitgeliefert werden können.

5.3 Anwendungsbeispiel für den aktiven und passiven Split

Ein wesentlicher Gedanke der Belegaufteilung ist das Prinzip, Informationen vom Ursprungsbeleg über alle folgenden Belege weiterzureichen oder zu vererben. Nachdem Sie in Abschnitt 5.2 ein grundsätzliches Verständnis über die Konzeption der Belegaufteilung erhalten haben, stellen wir in diesem Abschnitt detailliert ein Anwendungsbeispiel vor, das die Vererbung über einzelne Sachverhalte hinweg vermittelt.

[+]

Eine Kreditorenrechnung wird manuell erfasst und mithilfe des aktiven Splits aufgeteilt. Anschließend wird die Rechnung in einem Zahlungsausgang beglichen, der passive Split kommt auf Basis der vererbten Informationen zum Einsatz.

5.3.1 Beispiel für den aktiven Split

Im System ist hinterlegt, dass gemäß den Merkmalen Profit-Center und Segment eine Aufteilung zu erfolgen hat. In der Kreditorenbuchhaltung wird eine Rechnung über 11.000 € erfasst, die auf verschiedene Profit-Center und auch Segmente gebucht werden soll. Abbildung 5.3 zeigt die Erfassungssicht.

In Abbildung 5.3 ist noch nicht zu erkennen, was im Systemhintergrund eingestellt ist. Bereits zu diesem Zeitpunkt findet eine Überprüfung des Regelwerks zur Belegaufteilung statt. Abgesehen von einem zusätzlichen Button **Hauptbuchsicht** ändert sich die Benutzeroberfläche für den Kreditorenbuchhalter nicht grundsätzlich.

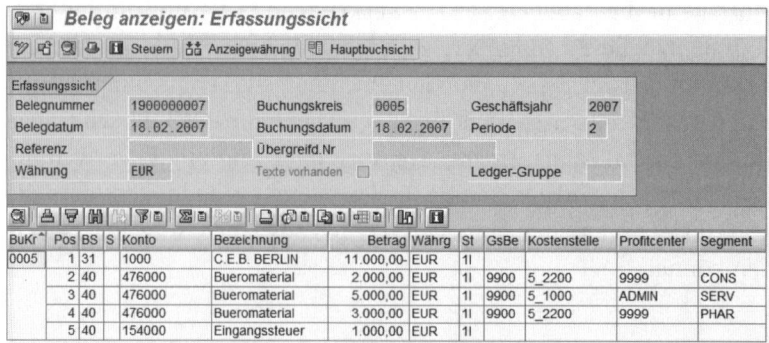

Abbildung 5.3 Erfassungssicht der Kreditorenrechnung

5.3.2 Simulation der Hauptbuchsicht

Neben der bekannten Funktion der Simulation gibt es eine neue Funktion ab SAP ERP 2005 speziell auch für die Hauptbuchsicht. Diese zeigt, wie ein Beleg aufgeteilt werden würde (siehe Abbildung 5.4). Mit der **Simulation Hauptbuch** wird das Regelwerk angewendet. Verbindlichkeits- und Steuerzeilen werden für das Profit-Center und auch das Segment aufgeteilt. Auf den bilanzierenden Entitäten entsteht ein Saldo null. Weiterführende Informationen bietet der Schalter **Expertenmodus**.

Simulation Hauptbuch

Belegdatum	18.02.2007	Buchungsdatum	18.02.2007	Geschäftsjahr	2007
Referenz		Übergreifende Nr		Buchungsperiode	2
Währung	EUR	Ledger-Gruppe		Ledger	0L

BuKr.	Pos	LPos	BS	S	Hauptbuch	Bezeichnung Hauptbuch	Betrag	Währg	Profitcenter	Segment
0005	1	000003	31		160000	Kred.-Verb. Inland	5.500,00-	EUR	ADMIN	SERV
0005	3	000005	40		476000	Bueromaterial	5.000,00	EUR	ADMIN	
0005	5	000009	40		154000	Eingangssteuer	500,00	EUR	ADMIN	
0005	1	000002	31		160000	Kred.-Verb. Inland	3.300,00-	EUR	9999	PHAR
0005	4	000006	40		476000	Bueromaterial	3.000,00	EUR	9999	
0005	5	000008	40		154000	Eingangssteuer	300,00	EUR	9999	
0005	1	000001	31		160000	Kred.-Verb. Inland	2.200,00-	EUR	9999	CONS
0005	2	000004	40		476000	Bueromaterial	2.000,00	EUR	9999	
0005	5	000007	40		154000	Eingangssteuer	200,00	EUR	9999	

Abbildung 5.4 Simulation der Hauptbuchsicht

5.3.3 Belegsimulation im Expertenmodus

Die Frage, wie eine Belegaufteilung zustande kam, soll neben der Simulation im Hauptbuch der Expertenmodus beantworten. Dieser soll zusätzliche Informationen zur Konfiguration der Belegaufteilung direkt bei Buchung des Belegs anzeigen. In Abbildung 5.5 ist zu erkennen, dass die Belegart KR und daraus der Geschäftsvorfall 0300 Kreditorenrechnung, im Zusammenspiel mit dem Aufteilungsverfahren 0000000012 und der Geschäftsvorfallsvariante 0001 gefunden wurden. Diese Einstellungen haben als nächsten Schritt maßgeblichen Einfluss auf die Aufteilung der Belegpositionen.

Aufteilungsverfahren und Geschäftsvorfall

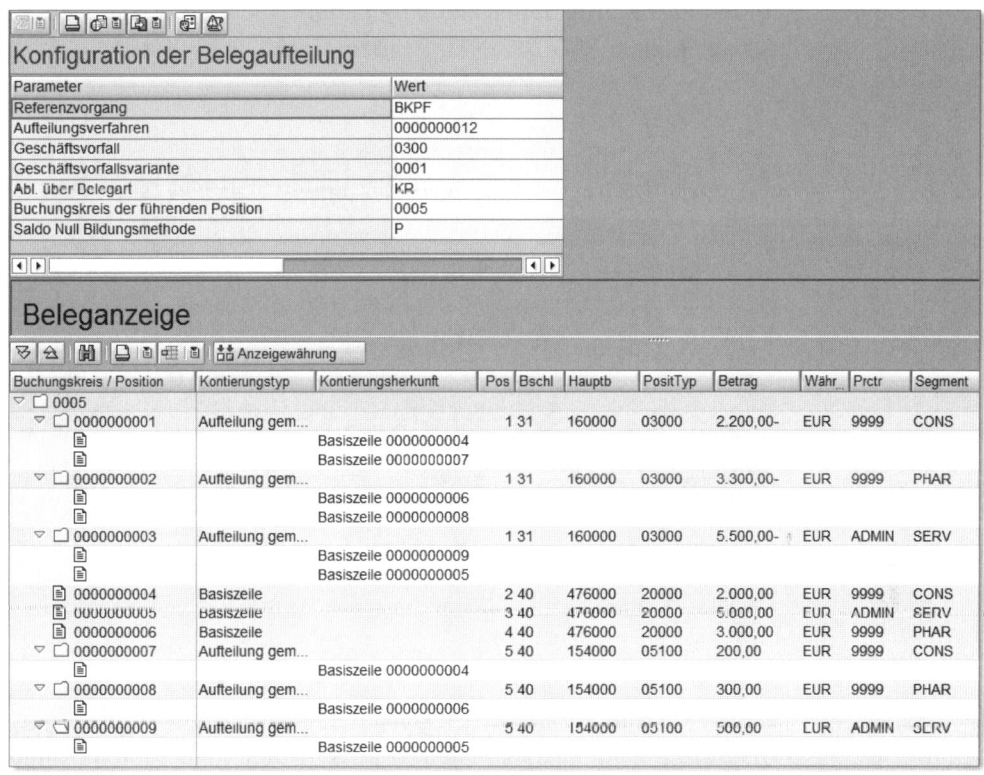

Abbildung 5.5 Expertenmodus

Abbildung 5.5 zeigt ebenfalls, auf welcher Grundlage die Positionen des Verbindlichkeitskontos entstanden sind. Aufteilung 1 gemäß Belegzeilen 4 und 7 ergeben einen Gesamtbetrag von 2.200 für das Segment CONS und Profit-Center 9999. Aufteilung 2 und 3 werden analog dargestellt. Für den flexiblen Einsatz und einen weitreichenden Funktionsumfang der Belegaufteilung ist der Expertenmodus ein transparenter und sinnvoller Ansatz.

5.3.4 Beispiel für den passiven Split

Der passive Split findet bei Ausgleichsvorgängen Verwendung. Es gilt nicht nur zwei Konten und mehrere Betragspositionen miteinander auszugleichen, sondern ebenso die zusätzlichen Dimensionen. Im folgenden Beispiel wird der Kreditor bezahlt. Abbildung 5.6 zeigt einen Zahlungsausgang abzüglich Skonto für die ursprüngliche Kreditorenrechnung von 11.000 €. Es existiert nur ein offener Posten. Aufteilungsinformationen des originären Geschäftsvorfalls werden aus der Tabelle FAGLSPLINFO gelesen.

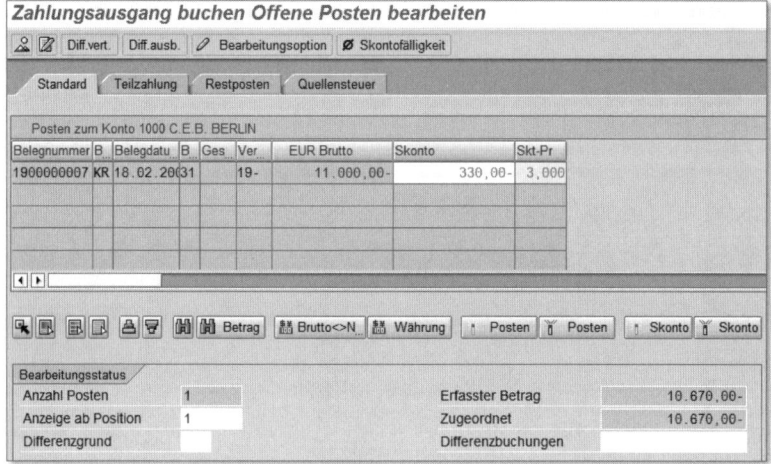

Abbildung 5.6 Zahlungsausgang abzüglich 3 % Skonto

Insgesamt gehen 10.670 € ab, und es werden 300 € Skontoertrag und 30 € Steuerkorrektur realisiert. Beide Beträge gilt es gemäß der Ursprungsrechnung aufzuteilen. Bereits bei der Simulation in Abbildung 5.7 wird innerhalb der Erfassungssicht eine Aufteilung des Skontoertrags von 30 € deutlich. Da die Kreditorenrechnung auf drei unterschiedliche Segmente gebucht wurde, gilt dieses auch für den Skontobetrag.

Abbildung 5.7 Zahlungsausgangsbeleg simulieren

In der Funktion **Simulation Hauptbuch** werden das Geldausgangs-konto und die Vorsteuer im gleichen Verhältnis aufgeteilt darge-stellt. Ein zuerst einfacher Beleg kann nach dem Belegsplit im Haupt-buch sehr umfangreich werden. Neu eingeführt wurde zu diesem Zweck das sechsstellige Feld **LPos** (laufende Position). Damit wurde die Limitierung auf 999 Belegzeilen umgangen. Ein aufgeteilter Beleg kann in der Hauptbuchsicht bis zu 999999 Zeilen enthalten.

Simulation
Hauptbuch

Simulation Hauptbuch

Belegdatum	18.02.2007	Buchungsdatum	18.02.2007	Geschäftsjahr	2007
Referenz		Übergreifende Nr		Buchungsperiode	2
Währung	EUR	Ledger-Gruppe		Ledger	0L

BuKr	Pos	LPos	BS	S	Hauptbuch	Bezeichnung Hauptbuch	Betrag	Währg	Profitcenter	Segment
0005	1	000003			113100	Deutsche Bank Inland	5.335,00-	EUR	ADMIN	SERV
0005	2	000004	50		276000	Skonto-Ertrag	150,00-	EUR	ADMIN	
0005	5	000009	25		160000	Kred.-Verb. Inland	5.500,00	EUR	ADMIN	
0005	6	000012	50		154000	Eingangssteuer	15,00-	EUR	ADMIN	
0005	1	000002			113100	Deutsche Bank Inland	3.201,00-	EUR	9999	PHAR
0005	3	000005	50		276000	Skonto-Ertrag	90,00-	EUR	9999	
0005	5	000008	25		160000	Kred.-Verb. Inland	3.300,00	EUR	9999	
0005	6	000011	50		154000	Eingangssteuer	9,00-	EUR	9999	
0005	1	000001			113100	Deutsche Bank Inland	2.134,00-	EUR	9999	CONS
0005	4	000006	50		276000	Skonto-Ertrag	60,00-	EUR	9999	
0005	5	000007	25		160000	Kred.-Verb. Inland	2.200,00	EUR	9999	
0005	6	000010	50		154000	Eingangssteuer	6,00-	EUR	9999	

Abbildung 5.8 Funktion »Simulation Hauptbuch«

Gemäß Abbildung 5.8 ergibt sich für Bilanzen nach Segmenten und Profit-Centern ein Nullsaldo.

5.4 Konfiguration

Nachdem Sie in Abschnitt 5.3 einige praktische Beispiele für Auswirkungen der Belegaufteilung gesehen haben, wird in diesem Abschnitt das Customizing näher erläutert. Die Konfiguration der Belegaufteilung ist sehr flexibel und damit umfangreich. Ziel dieses Kapitels ist es, Ihnen einen Überblick zu geben, wie die Belegaufteilung konfiguriert wird.

Konfigurations-
schritte
Innerhalb der Aufteilungslogik sind folgende Konfigurationsschritte differenziert zu betrachten:

▶ Positionstyp

▶ Geschäftsvorfall

▶ Aufteilungsverfahren

▶ Definition von Belegaufteilungsmerkmalen

▶ Defaultkontierung

▶ Vererbung

▶ Aktivierung

Abbildung 5.9 zeigt zunächst, wo Sie im Customizing die grundsätzlichen Einstellungen zur Belegaufteilung finden.

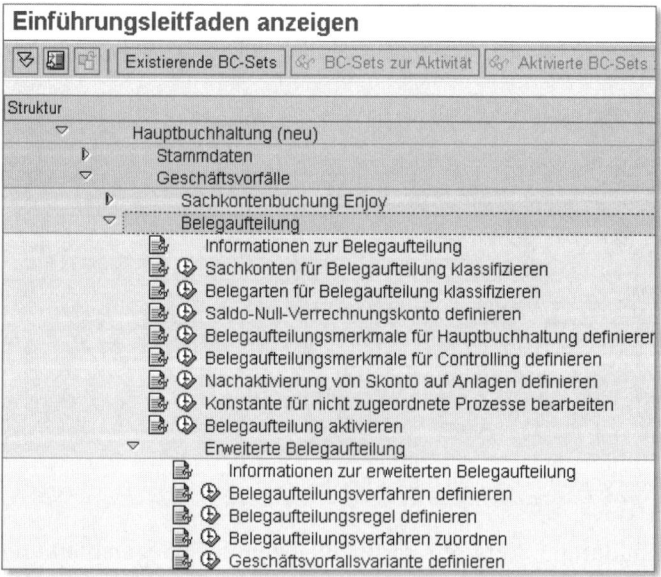

Abbildung 5.9 Customizing der Belegaufteilung

Der eigene Unterordner **Erweiterte Belegaufteilung** beinhaltet wesentliche Funktionen. In einem ersten Schritt müssen jedoch Sachkonten und Belegarten für die Belegaufteilung klassifiziert werden.

5.4.1 Positionstyp

Eine der grundsätzlichen Voraussetzungen für die Belegaufteilung ist ein Verständnis für den Aufbau jeder einzelnen Belegzeile. Deshalb ist jedes Konto einem Positionstyp zuzuordnen. Einige Konten können vom System automatisch ermittelt werden, z.B. können Debitoren- und Kreditorenkonten erkannt werden. Kursdifferenzen und Skontokonten werden automatisch aufgrund des Buchungsvorgangs identifiziert. Für andere Konten ist die Sachlage oft nicht eindeutig; das trifft beispielsweise auf Umbuchungen, Bankbuchungen oder Wareneingänge zu. Deshalb kommt ein Verfahren zum Einsatz, das eine Buchung anhand einer Zuordnung von Sachkonto zu Positionstyp eindeutig identifiziert. Abbildung 5.10 zeigt eine Klassifizierung.

Klassifikation der Belegzeile

Konto von	Konto bis	Überst.	Typ	Bezeichnung
400000	419999	☐	20000	Aufwand
445000	445000	☐	20000	Aufwand
465010	465010	☐	20000	Aufwand
470000	476000	☐	20000	Aufwand
481000	481000	☐	20000	Aufwand
799999	799999	☐	06000	Material
800000	800999	☐	30000	Ertrag
811000	811000	☐	20000	Aufwand
884010	884010	☐	30000	Ertrag
888000	888000	☐	30000	Ertrag
893015	893015	☐	06000	Material
894025	894025	☐	06000	Material
895000	895000	☐	06000	Material

Abbildung 5.10 Zusätzliche Informationen anhand der Kontonummer

Zum Customizing gelangen Sie über den Menüpfad **Finanzwesen (neu) · Hauptbuch (neu) · Geschäftsvorfälle · Belegaufteilung · Sachkonten für Belegaufteilung klassifizieren**.

183

Fehlermeldung
Abweichende Abstimmkonten sind in der Tabelle für die Positionstypen »02100 Debitoren« und »03100 Kreditoren Sonderhauptbuch«
einzutragen. Zusätzlich aktivieren Sie dann die Spalte mit der Möglichkeit zur Übersteuerung. Ein detailliertes Beispiel finden Sie in
Abschnitt 5.5.

Können innerhalb einer Buchung nicht alle Belegpositionen klassifiziert werden, kommt es zu einer Fehlermeldung. In Abbildung 5.11
ist zu erkennen, dass ein angesprochenes Konto nicht im Customizing hinterlegt ist. Der Beleg kann somit nicht gebucht werden. Sie
sehen, bereits mit der Konfiguration des Positionstyps steigt der
Organisationsgrad in der Buchhaltung.

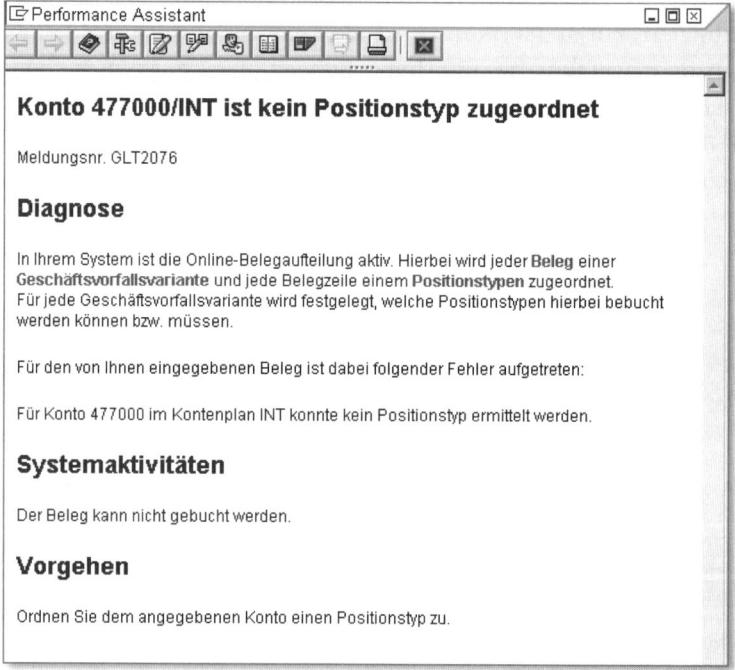

Abbildung 5.11 Fehlermeldung

5.4.2 Geschäftsvorfall

Zuordnung der
Belegart
Alle Belegarten gilt es zusätzlich innerhalb der von SAP definierten
Geschäftsvorfälle (siehe Abbildung 5.12) zu kategorisieren. Durch
dieses Vorgehen verfügt das SAP-Buchhaltungssystem über zusätzli-
che Informationen für die Belegaufteilung. Mittels Belegart wird der
Geschäftsvorfall bestimmt.

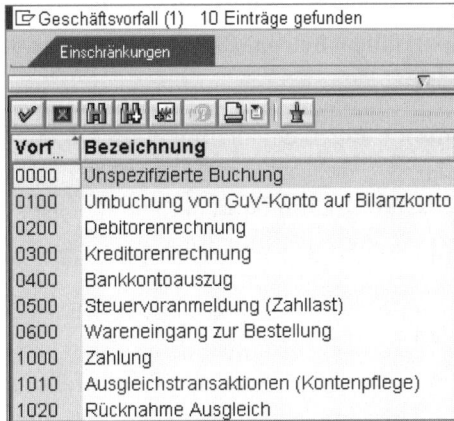

Abbildung 5.12 Geschäftsvorfälle

Anschließend erfolgt eine Klassifikation der Belegzeilen anhand des jeweiligen Positionstyps. Am wenigsten Informationen liefert der Geschäftsvorfall »unspezifische Buchung«. Gegebenenfalls sind weitere Einstellungen notwendig, um jene Vorgänge besser verstehen zu können. Mit dieser detaillierten Zuordnung wird das Merkmal **Belegart** enorm aufgewertet. Ist eine eindeutige Klassifizierung anhand der heute bereits vorhandenen Belegarten nicht möglich, sind zusätzliche anzulegen. Eine Belegart referiert eindeutig auf einen Geschäftsvorgang (siehe Abbildung 5.13). Sollte dem nicht so sein, definieren Sie Belegarten, mit denen dann gearbeitet werden muss.

	Art	Bezeichnung	Vorfall	Variante	Bezeichnung	Bezeichnung	
	AA	Anlagenbuchung	0000	0001	Unspezifische Buchung	Standard	
	AB	Buchhaltungsbeleg	0000	0001	Unspezifische Buchung	Standard	
	AE	Anlagenbuchung perio					
	AF	AfA-Buchungen	0000	0001	Unspezifische Buchung	Standard	
	AN	Anlagenbuchung netto	0000	0001	Unspezifische Buchung	Standard	
	C1	Abschluß: WE/RE Kten					
	CI	Debitoren Rechnung					
	CP	Debitoren Zahlung					
	DA	Debitorenbeleg	0200	0001	Debitorenrechnung	Standard	
	DB	Debitoren Dauerbuchg					
	DE	Debitoren Rechnung					
	DG	Debitoren Gutschrift	0200	0001	Debitorenrechnung	Standard	
	DR	Debitoren Rechnung	0200	0001	Debitorenrechnung	Standard	

Abbildung 5.13 Zusätzliche Informationen anhand der Belegart

Im Customizing finden Sie diesen Punkt unter **Finanzwesen (neu)** · **Hauptbuch (neu)** · **Geschäftsvorfälle** · **Belegaufteilung** · **Belegarten für Belegaufteilung klassifizieren.**

Im Umkehrschluss bedeutet das für Sie, dass alle Buchungsvorgänge anhand von Regeln kategorisiert werden müssen. Sollte es dennoch eine Ausnahme geben, kann das Programm beim aktiven Belegsplit die Buchung nicht ausführen.

5.4.3 Aufteilungsverfahren

Aufteilungsverfahren definieren, auf welche Art eine Belegaufteilung durchgeführt werden soll. Je Aufteilungsverfahren wird definiert, wie in den einzelnen Geschäftsvorfällen die jeweiligen Positionstypen behandelt werden. In Abbildung 5.14 werden die von SAP ausgelieferten Verfahren zur Belegaufteilung dargestellt.

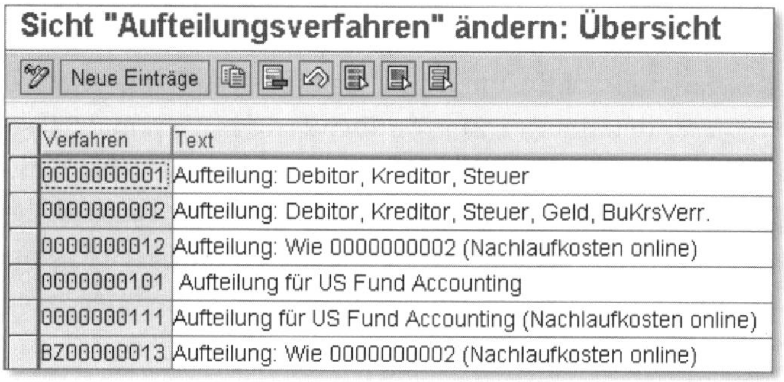

Sicht "Aufteilungsverfahren" ändern: Übersicht

Verfahren	Text
0000000001	Aufteilung: Debitor, Kreditor, Steuer
0000000002	Aufteilung: Debitor, Kreditor, Steuer, Geld, BuKrsVerr.
0000000012	Aufteilung: Wie 0000000002 (Nachlaufkosten online)
0000000101	Aufteilung für US Fund Accounting
0000000111	Aufteilung für US Fund Accounting (Nachlaufkosten online)
BZ00000013	Aufteilung: Wie 0000000002 (Nachlaufkosten online)

Abbildung 5.14 Aufteilungsverfahren

Aufteilungsverfahren finden Sie unter **Finanzwesen (neu)** · **Hauptbuch (neu)** · **Geschäftsvorfälle** · **Belegaufteilung** · **Erweiterte Belegaufteilung** · **Belegaufteilungsverfahren definieren.**

Zusammenspiel der Einstellungen

Das Aufteilungsverfahren 0001 berücksichtigt nur bestimmte Geschäftsvorfälle, 0002 alle in 0001 vorhandenen, inklusive Geld- und Verrechnungskonten. Einige Verfahren sind inklusive »Nachlaufkosten online«, d.h. mit Funktionen, die in Abschnitt 5.5 dargestellt werden. Für Beispiele in diesem Buch kommt das Aufteilungsverfahren 0000000012 zum Einsatz. Sollte der SAP-Standard nicht ausreichen, können auch eigene neue Aufteilungsverfahren definiert werden. In Abbildung 5.15 wird das Zusammenspiel der verschiedenen Einstellungen verdeutlicht. Innerhalb des Aufteilungsverfahrens

0000000012 wird der Geschäftsvorfall »0300 Kreditorenrechnung« der Belegart KR zugeordnet. In der passenden Variante zum Geschäftsvorfall ist hinterlegt, wie die einzelnen Positionstypen zu behandeln sind. Die Kreditorenzeile und die Mehrwertsteuerposition werden automatisch vom System als solche identifiziert, das Sachkonto ist im Customizing für den Positionstyp »Aufwand« hinterlegt. In der Erfassungssicht wird wie gehabt der Aufwand auf zwei unterschiedliche Aufteilungsmerkmale mit einem Betrag von 90 bzw. 10 kontiert. Das System erkennt, dass die Kontierung und Aufteilung der Verbindlichkeits- und Steuerzeilen sich aus den Aufwandszeilen ergibt.

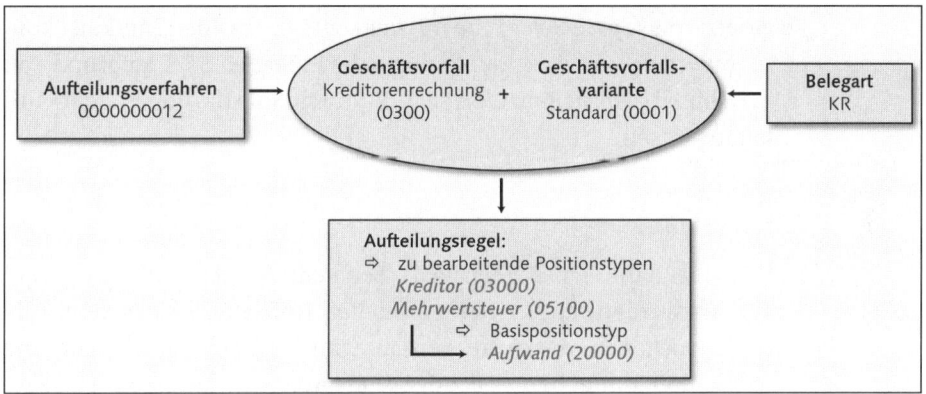

Abbildung 5.15 Zusammenspiel der Einstellungen

5.4.4 Definition von Belegaufteilungsmerkmalen

Welche Dimensionen für Ihre Belegaufteilung interessant sind, können Sie festlegen. SAP-definierte Merkmale kommen hierbei ebenso in Frage wie kundenindividuelle. Im Beispiel in Abbildung 5.16 sind drei Entitäten für den Belegsplit hinterlegt:

▶ Geschäftsbereich

▶ Profit-Center

▶ Segment

Sie definieren die Merkmale zur Belegaufteilung im Customizing unter **Finanzwesen (neu) · Hauptbuch (neu) · Geschäftsvorfälle · Belegaufteilung · Belegaufteilungsmerkmale für Hauptbuchhaltung definieren**. Wesentlich bei diesen Einstellungen sind die Kennzeichen **Mussfeld** und **Nullsaldo**.

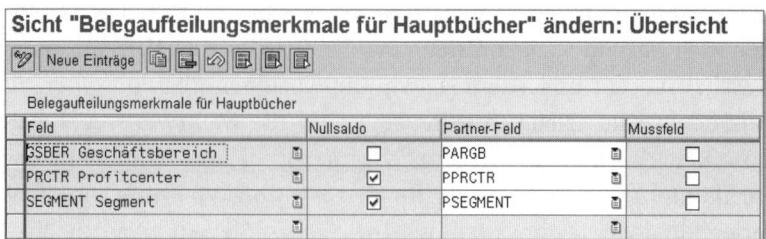

Abbildung 5.16 Merkmale zur Belegaufteilung

Mussfeld

Das Kennzeichen **Mussfeld** ist eine Erweiterung des Feldstatus. Ist es gesetzt, muss jede Belegzeile mit dem entsprechenden Merkmal kontiert werden, entweder durch manuelle Eingaben oder aufgrund von maschinell ermittelten Werten, z.B. durch Substitutionen oder Aufteilungsregeln.

Nullsaldo

Sollen anhand eines Merkmals Segmentbilanzen mit Saldo null geführt werden, muss das Kennzeichen **Nullsaldo** gesetzt sein. Alle angesprochenen Merkmale werden dann bei jeder Buchung für eine Nullsaldobildung berücksichtigt. Entsprechend kommen Verrechnungszeilen zum Einsatz.

5.4.5 Defaultkontierung

Bezug zum Ursprungsbeleg

Nicht jeder Geschäftsvorfall kann sofort aufgeteilt werden. Insbesondere dann, wenn der Bezug auf einen Ursprungsbeleg nicht unmittelbar hergestellt werden kann, die Buchung jedoch durchgeführt werden muss, bedarf es einer Zwischenlösung. Hier kann sich der Belegsplit der Funktion der Defaultkontierung bedienen. Im anschließenden Beispiel werden die Buchungslogik und das Customizing aufgezeigt.

Schritt 1: Geldeingang

Bei einem Geldeingang auf ein Hausbankkonto ist nicht sofort bekannt, welche Rechnungen bezahlt werden sollen. Um möglichst zeitnah die Information über die verfügbaren Geldmittel in das System zu bekommen, wird zunächst gegen ein Verrechnungskonto gebucht. Da hierbei keine weiteren Informationen vorliegen, muss auf ein definiertes Standardsegment, in unserem Fall Segment 9999, gebucht werden (siehe Tabelle 5.2).

Konto	Segment	Soll	Haben
Bankkonto	9999	1.000	
Bankunterkonto	9999		1.000

Tabelle 5.2 Geldeingang

Schritt 2: Bankunterkonto

Ausgehend vom Bankunterkonto wird der Debitor mit den auszugleichenden Rechnungen gesucht. Erst in diesem Moment können anhand der ursprünglichen Rechnungsinformationen die korrekten Segmente ermittelt werden (siehe Tabelle 5.3).

Konto	Segment	Soll	Haben
Bankunterkonto	SEG-A	1.000	
Debitor	SEG-A		1.000

Tabelle 5.3 Debitorenbuchung

Schritt 3: Ausgleich der Posten auf dem Bankunterkonto

Zum Schluss werden die beiden Positionen auf dem Bank- und Bankunterkonto ausgeglichen. Da die beiden Positionen auf unterschiedliche Segmente kontiert sind, werden entsprechende Verrechnungszeilen erzeugt (siehe Tabelle 5.4).

Konto	Segment	Soll	Haben
Bankunterkonto	9999	1.000	
Verrechnungskonto Segment	9999		1.000
Bankunterkonto	SEG-A		1.000
Verrechnungskonto Segment	SEG-A	1.000	

Tabelle 5.4 Ausgleich der Posten auf dem Bankunterkonto

Wenn für das Segment ein Nullsaldo gefordert wird, so werden zusätzlich Belegzeilen auf einem im Customizing hinterlegten Verrechnungskonto erzeugt, die den Belegsaldo je Segment auf null stellen. Diese Verrechnungszeilen spiegeln die Korrektur der Segmentinformation auf den Bankkonten wider. Somit ist das Verrechnungskonto in der Bilanz den Bankkonten zuzuordnen. Tabelle 5.5 zeigt eine Aufstellung der Werte für eine Segmentbilanz. Positiv gekennzeichnete Werte sind Soll-, negative Haben-Buchungen.

	9999	SEG-A
Bankkonto	(1) + 1.000	
Bankunterkonto	(1) − 1.000 (3) + 1.000 = 0	(2) + 1.000 − (3) 1.000 = 0
Verrechnungskonto Segment	(3) − 1.000	(3) + 1.000
Debitor		(2) − 1.000

Tabelle 5.5 Segmentbilanz

Nach einer Zusammenfassung der drei Schritte erkennen Sie, dass es sich beim Segment 9999 um einen Defaultwert handelt. Werden Bank-, Bankunter- und Verrechnungskonto gemeinsam in der Bilanz ausgewiesen, ergibt sich Saldo null. Hingegen ist bei der Bilanz nach SEG-A zu erkennen, dass in diesem Segment ein Zahlungseingang in Höhe von 1.000 € stattgefunden hat. Insgesamt ist das eine nicht ganz triviale Methode, aber die einzige Möglichkeit, auch Bankinformationen gemäß dem Ursprungsbeleg darzustellen.

Um die Funktion der Defaultkontierung nutzen zu können, müssen Sie zuvor eine Konstante angelegt haben. Dazu wählen Sie den Customizing-Pfad **Finanzwesen (neu) · Hauptbuch (neu) · Geschäftsvorfälle · Belegaufteilung · Konstante für nicht zugeordnete Prozesse bearbeiten.**

In Abbildung 5.17 wird die Konstante ZTEST definiert. Diese gilt es anschließend für Defaultkontierungen beim Aufteilungsverfahren zu hinterlegen. Sie finden den Customizing-Punkt unter **Finanzwesen (neu) · Hauptbuch (neu) · Geschäftsvorfälle · Belegaufteilung · Erweiterte Belegaufteilung · Belegaufteilungsverfahren zuordnen.**

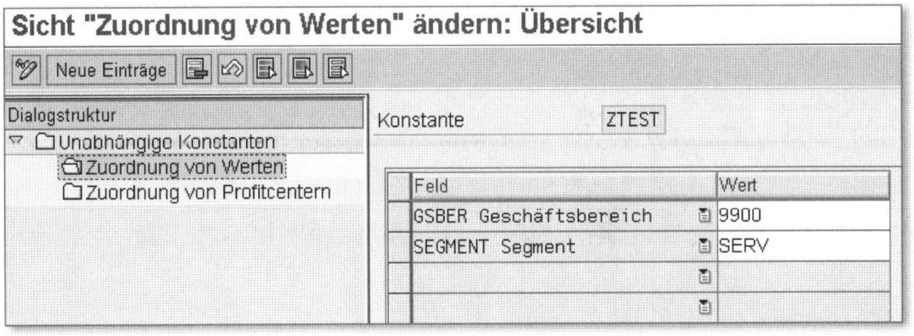

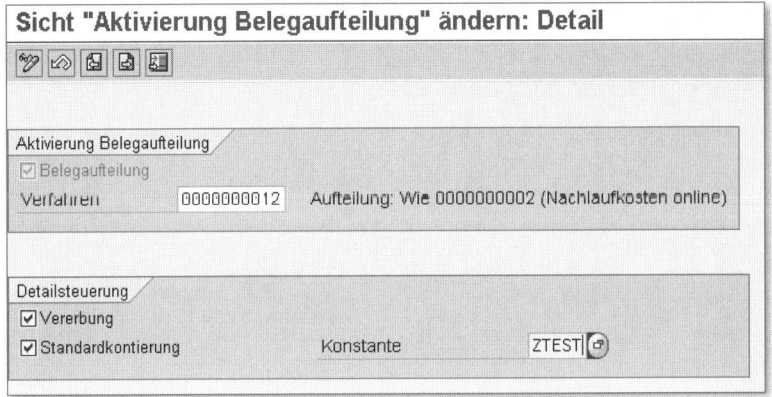

Abbildung 5.17 Definition von Konstanten

Sicht "Aktivierung Belegaufteilung" ändern: Detail

Abbildung 5.18 Konstante für Defaultkontierung hinterlegen

Nicht nur Buchungen je Konto und Buchungskreis müssen einen Saldo null ergeben. Bilanzen über beliebige Merkmale auf Ebene der Einzelposten bedingen, dass alle Dimensionen dieser Anforderung gerecht werden. Deshalb werden Verrechnungskonten benötigt. In Abbildung 5.19 wird das Verrechnungskonto 194601 für den Kontenschlüssel 001 dargestellt. Je nach Bilanzzuordnung und zur besseren Nachvollziehbarkeit sind mehrere anzulegen.

Verrechnungs-konten definieren

Verrechnungskonten definieren Sie unter **Finanzwesen (neu)** · **Hauptbuch (neu)** · **Geschäftsvorfälle** · **Belegaufteilung** · **Saldo-Null – Verrechnungskonto definieren**.

Abbildung 5.20 zeigt den in den Kopfdaten der Belegaufteilungsregeln hinterlegten Kontenschlüssel je Geschäftsvorfall.

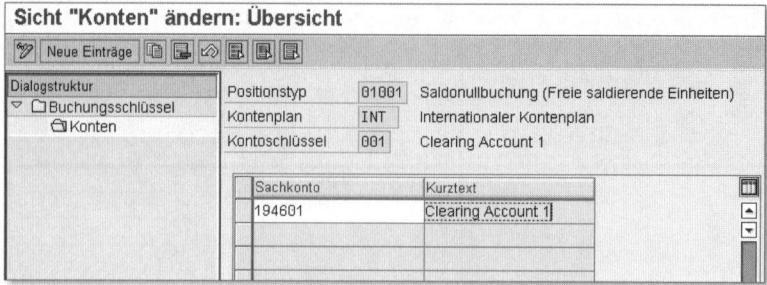

Abbildung 5.19 Verrechnungskonto

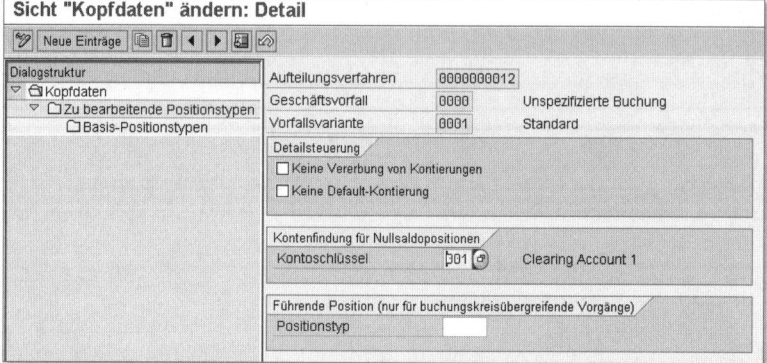

Abbildung 5.20 Zuordnung von Verrechnungskonto zu Geschäftsvorfall

Das jeweils dazugehörige Verrechnungskonto kommt je nach Bedarf zum Einsatz. Damit ist sichergestellt, dass bilanzierende Dimensionen einen Saldo null je Beleg ausweisen.

5.4.6 Vererbung

Die Vererbung bei eingeschaltetem Belegsplit wird normalerweise im ersten Schritt ebenfalls aktiviert. In Abbildung 5.21 wird eine Sachkontenbuchung mit Belegart SA erfasst. Der Buchungssatz Büromaterial und Vorsteuer an Handkasse wird schematisch für die Fälle inaktiver bzw. aktiver Vererbung dargestellt. Ist das Merkmal **Segment** ein Mussfeld und ist die Vererbung ausgeschaltet, kann der Beleg im Beispiel aus Abbildung 5.21 (links) nicht gebucht werden. Möchten Sie Segmentbilanzen erstellen, ist eine Aktivierung zunächst verpflichtend. Sie finden diese im Customizing unter **Finanzwesen (neu) · Hauptbuch (neu) · Geschäftsvorfälle · Belegauf-**

teilung · **Erweiterte Belegaufteilung** · Belegaufteilungsverfahren **zuordnen**.

Abbildung 5.21 Vererbung

Nehmen wir an, Sie möchten eine Profit-Center-Bilanz erstellen. Als Voraussetzung müssen alle Buchungszeilen mit dieser Entität kontiert werden. Bei Eingangsrechnungen kann das System aus den Aufwandszeilen und der Kostenstelle das Profit-Center ableiten und mittels Vererbung in die Verbindlichkeits- und Steuerzeilen projizieren. Identisch verhält es sich bei Ausgangsrechnungen. So weit funktioniert die Vererbung im sinnvollen Einsatz. Nicht bei allen Geschäftsvorfällen ist es jedoch sinnvoll, die Funktion **Vererbung** eingeschaltet zu haben. In einigen Situationen ist es sogar kontraproduktiv, weil unvollständige Konfigurationen nicht erkannt und ein falscher Buchungssatz produziert wird.

Vererbung ausschalten

Nach wie vor soll eine Profit-Center-Bilanz erstellt werden, indem alle Buchungen diese Entität beinhalten. In Abbildung 5.22 ist ein Materialstammsatz für das Werk 1000 zu erkennen. Dort kann sinnvollerweise für Buchungen das Profit-Center hinterlegt werden.

Beim Geschäftsvorfall einer Umlagerung zwischen den Werken kann es, wie in Tabelle 5.6 dargestellt, zu Profit-Center-Wechseln kommen.

Umlagerung

Umlagerung von	Umlagerung nach
Werk 1000	Werk 1300
Profit-Center 1010	Profit-Center 2000

Tabelle 5.6 Umlagerung zwischen den Werken 1000 und 1300

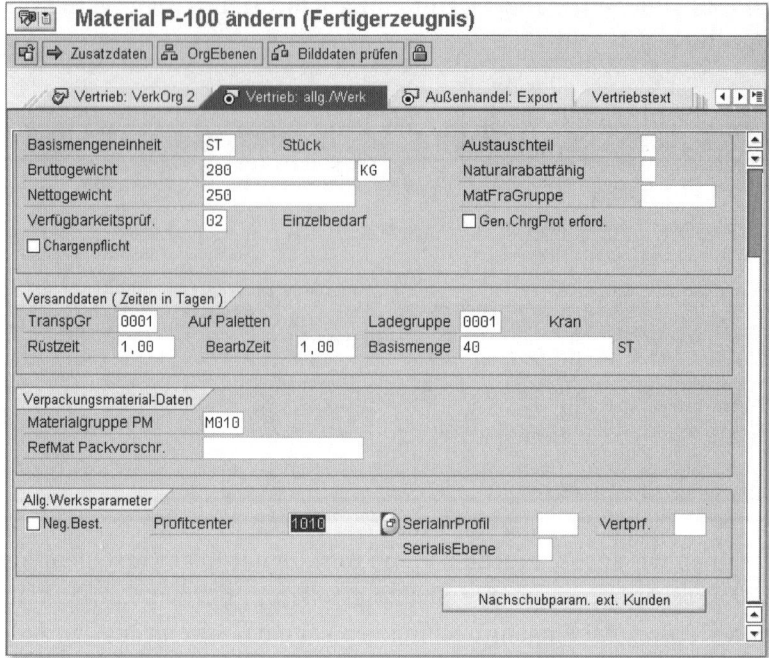

Abbildung 5.22 Materialstammsatz

Pro Werk ist eine eigene Sicht mit einem jeweils eigenen Profit-Center gepflegt, die bei Buchungen herangezogen wird. Profit-Center werden meistens wie Unternehmen im Unternehmen geführt, deshalb können bei diesem Vorgang Zwischengewinne entstehen. Tabelle 5.7 zeigt einen Buchungssatz.

Konto	Konto	Soll	Haben	Zusatz-kontierung	Zusatz-kontierung
Fertige Erzeugnisse		480,18		Profit-Center 1010	Werk 1010
Ertrag aus Umlagerung		113,18		Profit-Center 1010	Werk 1010
An	Fertige Erzeugnisse		593,32	Profit-Center 2000	Werk 2000

Tabelle 5.7 Umlagerung

Die Funktion **Vererbung** in Kombination mit fehlender Stammdaten-pflege führt in diesem Fall zu einem automatisch generierten, fal-schen Buchungssatz. Abbildung 5.23 zeigt das Ergebnis, wenn kein Profit-Center 2000 für das empfangende Werk 1300 gepflegt und die Funktion der Vererbung für den Geschäftsvorfall eingeschaltet ist.

Bedeutung der Stammdatenpflege

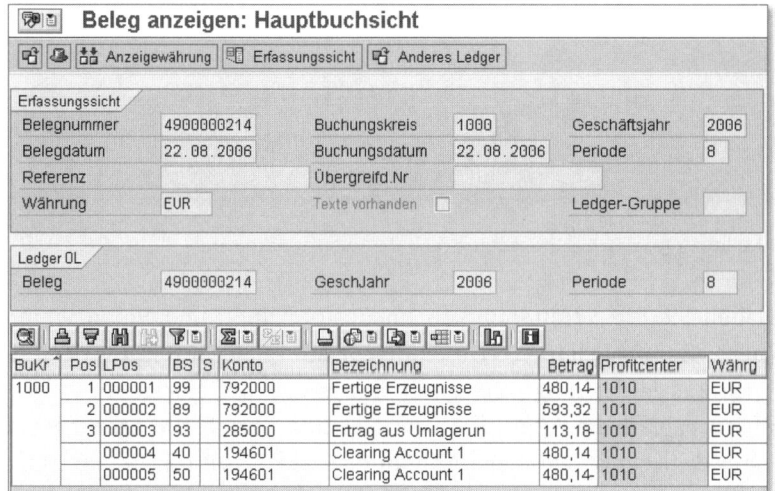

Abbildung 5.23 Vererbung generiert falschen Buchungssatz

Dieses Beispiel zeigt die Bedeutung eines kompletten und durchgän-gigen Konzepts für die Belegaufteilung. Sind Handlungsfelder identi-fiziert, können diese im Customizing effektiv umgesetzt werden. Nachdem im Belegaufteilungsverfahren die Vererbung prinzipiell aktiviert wurde, muss es für spezielle Geschäftsvorfälle deaktiviert werden. In der Praxis sollte der Geschäftsvorfall »0000 – unspezifi-sche Buchungen« konfiguriert werden. Abbildung 5.24 zeigt, dass Kopfdaten der Belegaufteilungsregeln genau solch einen Schalter beinhalten.

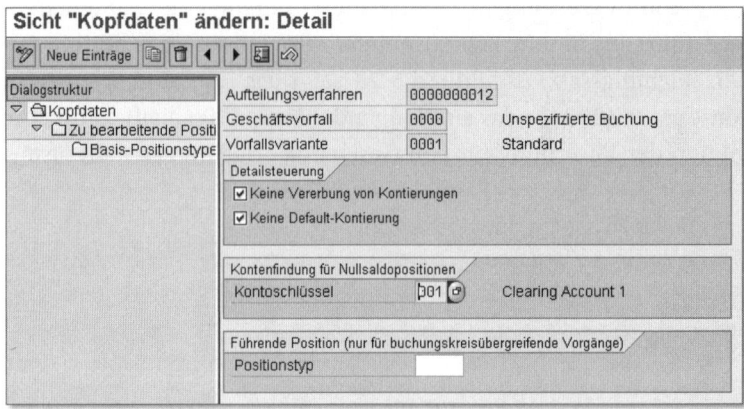

Abbildung 5.24 Belegaufteilungsregel – Vererbung deaktivieren

Profit-Center im Materialstammsatz

Haben Sie die Veränderungen im Customizing unter **Finanzwesen (neu) • Hauptbuch (neu) • Geschäftsvorfälle • Belegaufteilung • Erweiterte Belegaufteilung • Belegaufteilungsregel definieren** vorgenommen, reagiert die Applikation im Geschäftsvorfall **Umlagerung** mit einer Fehlermeldung (siehe Abbildung 5.25). Das Profit-Center ist im Materialstammsatz nicht vorhanden und wird in diesem Fall auch nicht vererbt. Als bilanzierendes Merkmal ist es jedoch ein Pflichtfeld. Der Beleg ist unvollständig und kann nicht gebucht werden. Materialstammdaten müssen jetzt gepflegt werden, um eine Profit-Center-genaue Segmentbilanz auf Einzelpostenebene zu ermöglichen.

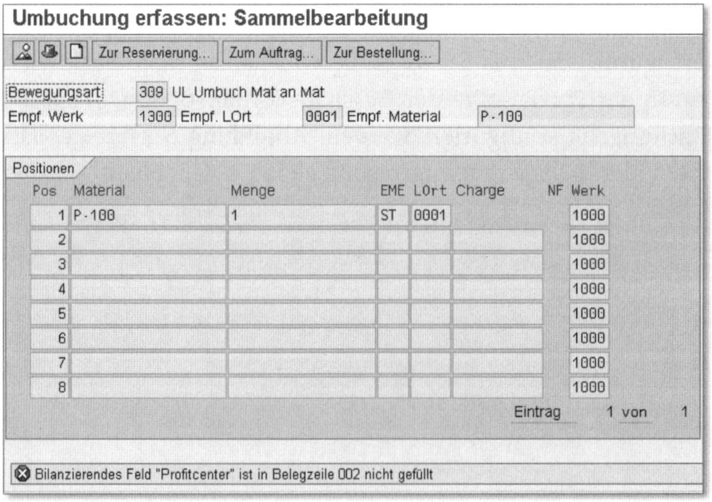

Abbildung 5.25 Umlagerung – Fehlermeldung

5.4.7 Aktivierung

Prinzipiell erfolgt die Aktivierung der Belegaufteilung auf Mandanten-ebene. Danach kann die Belegaufteilung pro Buchungskreis deakti-viert werden. Abbildung 5.26 zeigt dieses für die Firmen 0005 bis 0008.

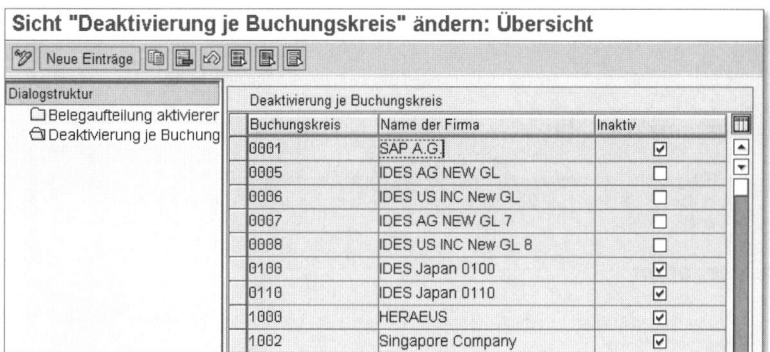

Abbildung 5.26 Belegaufteilung je Buchungskreis deaktivieren

Die Deaktivierung im Customizing unter **Finanzwesen (neu) · Haupt-buch (neu) · Geschäftsvorfälle · Belegaufteilung · Belegaufteilung aktivieren** hat zur Folge, dass Geschäftsvorfälle mit übergreifendem Charakter, wie z.B. Umlagen, Verteilungen oder buchungskreisüber-greifende Buchungen, jeweils nur noch in den Gruppen mit aktivier-tem oder deaktiviertem Belegsplit funktionieren. Sollten trotzdem Buchungen von z.B. Buchungskreis 0001 an 0005 vorgenommen werden, erscheint die in Abbildung 5.27 dargestellte Fehlermeldung.

Konsequenzen der Deaktivierung

Da es sich bei der Aktivierung um nicht nur einen Schalter, sondern um ein gesamtes Projekt mit Anreicherung von Altdaten etc. handelt, ist dieser Schritt mit seinen Vor- und Nachteilen bereits in der Kon-zeptphase zu berücksichtigen.

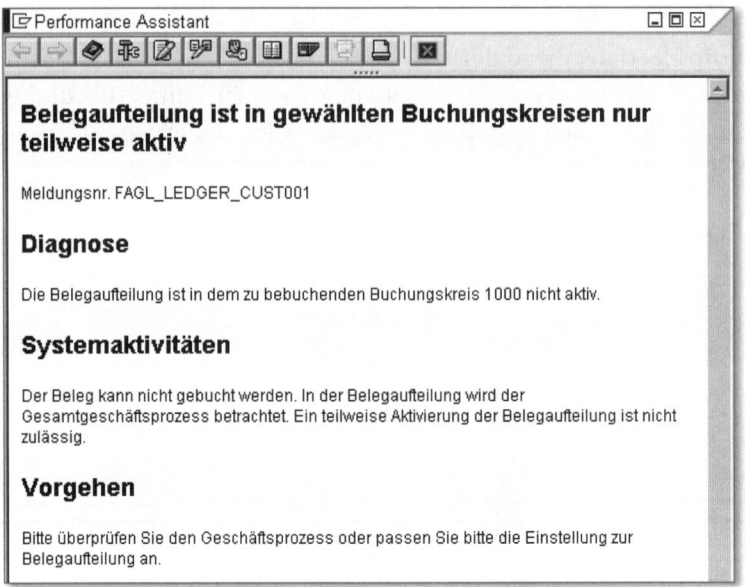

Abbildung 5.27 Fehlermeldung bei teilweise aktivierter Belegaufteilung

5.5 Sonderhauptbuchvorgänge

Geleistete Anzahlung

Sonderhauptbuchvorgänge bilden einen eigenen speziellen Bereich für ganz bestimmte betriebswirtschaftliche Gegebenheiten. Um die besondere Konfiguration anschließend aufzeigen zu können, wird im nachfolgenden Beispiel eine geleistete Anzahlung über 110.000 € dargestellt. Im zweiten Prozessschritt erfolgt eine Eingangsrechnung über diesen Betrag. Final werden Buchungsbelege miteinander ausgeglichen oder verrechnet. Die Belegaufteilung für das Merkmal **Segment** ist aktiv, und Tabelle 5.8 zeigt die Hauptbuchsicht einer geleisteten Anzahlung.

Konto	Konto	Soll	Haben	Zusatzkontierung
Kreditor SHB		110.000		Segment C
An	Bankkonto		110.000	Segment C
Steuer		10.000		Segment C
An	Steuerverrechnung		10.000	Segment C

Tabelle 5.8 Hauptbuchsicht – geleistete Anzahlung

Zwei Besonderheiten werden bei diesem Buchungssatz bereits deutlich:

► Der Steuerbetrag wird gegen ein Verrechnungskonto gebucht.

► Aussagekräftige Informationen über das Segment stehen erst mit Verrechnung der Eingangsrechnung zur Verfügung.

In Tabelle 5.9 wird die Eingangsrechnung als zweiter Prozessschritt aufgeführt.

Konto	Konto	Soll	Haben	Zusatzkontierung
Aufwand		60.000		Segment B
Aufwand		40.000		Segment A
Steuer		6.000		Segment B
Steuer		4.000		Segment A
An	Kreditor		66.000	Segment B
	Kreditor		44.000	Segment A

Tabelle 5.9 Hauptbuchsicht für die Kreditorenrechnung

Der nächste Prozessschritt ist die Auflösung der geleisteten Anzahlung, indem beide Belege miteinander verknüpft werden. Die Funktion der Belegaufteilung stellt einen Saldo null für jede bilanzierende Entität sicher. Das Resultat ist der Buchungssatz in Tabelle 5.10.

Konto	Konto	Soll	Haben	Zusatzkontierung
Kreditor		44.000		Segment A
Kreditor		66.000		Segment B
	Kreditor SHB		110.000	Segment C
	Steuer		10.000	Segment C
Steuerver-rechnung		10.000		Segment C
Verrechnung Segment			44.000	Segment A
	Verrechnung Segment	44.000		Segment C

Tabelle 5.10 Verrechnung der Kreditorenrechnung und Anzahlung

Konto	Konto	Soll	Haben	Zusatzkontierung
Verrechnung Segment			66.000	Segment B
	Verrechnung Segment	66.000		Segment C

Tabelle 5.10 Verrechnung der Kreditorenrechnung und Anzahlung (Forts.)

Tabelle 5.11 zeigt eine Aufstellung der Werteentwicklung für eine Bilanz für das Merkmal **Segment**.

	Segment A	Segment B	Segment C
Kreditor	–44.000 + 44.000	–66.000 + 66.000	
Kreditor SHB			110.000 – 110.000
Bankkonto			–110.000
Steuer	4.000	6.000	10.000 – 10.000
Steuerverrechnung			–10.000 + 10.000
Aufwand	40.000	60.000	
Verrechnung Segment	–44.000	–66.000	110.000

Tabelle 5.11 Entwicklung der Segmentbilanz

Verrechnungs-zeilen ermöglichen Saldo null

Nur mithilfe zusätzlicher Verrechnungszeilen je Segment, die beim Ausgleich von Anzahlung und Kreditorenrechnung entstehen, kann ein Saldo null pro Segment erstellt werden. Erläuterungen zum Customizing der Belegaufteilung für Sonderhauptbuchvorgänge erhalten Sie in den folgenden Abschnitten.

Besonderheit Positionstyp

Positionen, die Kreditoren oder Debitoren betreffen, werden in der Regel vom System erkannt. Sonderhauptbuchvorgänge bilden eine Ausnahme und müssen für eine Belegaufteilung definiert werden. Wie in Abbildung 5.28 zu erkennen, sind abweichende Abstimmkonten in der Tabelle für die Positionstypen »02100 Debitor Sonderhauptbuchvorgang« und »03100 Kreditor Sonderhauptbuchvorgang« einzutragen und in der Spalte für Übersteuerung im Customizing unter **Finanzwesen (neu)** • **Hauptbuch (neu)** • **Geschäftsvorfälle** • **Belegaufteilung** • **Sachkonten für Belegaufteilung klassifizieren** zu aktivieren.

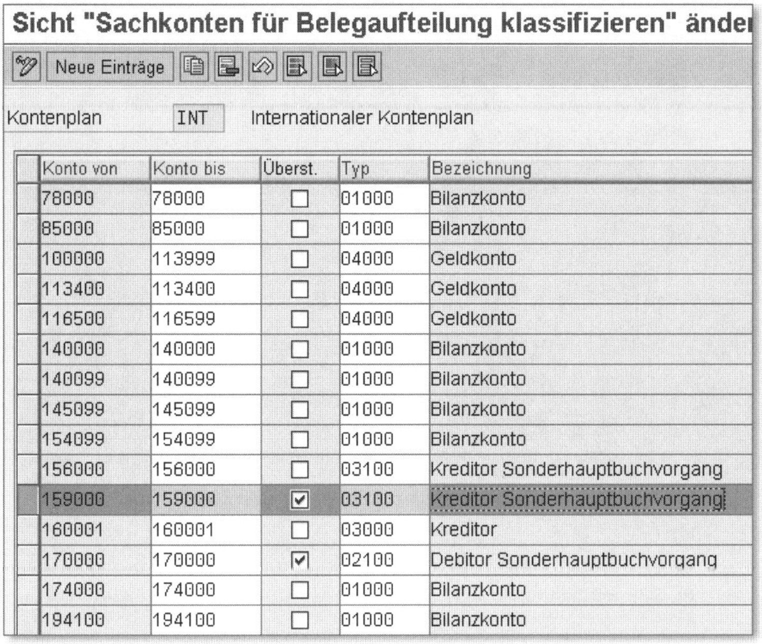

Sicht "Sachkonten für Belegaufteilung klassifizieren" ände

Neue Einträge

Kontenplan INT Internationaler Kontenplan

Konto von	Konto bis	Überst.	Typ	Bezeichnung
78000	78000	☐	01000	Bilanzkonto
85000	85000	☐	01000	Bilanzkonto
100000	113999	☐	04000	Geldkonto
113400	113400	☐	04000	Geldkonto
116500	116599	☐	04000	Geldkonto
140000	140000	☐	01000	Bilanzkonto
140099	140099	☐	01000	Bilanzkonto
145099	145099	☐	01000	Bilanzkonto
154099	154099	☐	01000	Bilanzkonto
156000	156000	☐	03100	Kreditor Sonderhauptbuchvorgang
159000	159000	☑	03100	Kreditor Sonderhauptbuchvorgang
160001	160001	☐	03000	Kreditor
170000	170000	☑	02100	Debitor Sonderhauptbuchvorgang
174000	174000	☐	01000	Bilanzkonto
194100	194100	☐	01000	Bilanzkonto

Abbildung 5.28 Klassifizierung von Sonderhauptbuchvorgängen

Zusätzlich sind im Aufteilungsverfahren die Basispositionstypen 02100 und 03100 beim unspezifischen Geschäftsvorfall 0000 zu hinterlegen. Um das zu überprüfen, navigieren Sie im Customizing zu **Finanzwesen (neu) • Hauptbuch (neu) • Geschäftsvorfälle • Belegaufteilung • Erweiterte Belegaufteilung • Belegaufteilungsregel definieren**. Wenn Sie den entsprechenden Eintrag Ihres Aufteilungsverfahrens markieren und das Druckersymbol betätigen, sollte die Bildschirmansicht wie in Abbildung 5.29 aussehen.

Nur wenn diese Einstellungen vorhanden sind, können Sonderhauptbuchvorgänge korrekt für Segmentbilanzen abgebildet werden.

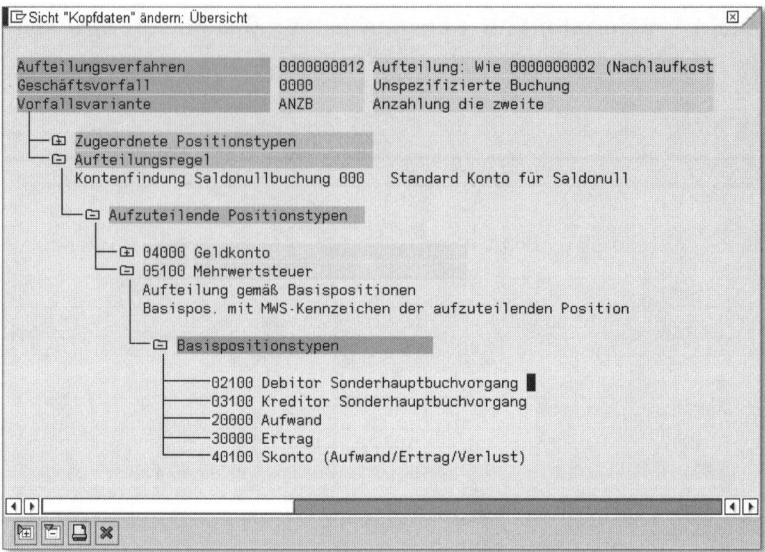

Abbildung 5.29 Aufteilungsregel für Sonderhauptbuchvorgänge konfigurieren

5.6 Periodische Arbeiten

Wiederkehrende Aktivitäten zum Monats-, Quartals- und Jahresende sind ebenfalls unter dem Blickwickel einer multidimensionalen Bilanz zu betrachten. Saldovorträge werden nicht nur für Bilanzkonten, sondern auch auf Entitätsebene, z.B. Segment oder Profit-Center, durchgeführt. Maschinelle Bewertungsprogramme müssen Aufteilungsverhältnisse des originären Belegs berücksichtigen und Bewertungsbuchungen für alle Dimensionen erstellen.

Am Beispiel der Fremdwährungsbewertung lässt sich sehr gut darstellen, welche Auswirkungen die Belegaufteilung hat. In Tabelle 5.12 wird eine Eingangsrechnung über insgesamt 10.000 $ mit einer Mengennotierung von 1,50 € auf unterschiedliche Profit-Center gebucht.

Am Periodenende erfolgt eine Bewertung zum Stichtagskurs 1,29 EUR/USD. Die Kursdifferenz ist gemäß dem Ursprungsbeleg auf die verschiedenen bilanzierenden Entitäten, hier Profit-Center und Segment, aufzuteilen. Abbildung 5.30 zeigt die generierten Buchungssätze des Fremdwährungsprogramms.

Soll-Position	Haben-Position	Transaktionswährung	Hauswährung	Zusatzkontierung	Zusatzkontierung
Kreditor		7.000 $	4.666 €	Profit-Center: ADMIN	Segment: SERV
Kreditor		3.000 $	2.000 €	Profit-Center: 9999	Segment: SERV
An	Aufwand	7.000 $	4.666 €	Profit-Center: ADMIN	Segment: SERV
An	Aufwand	3.000 $	2.000 €	Profit-Center: 9999	Segment: SERV

Tabelle 5.12 Hauptbuchsicht der Kreditorenrechnung

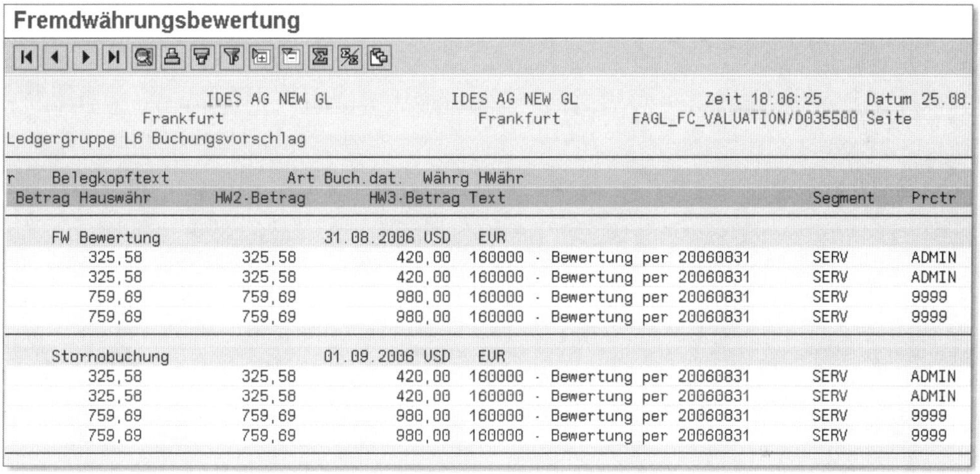

Abbildung 5.30 Fremdwährungsbewertung – Profit-Center

Im Gegensatz zu einer Bewertung ohne Belegaufteilung werden Buchungssätze für jede bilanzielle Entität zum Stichtag durchgeführt.

5.7 Fazit

Mit der Belegaufteilung bekommen Daten des Einzelabschlusses eine neue Qualität. Flexible Aufteilungen und damit Bilanzen werden nach frei wählbaren alten sowie neuen Merkmalen möglich. Das kommt besonders der Abteilung Konsolidierung zugute. Dort können legale und Managementkonsolidierung in einem Schritt zusammengefasst werden. Analyse und Rückschlüsse sind mit einem sehr granularen Datenmaterial genau möglich. Natürlich profitiert das externe Berichtswesen auch von einer genaueren Darstellung von Segmentbilanzen. Der Buchungskreis wird als Organisationseinheit auch weiterhin eine herausragende Stellung innehaben. Operativ steuernde Aktivitäten wie z.B. Zahlen, Mahnen oder Umsatzsteuervoranmeldung werden in Zukunft weiterhin mit dem dominierenden Kriterium des Buchungskreises verbunden bleiben.

Plan for change from a solid conceptual base.
(Warren Bennis)

6 Migration

In den vorangegangenen Kapiteln haben Sie gelernt, wie wichtig eine durchdachte Planung und Konzeption beim Wechsel auf das neue Hauptbuch ist. Die solide konzeptionelle Basis, auf der der Plan für den Wechsel fußen sollte, betrifft aber auch die Migration selbst.

In diesem Kapitel lernen Sie zunächst, wie Sie das neue Hauptbuch aktivieren können. Die Betrachtung des Migrationsprojekts unter besonderer Berücksichtigung der Migrationsszenarios und des Migration Cockpits baut darauf auf. In diesem Rahmen wird auch der SAP Migration Service beschrieben. Abschließend lernen Sie drei Beispiele aus der Praxis kennen.

6.1 Aktivierung des neuen Hauptbuchs

Betrachten wir zunächst die Ausgangssituation, in der Sie sich als Kunde befinden, bevor wir uns neue Transaktionen und Berichte sowie die Vergleichbarkeit der Summensätze vom klassischen zum neuen Hauptbuch ansehen. Je nachdem, ob Sie Neu- oder Bestandskunde sind, gestaltet sich die Aktivierung des neuen Hauptbuchs unterschiedlich.

Defaultauslieferung

Bei einer Neuinstallation ist die neue Hauptbuchhaltung in der Standardauslieferung aktiv geschaltet. Die Nutzung des klassischen Hauptbuchs ist zwar theoretisch auch für Neukunden möglich, SAP rät jedoch grundsätzlich davon ab, da dies in späteren Jahren einen zusätzlichen, vermeidbaren Migrationsaufwand erfordern würde. Der Aufwand für eine Migration ist in jeder Hinsicht nicht gering.

Neuinstallation

Beim Release-Upgrade eines R/3-Systems auf SAP ERP bleibt hingegen zunächst das klassische Hauptbuch weiterhin aktiv. Die Sum-

Upgrade

mentabelle GLT0 besteht weiterhin. Wenn vom klassischen auf das neue Hauptbuch umgestellt werden soll, ist dies in einem zweiten Schritt nach dem Upgrade im Rahmen eines Projekts möglich. Sie haben dabei die Wahl (es ist also nicht zwingend notwendig), das neue Hauptbuch zu aktivieren und zu nutzen.

Der Aktivierungsschalter (siehe Abbildung 6.1) wird pro Mandant gesetzt. Der Customizing-Menüpfad lautet **Finanzwesen • Grundeinstellung Finanzwesen • Neue Hauptbuchhaltung aktivieren**.

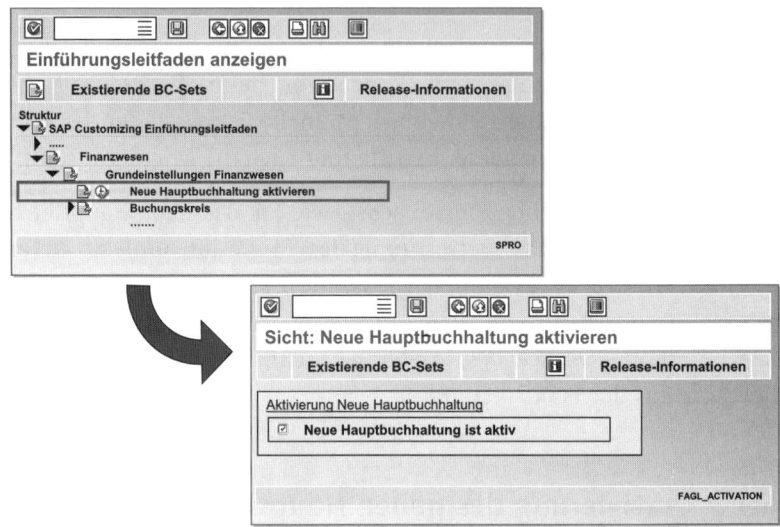

Abbildung 6.1 Neue Hauptbuchhaltung aktivieren

Aktivierung des neuen Hauptbuchs Durch die Aktivierung ergeben sich auch mandantenübergreifende Änderungen. Dies betrifft sowohl die Pfade in der Anwendung als auch im Customizing des ERP-Systems. Zusätzlich zu den klassischen Pfaden im Customizing finden Sie nach der Aktivierung des neuen Hauptbuchs nun auch Pfade für die neue Hauptbuchhaltung. Illustriert wird dies in Abbildung 6.2.

Neue Pfade in Customizing und Anwendung Die schon bekannten klassischen Finanzwesen-Pfade stehen Ihnen, zur besseren Orientierung, erst einmal auch weiterhin zur Verfügung. Auch in der Anwendung bzw. im SAP Easy Access-Menü sehen Sie durch die Aktivierung des neuen Hauptbuchs neue Menüpfade. Neue Transaktionen tauchen auf, z.B. FB50L, »Sachkontenbeleg für Ledgergruppe erfassen (Enjoy-Transaktion)«, oder FB01L, »Allgemeine Buchung für Ledger Gruppe erfassen« (siehe Abbildung 6.3).

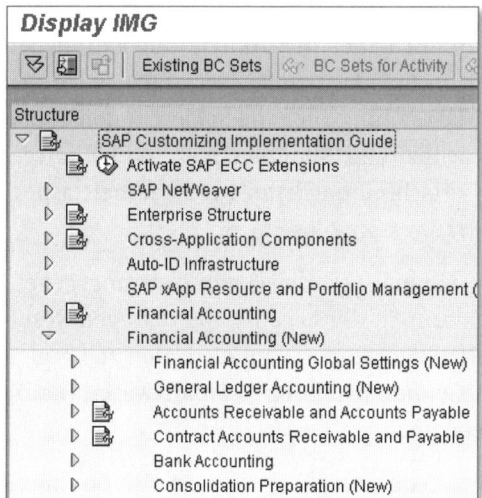

Abbildung 6.2 Neue Pfade im Customizing nach der Aktivierung des neuen Hauptbuchs

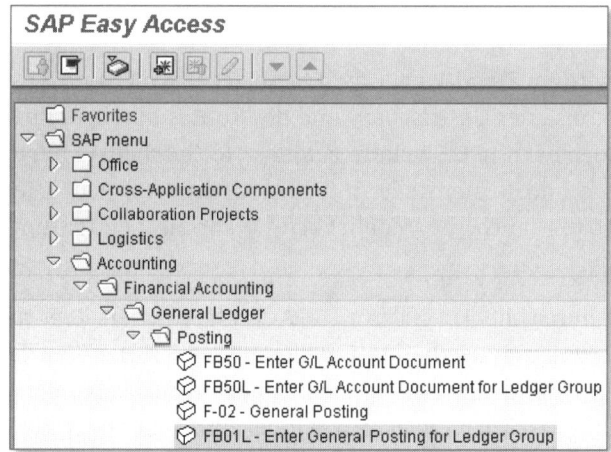

Abbildung 6.3 Neue Pfade/Transaktionen in der Anwendung

Falls Sie zu einem späteren Zeitpunkt nach der Aktivierung des neuen Hauptbuchs ausschließlich mit den Pfaden der neuen Hauptbuchhaltung arbeiten möchten, lassen sich die klassischen Finanzwesen-Pfade über das Programm RFAGL_SWAP_IMG_OLD ausblenden.

Programm RFAGL_SWAP_IMG_OLD

207

Werfen wir einen weiteren Blick in die Zeit des Übergangs vom klassischen auf das neue Hauptbuch. Bei der Aktivierung der neuen Hauptbuchhaltung werden im Standard zunächst zusätzlich zu den Tabellen der neuen Hauptbuchhaltung auch die Salden in den Tabellen der klassischen Hauptbuchhaltung (Summentabelle GLT0) fortgeschrieben. Diese parallele Fortschreibung kann aus Sicherheitsaspekten für einen gewissen Zeitraum sinnvoll sein.

Fortschreibung der Salden in Summentabelle GLT0 und FAGLFLEXT

Ein vergleichender Report kann Ihnen die Gewährleistung geben, dass die neue Hauptbuchhaltung in der Lage ist, die richtigen Resultate abzuliefern. Hier der Pfad zum Report, um die Daten zu vergleichen: **Finanzwesen (neu) • Grundeinstellungen Finanzwesen (neu) • Werkzeuge • Ledger vergleichen**.

Vergleich der Summensätze

Mit der Transaktion GCAC, »Ledgervergleich«, lassen sich Summensätze zweier beliebiger Ledger vergleichen; den entsprechenden Selektionsbildschirm sehen Sie in Abbildung 6.4. Dabei können auch lokale und globale Ledger sowie solche mit unterschiedlichen Geschäftsjahresvarianten und Kontenplänen miteinander verglichen werden.

Der Vergleich wird im Standard auf der Ebene der Organisationseinheit (Buchungskreis oder Gesellschaft) und des Kontos durchgeführt, Sie können jedoch auch noch weitere Felder, z.B. Geschäftsbereich, Funktionsbereich und Kostenstelle, mit in den Vergleich einbeziehen. Es besteht u.a. auch die Möglichkeit, Währungsbeträge und Mengen zu vergleichen.

Transaktion GCAC

Mithilfe dieses durch die Transaktion GCAC aufgerufenen Reports können Sie die Summensätze in den Tabellen der neuen Hauptbuchhaltung mit den Summensätzen in den Tabellen der klassischen Hauptbuchhaltung (GLT0) vergleichen. Ohne eine Datenmigration werden dort Differenzen angezeigt, die sich aus Geschäftsvorfällen vor der Aktivierung des neuen Hauptbuchs ergeben.

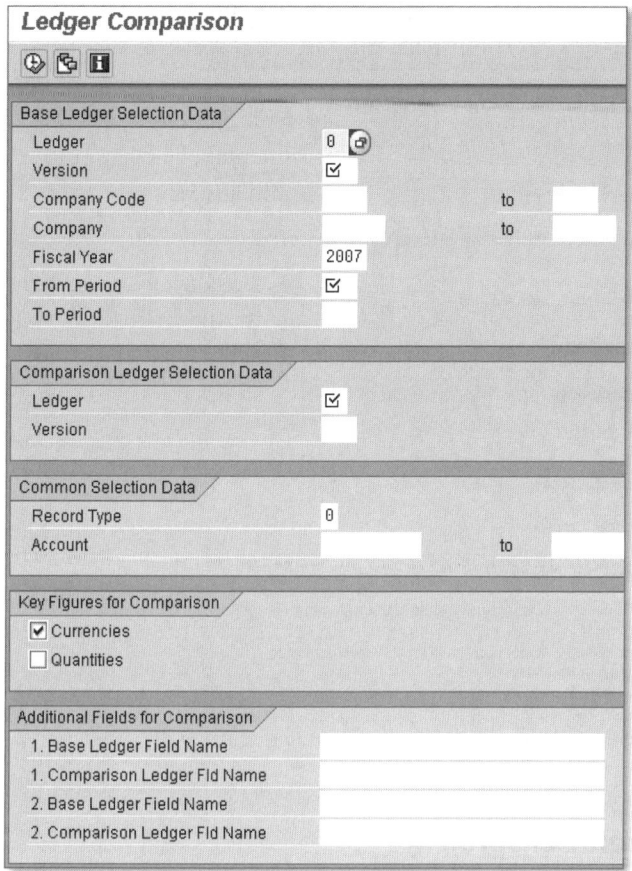

Abbildung 6.4 Ledgervergleich

Falls Sie als technischer Berater tätig sind und häufig oder bevorzugt mit den Transaktionen SE38 oder SA38 arbeiten, müssen Sie berücksichtigen, dass dieses im IMG als Aktivität aufgerufene Programm RGUCOMP4 lediglich durch die Transaktion GCAC aufgerufen wird; SE38 und SA38 werden aus technischen Gründen nicht unterstützt (siehe Abbildung 6.5).

Programm
RGUCOMP4

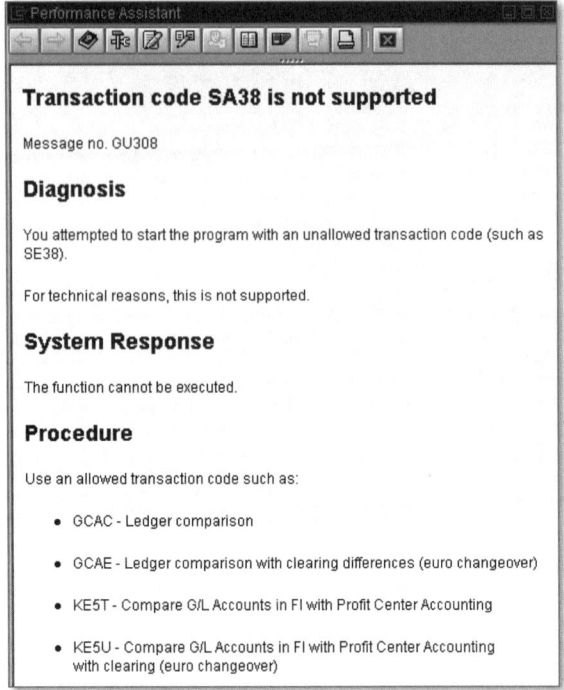

Abbildung 6.5 Transaktionscode SA38 wird nicht unterstützt

6.2   Migrationsprojekte

Selbstverständlich ist es nicht damit getan, lediglich einen Schalter für die Aktivierung des neuen Hauptbuchs umzulegen. Bei der Migration handelt es sich immer um ein Projekt. In diesem Abschnitt beschreiben wir, was Sie bei einem Migrationsprojekt beachten müssen.

Sind Sie Bestandskunde, darf das neue Hauptbuch unter keinen Umständen einfach eingeschaltet werden. Wird in der Zwischenzeit ein Beleg fortgeschrieben, lässt sich die Aktivität nicht mehr rückgängig machen und kann im schlimmsten Fall zu Datenschiefständen führen.

6.2.1   Migration als eigenständiges (Teil-)Projekt

Beim Übergang vom klassischen zum neuen Hauptbuch sind verschiedene Szenarios für die Migration denkbar, je nachdem, ob Sie mit dem neuen Hauptbuch vor allem die Integration des internen und externen Rechnungswesens inklusive Segmentberichterstattung, erhöhte Transparenz, parallele Rechnungslegung oder eine Beschleunigung des Periodenabschlusses erreichen wollen. Diese Szenarios reichen von einer einfachen Zusammenführung von bestehenden Ledgern bis hin zu einer kompletten Neukonzeption des Rechnungswesens.

Insbesondere bei der Neukonzeption besteht der Übergang auf die neue Hauptbuchhaltung aus einem betriebswirtschaftlich konzeptionellen Teil und einem technischen Teil, bei dem die vorhandenen Finanzbuchhaltungsdaten in die neuen Strukturen der Hauptbuchhaltung migriert werden müssen. Die Neuerungen und die Komplexität des Übergangs zur neuen Hauptbuchhaltung sowie das betroffene Datenvolumen können sehr umfangreich sein. Eine umfassende Analyse Ihrer Ausgangssituation und eine detaillierte Planung stellen wesentliche Erfolgsfaktoren für die spätere Migration dar. Es empfiehlt sich daher, innerhalb des Projekts zur Implementierung des neuen Hauptbuchs ein eigenes Teilprojekt zur Migration der Finanzbuchhaltungsdaten vorzusehen. Abbildung 6.6 veranschaulicht die zeitliche Reihenfolge der einzelnen Teilprojekte.

Neukonzeption des Rechnungswesens

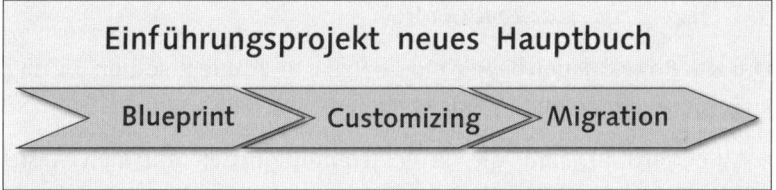

Abbildung 6.6 Teilprojekte innerhalb eines Migrationsprojekts

Eine Migration sollte immer als Projekt aufgesetzt werden, mit allen Bestandteilen eines Projekts: Projektphasen, Meilensteine, Tests etc. Das Projekt *Migration* stellt dabei lediglich ein Teilprojekt des größeren Projekts zum neuen Hauptbuch dar.

Grundsätzliche Voraussetzung für die Durchführung der Migration ist, dass zuerst das technische Upgrade auf ein SAP ERP-System erfolgreich durchgeführt wurde. Die Implementierung des neuen Hauptbuchs erfolgt in einem zweiten separaten Projekt. Bevor der obligatorische New GL Migration Service aktiv wird, hat das Implementierungsprojekt begonnen, und insbesondere die Konzeption

Voraussetzungen

und das Customizing des neuen Hauptbuchs sind abgeschlossen. Eine exakte und vollständige Konfiguration des neuen Hauptbuchs ist notwendig, bevor die neue Hauptbuchhaltung aktiv geschaltet wird. Parallel zur Konfiguration des neuen Hauptbuchs wird im klassischen Hauptbuch weitergearbeitet.

Projektdauer   Die Dauer eines Projekts kann nicht pauschalisiert werden, denn sie hängt von verschiedenen Faktoren ab. Durch die beiden folgenden Maßnahmen können Sie das Projekt beschleunigen:

Werden Testsysteme schnell aufgebaut, stehen Transporte schnell zur Verfügung? In jedem Fall sollten die Betroffenen die Chance haben, sich mit dem Verfahren zunächst in einem Testsystem vertraut zu machen, damit die betroffenen Bereiche (Fachabteilung und Beratung) bestehende Herausforderungen einschätzen können.

Staffing   Wie sieht das Staffing des Projekts mit Mitgliedern von Kundenseite aus? Welche Erfahrungshorizonte bringen die Projektteammitglieder mit, ist man von Seiten des Unternehmens gewillt, in Ausbildung zu investieren? Das Projektteam des Kunden oder des Implementierungspartners sollte aus Mitgliedern mit fundierten Kenntnissen im Bereich SAP ERP Financials und Migration bestehen. Ein wichtiger Link für den Know-how-Transfer findet sich auf der Serviceseite der SAP (*http://service.sap.com/GLMIG*).

Um die Projektdauer besser einschätzen zu können, sollten Sie sich außerdem die folgenden Fragen stellen:

▶ Wie vertraut sind die Projektteammitglieder mit den Systemen/Prozessen? Wie komplex sind diese?

▶ Wie hoch ist die Anzahl der Migrationsobjekte oder die Höhe des Belegvolumens?

▶ Welches Migrationsszenario wird gewählt (die Migrationsszenarios werden in Abschnitt 6.5 im Detail behandelt)?

▶ Welche Anstrengungen werden unternommen, die definierten Meilensteine auch tatsächlich zeitgerecht zu erreichen? Jede Verzögerung führt wiederum zu zusätzlichem Aufwand beim Testen!

6.2.2   Weitere eigenständige Projekte

Folgende Projekte sind eigenständig und nicht Bestandteil eines Migrationsprojekts:

- Einführung einer parallelen Rechnungslegung
- Einführung einer Segmentberichterstattung
- Umstellung der führenden Bewertung, falls bereits eine parallele Bewertung vorgenommen wird
- Betrachtung von Szenarios mit Buchungskreislösung – eine Projektlösung, die von SAP wohl zukünftig nicht mehr unterstützt werden wird
- Umstellung des führenden Bewertungsbereichs in der Anlagenbuchhaltung FI-AA
- Kontenplanänderung oder -umstellung
- Zusammenführung von Buchungskreisen
- Währungsumstellung, beispielsweise die Einführung von neuen Währungen

Die vier letztgenannten Projekte werden von SAP durch den Operations Service SLO (System Landscape Optimization) unterstützt. Wenn auch möglicherweise Wechselwirkungen dieser Projekte mit dem Projekt der Migration bestehen, sind diese Projekte insofern autark, als sie entkoppelt von dem Projekt der Migration durchzuführen sind.

6.3   Das Phasenmodell der Migration

Das Phasenmodell der Migration besteht aus drei Phasen. In diesem Phasenmodell wird auf die Richtlinien des Migration Guides Bezug genommen, der von SAP auf dem Service Marktplatz im Rahmen des Migration Service veröffentlicht wurde.

Drei Phasen

Im Rahmen der Migration ist der Buchungsstoff der Phasen zu unterscheiden. Dabei spielen zwei Daten eine wichtige Rolle:

Zwei wichtige Daten

- das Migrationsdatum mit dem Beginn der Migration – zwischen Phase 0 und Phase 1 der Migration zu finden
- das Aktivierungsdatum des neuen Hauptbuchs, beschrieben in Abschnitt 6.1 – das Datum, das Phase 1 und Phase 2 trennt

Einen Überblick über die Phasen der Migration auf einem Zeitstrahl erhalten Sie in Abbildung 6.7.

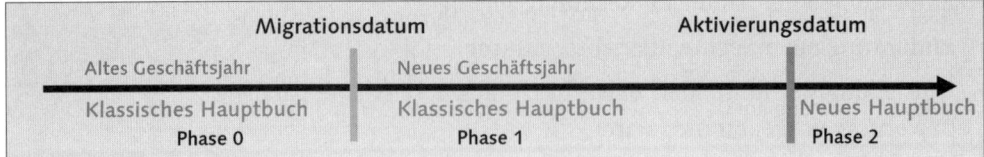

Migrationsdatum		Aktivierungsdatum
Altes Geschäftsjahr	Neues Geschäftsjahr	
Klassisches Hauptbuch	Klassisches Hauptbuch	Neues Hauptbuch
Phase 0	Phase 1	Phase 2

Abbildung 6.7 Phasenmodell der Migration

Aus Phase 0, vor dem Migrationsdatum, werden keine Einzelbelege übernommen. Für nicht OP-geführte Konten (OP: offene Posten), wie beispielsweise das Sachkonto, das Sie in Abbildung 6.8 sehen, wird ein Saldovortrag in das Migrationsjahr durchgeführt.

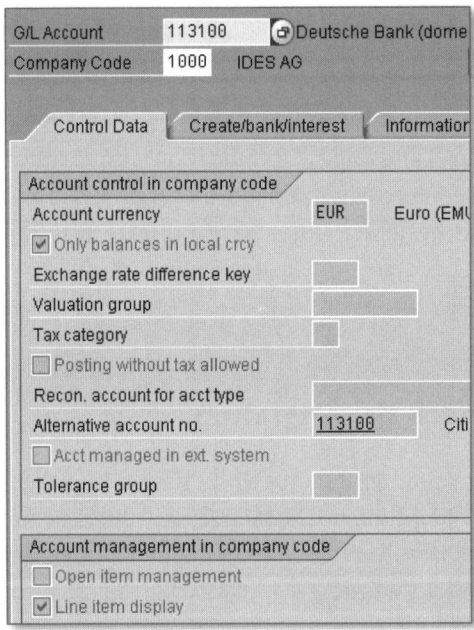

Abbildung 6.8 Nicht-OP-geführtes Konto

Validierung OP-geführte Konten werden aus noch nicht ausgeglichenen Belegen einzeln migriert. Belege aus Phase 1 werden im Rahmen der Migration komplett nachgebucht. Eine eventuelle Belegaufteilung wird nachprozessiert. Die Belege dieser Phase sollten bei geplanter aktiver Belegaufteilung schon bei der erstmaligen Erfassung einer Prüfung unterzogen werden, ob sie sich als »tauglich« für das neue Hauptbuch erweisen. Diese Prüfung wird durch eine Validierung durchgeführt – dazu später mehr.

Gehen wir von einem Tagesdatum 01.04.2007 aus, so könnte ein empfohlenes Migrationsdatum der 01.01.2007 sein. Aktivierungsdatum des neuen Hauptbuchs könnte der 01.05.2007 sein – damit wäre das Aktivierungsdatum der Validierung am 01.01.2007, gegebenenfalls sogar noch davor.

[zB]

Je weiter Migrationsdatum und Aktivierungsdatum auseinanderliegen, umso größer ist tendenziell das Belegvolumen der Phase 1, das nachgebucht werden muss.

Zahlenbeispiel zu Migrations- und Aktivierungsdatum

6.4 SAP-Service zur Migration

Eine Projektbegleitung durch den Migrationsservice SAP General Ledger Migration trägt maßgeblich zum Erfolg eines Migrationsprojekts bei. Die folgenden Abschnitte beschreiben Rahmenbedingungen, Inhalte und die vom Service in standardisierter Form unterstützten Migrationsszenarios.

6.4.1 Inhalte des Services »SAP General Ledger Migration«

Zentrale Bestandteile des Migrationsteilprojekts sind die Vorbereitung und Durchführung einer technischen Migration der Quelldaten aus den klassischen Applikationen in das neue Hauptbuch. Oberstes Gebot ist es, die Ordnungsmäßigkeit der Buchführung im Rahmen der Migration zu bewahren. Um hier ein Höchstmaß an Sicherheit zu gewährleisten, begleitet die SAP jedes dieser Migrations(teil)projekte mit einem Migrationsservice. Dieser verpflichtende technische Service basiert auf Standard-Migrationsszenarios und beinhaltet ein szenariospezifisches Migration Cockpit und zwei Servicesitzungen zur Qualitätssicherung der Daten und des Migrationsprojekts. Im Einzelnen hat der Migrationsservice folgende Inhalte:

Ordnungsmäßigkeit

- ▶ Migration Cockpit zur Durchführung der Migration
- ▶ Remote-Service-Sitzung zur Szenariovalidierung
- ▶ Remote-Service-Sitzung zur Testvalidierung
- ▶ Support durch das Migration Back Office

Diese Inhalte beziehen sich auf die Unterstützung bei der technischen Migration der Quelldaten aus den klassischen Applikationen in das neue Hauptbuch. Zur Unterstützung beim Blueprint und Customizing des neuen Hauptbuchs stehen Ihnen entweder SAP Consulting Ihrer jeweiligen Landesgesellschaft oder Beratungspartner zur Verfügung. Sie bieten Beratungsunterstützung z. B. bei der Konzeptionierung des neuen Hauptbuchs, der Planung des Implementierungsprojekts oder individuelle Reviews an. Im Folgenden werden die einzelnen Service-Inhalte näher beschrieben.

6.4.2 Migration Cockpit

Reduktion der Komplexität

Das Migration Cockpit ist ein Werkzeug zur Durchführung der Migration und bietet eine szenariobasierte Führung. Es beinhaltet einen Prozessbaum mit den einzelnen Aktivitäten der Migration, die auf Ihr spezielles Szenario zugeschnitten sind. Bei diesen Aktivitäten handelt es sich entweder um manuell durchzuführende Schritte oder um Programme, die zur Durchführung der Aktivität gestartet werden müssen. Zusätzlich enthält das Cockpit einen Monitor, mit dem die Abarbeitung und der Status der einzelnen Schritte verfolgt werden kann. Die Protokolle der Programme können hier eingesehen werden, und es besteht die Möglichkeit, projektinterne Notizen oder zusätzliche Dokumente als Anlagen zu hinterlegen. Außerdem werden weitere migrationsspezifische Informationen wie Start- und Endzeiten der Programme und Anzahl der migrierten Datensätze festgehalten. Dies trägt zur besseren Transparenz und Nachvollziehbarkeit des Migrationsprozesses bei, was auch aus Sicht einer Wirtschaftsprüfung von Bedeutung ist. Der Hauptvorteil des Cockpits liegt in der szenariospezifischen Führung durch den Migrationsablauf. Sie vereinfacht die Handhabung und Durchführung der Migration und reduziert ihre Komplexität.

6.4.3 Remote-Service-Sitzung zur Szenariovalidierung

Valides Szenario

Zu Beginn des Migrationsprojekts findet die erste Remote-Service-Sitzung statt. Sie dient der Validierung des Migrationsszenarios, das im Vorfeld des Projekts per Fragebogen identifiziert und vom Kunden oder Partner bestellt wird. Es wird geprüft, ob das Migrationsszenario zur Konfiguration des Systems und zur Zielsetzung der Aktivierung des neuen Hauptbuchs passt. Verbunden damit findet eine migrationsbezogene Systemanalyse in Bezug auf Datenbestand und Konfiguration statt. Außerdem erfolgen, abhängig vom Migrationsszenario, applikationsspezifische Prüfungen. Das Customizing des neuen Hauptbuchs wird zu diesem Zeitpunkt nicht vorausgesetzt. Die Servicesitzung wird gemäß der unter 6.4.5 beschriebenen Verfahrensweise durchgeführt.

6.4.4 Remote-Service-Sitzung zur Testvalidierung

Die zweite Servicesitzung findet nach einer der letzten Testmigrationen statt und dient der Validierung der migrierten Testdaten. Es finden technische Plausibilitätsprüfungen in den migrierten Testdaten und applikationsspezifische Kompatibilitätsprüfungen im Hinblick auf das Migrationsszenario statt. Betriebswirtschaftliche Prüfungen, wie z. B. die Validierung einer Segmentberichtsstruktur gemäß IFRS, müssen im Rahmen der Anwendertests nach den Testmigrationen durch den Kunden oder Partner abgedeckt werden. Die Sitzung sollte nach einer Migration stattfinden, die valide Ergebnisse liefert, aber auch nicht zu nah vor der Produktivmigration sein, um noch genügend Raum zur Klärung gegebenenfalls neu auftretender Fragestellungen zu lassen. Auch diese Sitzung wird gemäß der nachfolgend beschriebenen Verfahrensweise durchgeführt.

Datenqualität

6.4.5 Lieferung der Servicesitzungen

Die Servicesitzungen werden von einem eigens dafür eingerichteten Migration Back Office geleistet. Für die Servicesitzungen wählt sich ein Mitarbeiter des Back Office in Ihr SAP ERP-Produktivsystem oder in eine aktuelle Kopie hiervon (Szenariovalidierung) bzw. in Ihr Migrations-Testsystem (Testvalidierung) ein, extrahiert Daten und lädt sie in Systeme von SAP, wo sie analysiert und ausgewertet werden. Für die Auswertung startet der Mitarbeiter Prüfprogramme, die später noch im Detail erklärt werden. Die Ergebnisse werden in einem Abschlussbericht zusammengefasst, der Ihnen anschließend zur Verfügung gestellt wird. Nach den Servicesitzungen findet eine so genannte Feedback Session statt, in der Sie mit dem Back-Office-Mitarbeiter die in dem Bericht festgehaltenen Ergebnisse besprechen können. Gegebenenfalls ergibt sich hieraus weiterer Beratungsbedarf, der an die lokale SAP-Landesgesellschaft gerichtet werden kann. Dies gilt insbesondere für betriebswirtschaftliche Fragestellungen zur Konzeptionierung und zum Customizing des neuen Hauptbuchs oder für die Bereinigung eventuell bestehender Dateninkonsistenzen in den Quelldaten des Systems.

Gesamtprozess der Servicesitzungen

Abbildung 6.9 veranschaulicht die Zeitpunkte der Lieferung der Servicesitzungen innerhalb des Migrationsprojekts.

Neben der Lieferung der Servicesitzungen bietet das Migration Back Office folgenden Support während des Migrationsprojekts:

▸ Support der Testmigrationen während der üblichen Bürozeiten

▸ 7*24-Stunden-Support während der Produktivmigration an einem Wochenende

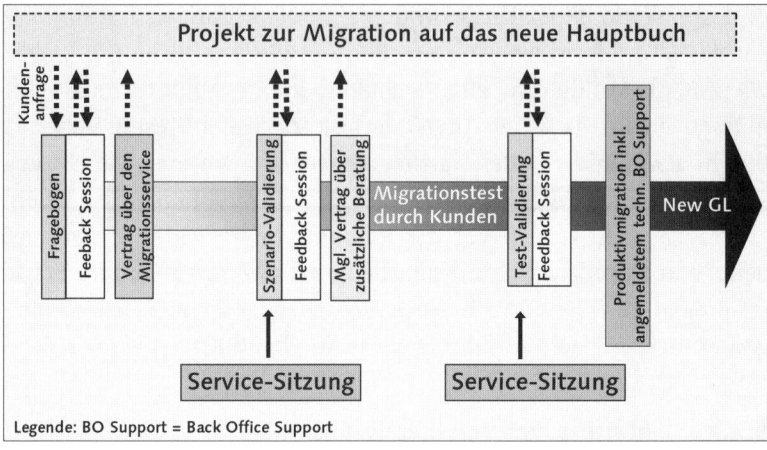

Abbildung 6.9 Zeitpunkte der Servicesitzungen

Dieser Support bezieht sich ausschließlich auf technische Probleme während der Migrationen, sowohl im Test als auch während der Produktivmigration. Der Support für das Produktivwochenende kann nur gewährleistet werden, wenn die Migration mit entsprechendem Vorlauf bei SAP angemeldet wird. Bitte berücksichtigen Sie hierzu Informationen im SAP-Hinweis 1014369.

6.4.6   Bestellung des Services

Anfragen zu dem Migrationsservice können Sie per Mail an *NewGL-Migration@sap.com* richten oder alternativ unter der OSS-Komponente FI-GL-MIG-BO eine Meldung erfassen. Darüber hinaus ist die Aufnahme des Services in den SAP-Servicekatalog unter *http://www.service.sap.com/servicecatalog* geplant. Diesem können Sie auch die Preisinformationen entnehmen. Alternativ wenden Sie sich bitte an Ihre lokale SAP-Landesgesellschaft. Nach Ihrer Anfrage erhalten Sie vom Migration Back Office einen Fragebogen, der der Ermittlung Ihres Migrationsszenarios dient. Diesen senden Sie ausgefüllt an das Back Office zurück, und Sie erhalten ein Angebot auf Basis der Angaben in Ihrem Fragebogen.

Nach der Annahme des Angebots wird Ihnen das Migration Cockpit auf dem SAP Service Marktplatz bereitgestellt, und das Back Office vereinbart Termine für die Servicesitzungen mit Ihnen. Weitere Informationen wie z.B. Präsentationsunterlagen zu dem Service, ein Migrationshandbuch (Migration Guide) oder auch einen Fragebogen finden Sie auf dem SAP Service Marktplatz unter *http://service.sap.com/GLMIG*.

6.5 Migrationsszenarios

Bei einer Migration geht es prinzipiell darum, bestehende Daten zu bewegen. Soll beispielsweise eine vorhandene klassische Profit-Center-Rechnung zukünftig im neuen Hauptbuch abgebildet werden, sind Daten von der Tabelle GLPCT in die neue Summentabelle FAGLFLEXT zu übernehmen. Deshalb sollen mit den von SAP erstellten Szenarios standardisierte Verfahren und Programmpakete ausgeliefert werden, um die Migration innerhalb eines Projekts sicher und effektiv zu unterstützen.

Dieser Abschnitt differenziert die Begriffe *servicebasierte* und *projektbasierte* Migration und stellt Ihnen die Szenarios der servicebasierten Migration vor.

6.5.1 Übersicht über die Szenarios

Im Praxisfall gibt es jedoch die unterschiedlichsten Anforderungen an eine Migration. Deshalb gilt es, zwei verschiedene Herangehensweisen zu differenzieren:

- servicebasierte Migration
- projektbasierte Migration

Von einer servicebasierten Migration spricht man, wenn innerhalb eines Kundenprojekts vordefinierte Szenarios zum Einsatz kommen. In allen Fällen werden Daten bereits vorhandener Applikationen

Servicebasierte Migration

übernommen. Insgesamt sind fünf Szenarios mit jeweils steigendem Komplexitätsgrad abgedeckt:

▶ **Szenario 1**
Zusammenführen der FI-Ledger

▶ **Szenario 2**
Szenario 1 + Profit-Center- und/oder Special Ledger

▶ **Szenario 3**
Szenario 2 + Einführung der Belegaufteilung

▶ **Szenario 4**
Szenario 2 + Wechsel von der Kontenlösung zur Ledgerlösung

▶ **Szenario 5**
Szenario 3 + Wechsel von der Kontenlösung zur Ledgerlösung

Diese fünf Szenarios werden jeweils zu einem Festpreis vom Migrationsservice angeboten, abhängig vom Komplexitätsgrad und der Anzahl Produktivmandanten. Inhalte der einzelnen Szenarios werden in den nächsten Abschnitten näher beschrieben.

Projektbasierte Migration | Eine Migration wird als projektbasiert bezeichnet, wenn keines der Standardszenarios die Anforderungen zu 100 % abdeckt. In diesen Fällen können die Migrationsprogramme zwar teilweise zum Einsatz kommen, es ist jedoch Zusatzprogrammierung im Zuge einer Beraterlösung erforderlich. Die grundsätzliche Einführung einer Profit-Center-Rechnung ist beispielsweise keine servicebasierte Migration. In diesem Fall wird zwar das Szenario 2 oder 3 zum Einsatz kommen, da jedoch keine Anfangswerte aus der klassischen Profit-Center-Rechnung vorhanden sind, wären zusätzliche manuelle oder maschinelle Aktivitäten erforderlich. Ein weiteres Beispiel für eine projektbasierte Migration liegt vor, wenn Sie heute Ihre parallele Rechnungslegung mit dem Special Ledger (FI-SL) abbilden und beabsichtigen, auf die Ledgerlösung im neuen Hauptbuch umzustellen. Für diesen Fall gibt es kein von SAP definiertes Szenario. Eine Migration in das neue Hauptbuch ist sicherlich technisch möglich, jedoch mit Programmen, die innerhalb eines Kundenprojekts individuell entstehen.

Lassen Sie uns nach der Differenzierung von kundenindividueller/projektbasierter Migration und standardisierter/servicebasierter Migration die Inhalte der fünf angebotenen Szenarios näher betrachten.

6.5.2 Szenario 1

In Szenario 1 werden verschiedene FI-Bücher im neuen Hauptbuch zusammengeführt. Im Wesentlichen geht es um die Migration von drei möglichen Datenquellen in das neue Hauptbuch:

Mögliche Datenquellen Ledger 00, 0F, 09

▶ Die Tabelle GLT0 des klassischen Hauptbuchs (Ledger 00) wird migriert. Damit kann der Geschäftsbereich für Auswertungen in der Hauptbuchhaltung zur Verfügung stehen.

▶ Die Tabelle GLFUNCT des Umsatzkostenbuchs (Ledger 0F) wird migriert. Damit kann der Funktionsbereich für Auswertungen in der Hauptbuchhaltung zur Verfügung stehen.

▶ Die Tabelle GLT3 des Konsolidierungsvorbereitungsbuchs (Ledger 09) wird migriert. Damit können die Gesellschaft, Partnergesellschaft und Bewegungsart für Auswertungen zur Verfügung stehen.

Sie können pro Konto entscheiden, aus welcher Datenquelle die neue Summentabelle FAGLFLEXT und das führende Ledger 0L aufgebaut werden soll. Vielleicht ist es sinnvoll, Gewinn- und Verlustkonten aus dem Quell-Ledger 8A inklusive Profit-Center zu übernehmen. Werte für Bilanzkonten werden aus dem klassischen Hauptbuch, Ledger 00 übertragen. Konkret bedeutet das, dass für nicht OP-geführte Konten vor dem Migrationsdatum (Phase 0) ein Saldovortrag erstellt wird. Einzelbelege von OP-geführten Konten werden komplett migriert. Belege nach dem Migrationsdatum (Phase 1) werden grundsätzlich nachgebucht.

Sind kundeneigene Felder vorhanden, stehen diese im Szenario 1 anschließend für Auswertungen auf Einzelpostenebene zur Verfügung. Benötigen Sie Auswertungen auf Summenebene, ist das Szenario 2 zutreffend.

6.5.3 Szenario 2

Das Szenario 2 beinhaltet neben allen Sachverhalten des Szenarios 1 zusätzliche Möglichkeiten. Werte im Zusammenhang mit kundeneigenen Feldern können aus Special Ledgern (FI-SL) in die neue Hauptbuchhaltung übernommen werden und stehen dort für Auswertungen auf Summenebene zur Verfügung. Neben einer Erweiterung der Summentabelle FAGLFLEXT können somit Werte für kundeneigene

Kundeneigene Felder

Merkmale wie **Region, Produktgruppe** usw. aus dem FI-SL ausgelesen und migriert werden.

Die Tabelle ZZ.... des FI-SL (Ledger XY) wird migriert. Damit können kundeneigene Felder für Auswertungen zur Verfügung stehen.

An dieser Stelle sei der Hinweis gegeben, dass es sich hierbei nicht um eine Übernahme von parallelen Ledgern oder um Werte einer parallelen Rechnungslegung handelt.

Profit-Center-
Rechnung

Ebenfalls im Szenario 2 berücksichtigt ist die Überführung der klassischen Profit-Center-Rechnung in das neue Hauptbuch. Die Tabelle GLPCT der Profit-Center-Rechnung (Ledger 8A) wird migriert. Damit können die Felder **Profit-Center** und **Partner-Profit-Center** für Auswertungen zur Verfügung stehen. Zusätzlich zur Profit-Center-Rechnung im neuen Hauptbuch kann das neue Feld **Segment** zum Einsatz kommen. Für eine Migration leiten sich Werte aus dem jeweiligen Stammsatz der Profit-Center-Rechnung ab. Sollte diese Regel in Ihrem Fall nicht zutreffen, ist eine alternative Lösung mittels Ableitung durch ein BAdI ebenfalls möglich. Die Programmierung und Implementierung ist jedoch nicht Bestandteil der servicebasierten Migration.

6.5.4 Szenario 3

Belegaufteilung

Zusätzlich zu Szenario 2 kommt bei Szenario 3 die Funktion der Belegaufteilung zur Anwendung. Der Belegsplit erlaubt im neuen Hauptbuch die bilanzielle Auswertung auf Feldern wie **Profit-Center, Geschäftsbereich** oder **Segment** sowie kundeneigenen Feldern. Bereits vor einer Migration hilft eine im Hintergrund wirkende Validierung, problematische Geschäftsvorfälle zu erkennen. Die zukünftige Funktion kann bereits im klassischen Hauptbuch überprüft werden und erhöht somit die Datenqualität. Bei einer späteren Datenübernahme muss jeder zu übernehmende Einzelbeleg mit Informationen zur Belegaufteilung angereichert werden können.

6.5.5 Szenario 4 und 5

Parallele
Rechnungslegung

Szenario 4 beinhaltet neben Szenario 2 zusätzlich eine Umstellung von der Kontenlösung auf die Ledgerlösung im neuen Hauptbuch. Wie in Kapitel 4, *Parallele Rechnungslegung,* erläutert, sind beide Speicherorte als gleichberechtigt eingestuft; dennoch gibt es Kunden, die ihre vorhandene Architektur umstellen wollen. Szenario 5 umfasst Szenario 4 und die zusätzliche Funktion der Belegaufteilung.

6.5.6 Ausblick

Sie sehen, dass die Komplexität mit jedem Szenario langsam ansteigt. Unsere Erfahrungen auf Basis der Anfragen im Migration Back Office zeigen eine unerwartet hohe Anzahl von Kunden, die mit den Szenarios 1 und 2 auskommen. Das Thema Belegaufteilung innerhalb eines Szenarios 3 wurde ebenfalls häufig angefragt, jedoch aufgrund des Umfangs oft um mindestens ein Jahr verschoben. Zu den Szenarios 4 und 5 liegen bisher unerwartet wenige konkrete Anfragen vor.

Stand März 2007 sind bisher die Szenarios 1 bis 3 verfügbar. Ab Mitte 2007 sollen auch die Szenarios 4 und 5 auf Basis von ERP 2005 erstellt sein. Jedes andere Szenario, das von den genannten abweicht, wird als Projektlösung realisiert. Vorstellbar, jedoch nicht im Fokus und bisher nicht geplant, sind weitere standardisierte Szenarios – beispielsweise für eine Migration von FI-SL in das neue Hauptbuch oder eine Migration vom neuen Hauptbuch ins neue Hauptbuch. Hier wird die Nachfrage der SAP-Kunden maßgeblichen Einfluss auf die angebotenen Services haben.

6.6 Migration Cockpit

Neben den verschiedenen Szenarios ist das Migration Cockpit ein wesentliches Element der szenariobasierten Migration. Sie bekommen es im Rahmen der kostenpflichtigen SAP General Ledger Migration Services zur Verfügung gestellt. Es beinhaltet vordefinierte, szenarioabhängige Prozessbäume und Migrationsprogramme. Haben Sie sich z.B. für das Szenario 1 oder 2 entschieden, werden Aktivitäten bezüglich der Belegaufteilung im Migration Cockpit ausgeblendet. Diese Vorgehensweise hilft dabei, in Projekten alle notwendigen Aktivitäten in einer sinnvollen Reihenfolge zu strukturieren. Im Monitor haben Sie zusätzlich Statusinformationen und Projektverlauf auf einen Blick. Darüber hinaus können für eine spätere Revision Protokolle, Anhänge und Notizen komplett und umfassend verwaltet werden. Die Abbildungen in diesem Abschnitt zeigen einen sehr frühen Stand der Entwicklung des Migration Cockpits und liegen daher nur in einer englischen Version vor.

Prozessbäume und Migrationsprogramme

6.6.1 Übersicht

Für die Migration finden Sie im Customizing des neuen Hauptbuchs einen eigenen Ordner unter **Finanzwesen (neu) • Hauptbuchhaltung (neu) • Vorbereitung Produktivstart • Migration bestehender Daten**. Abbildung 6.10 illustriert, dass bereits einige Funktionen im Standard ausgeliefert werden. Bei ERP 2004 ist dieses ab Support Package 10 der Fall. Ohne genehmigte Registrierung wurde dort in der Vergangenheit die Meldung »Migration in das neue Hauptbuch nicht gestattet« angezeigt.

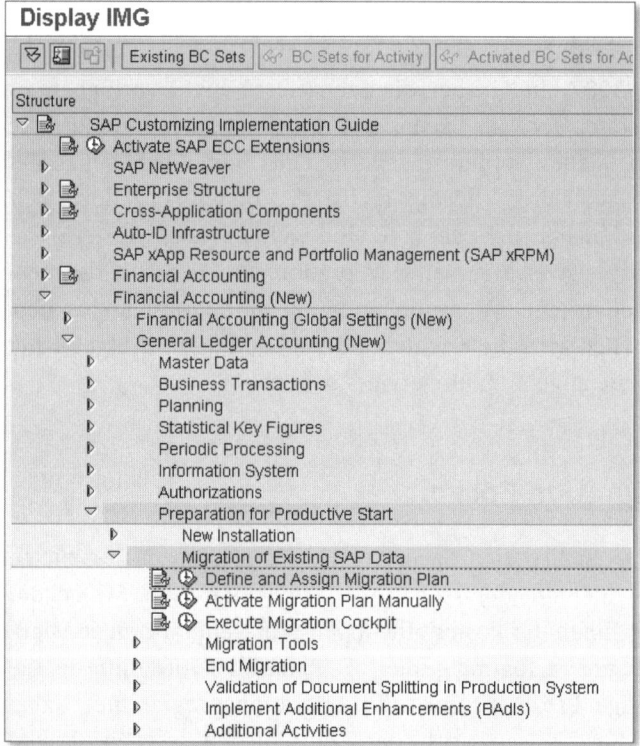

Abbildung 6.10 Pfad im Customizing

Ab ERP 2004 Support Package 13 bzw. ERP 2005 sind die meisten dieser Programme komplett gesperrt. Abbildung 6.11 zeigt, dass Sie sofort nach einem Lizenzschlüssel gefragt und auf den wichtigen Hinweis 812919 aufmerksam gemacht werden.

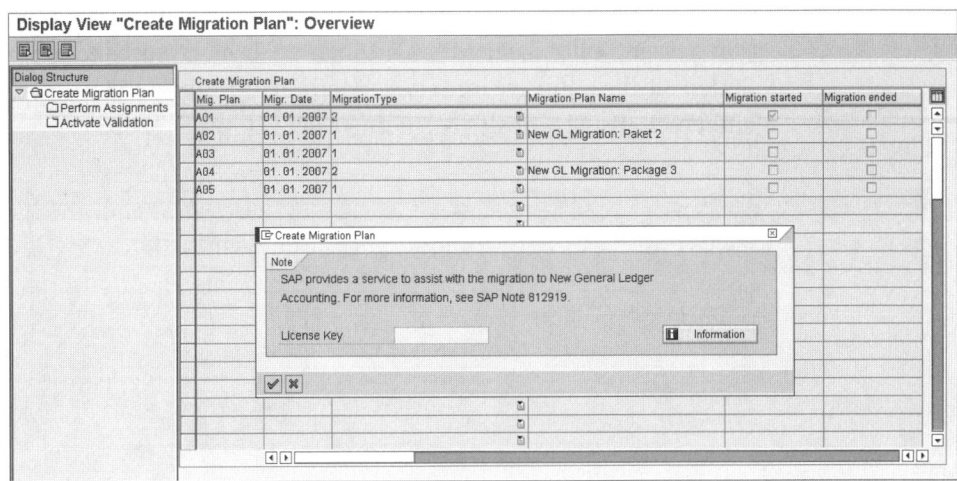

Abbildung 6.11 Lizenzschlüssel – Hinweis 812919

Der Hinweis 812919 geht im Wesentlichen auf drei Sachverhalte ein:

▶ SAP empfiehlt, die Migration nicht mit einem technischen Upgrade auf ERP zu verbinden.

▶ Bei der Migration handelt es sich um ein Teilprojekt der Einführung des neuen Hauptbuchs.

▶ Das SAP Migration Back Office unterstützt Sie bei der Migration durch einen bindenden kostenpflichtigen SAP General Ledger Migration Service.

Seit März 2007 wird der Lizenzschlüssel zwar im Customizing immer noch abgefragt, die eigentliche Migration findet jedoch über das neue Migration Cockpit statt. Als Folge wird SAP keinen Lizenzschlüssel mehr vergeben, sondern nach einer vertraglichen Vereinbarung über die Nutzung des New GL Migration Services das Migration Cockpit zur Verfügung stellen.

Lizenzschlüssel

Technische Infrastruktur

Um mit dem Cockpit arbeiten zu können, wird im Vorfeld eine bestimmte technische Infrastruktur benötigt. Überprüfen Sie im SAP-Anwendungsmenü unter **System · Status · Komponenten** (siehe Abbildung 6.12), ob die Basiskomponente DMIS mit dem neuesten Support-Package-Stand vorhanden ist. Dieses Add-on könnte bei Ihnen bereits installiert sein, da es sich um einen technischen

Basiskomponente DMIS

Bestandteil weiterer SAP-Produkte handelt, wie z. B. Test Data Migration Server. Sollte das DMIS bei Ihnen noch nicht vorhanden sein, finden Sie die Software im Service Marktplatz (*http://service.sap.com*) und einen Installationsleitfaden unter dem Hinweis 970531.

Softwarekomponente	Release	Level	Höchstes	Kurzbeschreibung der Softwarekomponente	
ERECRUIT	600	0006	SAPK-6000€	E-Recruiting	
ECC-DIMP	600	0006	SAPK-6000€	DIMP	
DMIS	2006_1_700	0002	SAPK-6170€	DMIS 2006_1_700 : Add-On Installation	
CPRXRPM	400	0000	-	CPRXRPM 400 Upgrade: Meta-Commandfile (C	
IS-UT	600	0006	SAPK-6000€	SAP Utilities/Telecommunication	
WFMCORE	200	0002	SAPK-2000€	WFMCORE 200 Upgrade: Meta-Commandfile (	
LSOFE	600	0006	SAPK-6000€	SAP Learning Solution Front-End	
SLL-LEG	7.00	0000	-	SLL-LEG 700 : Add-On Supplement	

Abbildung 6.12 Add-on Übersicht

Die DMIS-Basis stellt einen zunächst inhaltsfreien Rahmen für das Migration Cockpit zur Verfügung. Mit dem anschließenden Einspielen des zweiten Add-ons NMI_CONT werden Inhalte, d. h. Prozessbäume und Migrationsprogramme, ausgeliefert.

Bedienung

Sind alle technischen Voraussetzungen erfüllt, können Sie über die Transaktion CNV_MBT_NGLM das Migration Cockpit starten. Aufgrund der langen Bezeichnung der Transaktion und der häufigen Verwendung des Cockpits empfiehlt es sich, die Transaktion in den persönlichen Favoriten zu hinterlegen. Nachdem Sie das Migration Cockpit gestartet haben, sehen Sie eine benutzerbezogene Übersicht der Migrationsprojekte (siehe Abbildung 6.13). In unserem Beispiel ist für den Benutzer ACCOUNTANT1 noch kein Projekt angelegt oder zugeordnet.

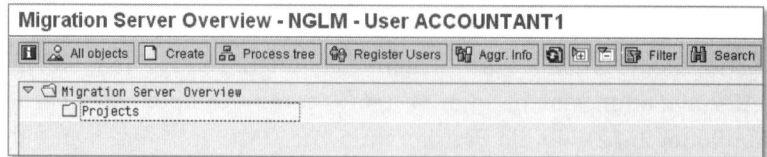

Abbildung 6.13 Projektübersicht

Beim Anlegen eines neuen Projekts wird dieses innerhalb eines Mandanten mit dem festgelegten Typ »NGLM = New GL Migration« definiert (siehe Abbildung 6.14).

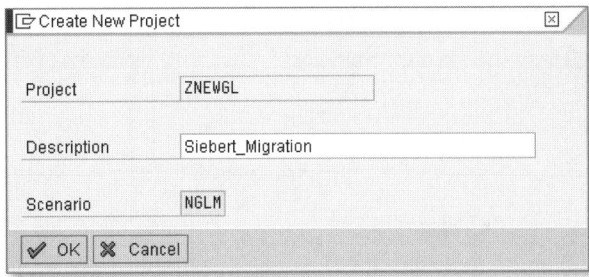

Abbildung 6.14 Neues Projekt

Ein Projekt kann mehrere Pakete beinhalten. Später erfolgt eine eindeutige Zuordnung eines Pakets zu einem Migrationsplan. Dieses Organisationsobjekt findet sich mehrfach wieder und ist mit Bedacht zu wählen. Prinzipiell können Sie einem Paket/Migrationsplan mehrere Buchungskreise zuordnen, wenn diese eine identische Geschäftsjahresvariante haben und das gleiche Migrationsszenario verwenden. Denkbar ist aber auch, dass sich jeder Buchungskreis in einem Paket/Migrationsplan widerspiegelt. Dies erhöht die Flexibilität beim Zurücksetzen der Testdaten, die je Migrationsplan erfolgt. Abbildung 6.15 zeigt zwei Pakete/Migrationspläne, die dem Benutzer SIEBERTJO zugeordnet sind. Dort ist ersichtlich, dass es technisch notwendig ist, da mit zwei unterschiedlichen Migrationsszenarios gearbeitet wird.

Pakete/Migrationsplan

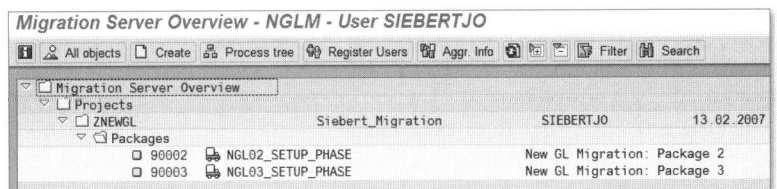

Abbildung 6.15 Migrationsplan

Beim Anlegen eines neuen Pakets/Migrationsplans wird zuerst abgefragt, welches Szenario verwendet werden soll. Auf dieser Grundlage wird der Prozessbaum aufgebaut. Abbildung 6.16 zeigt eine solche Neuanlage.

Szenario

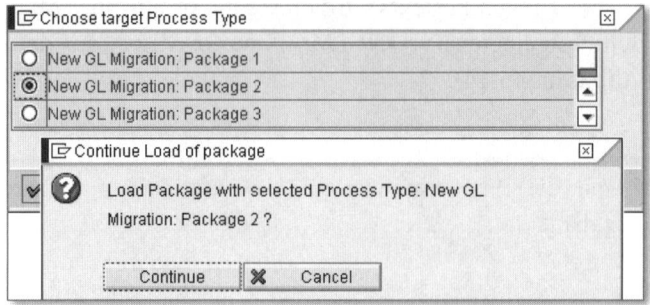

Abbildung 6.16 Szenario auswählen und laden

Projektphasen,
Meilensteine

Das in Abbildung 6.17 dargestellte Migration Cockpit beinhaltet neben den folgenden sechs Meilensteinen oder Phasen weitere Hilfsmittel zur Unterstützung des Projekts:

▸ Einrichtungsphase

▸ Check-up-Phase

▸ Vorbereitungsphase

▸ Migrationsphase

▸ Validierungsphase

▸ Aktivierungsphase

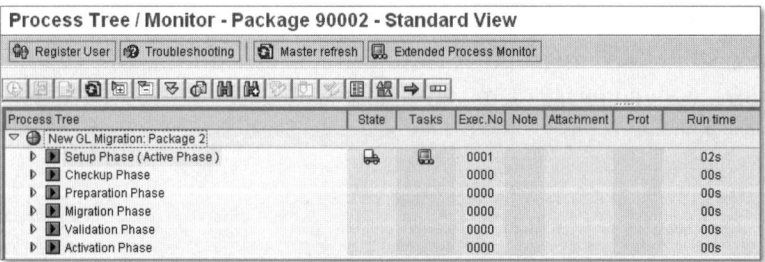

Abbildung 6.17 Phasen des Migration Cockpits

Nur für das Projekt registrierte Benutzer können mit dem jeweiligen Migrationsplan arbeiten. Im Berechtigungskonzept ist hierfür eine eigene Rolle SAP_NGLM_MASTER hinterlegt. Mit dem Schalter **Register User** können weitere Personen zugeordnet werden. Benutzer mit der Rolle SAP_ALL haben grundsätzlichen Zugriff auf alle Transaktionen und somit auch auf das Migration Cockpit sowie alle angelegten Migrationspläne. SAP_ALL-Benutzer sollte es aber, wenn überhaupt, nur wenige geben.

Aktivitäten

Je Szenario sind die Prozessbäume der einzelnen Phasen unterschiedlich aufgebaut. In Abbildung 6.18 sehen Sie z.B. die Einrichtungsphase für das Migrationsszenario 2 auf der linken und 3 auf der rechten Seite. Zusätzliche Aktivitäten für die Belegaufteilung sind zu bestimmten sinnvollen Zeitpunkten notwendig und verlängern somit den rechts abgebildeten Prozessbaum.

Unterschiedliche Prozessbäume

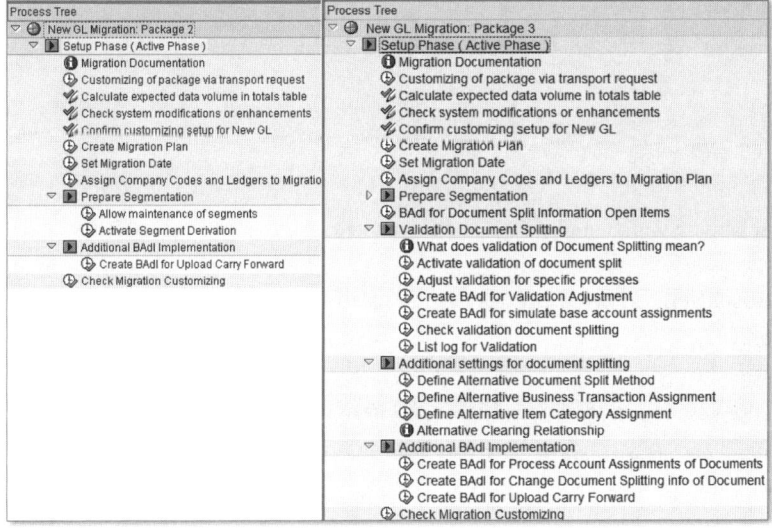

Abbildung 6.18 Unterschiedliche Prozessbäume

Generell lassen sich die Aktivitäten in drei Kategorien unterteilen:

- manuelle Bestätigungen
- Transaktionen
- Prüfprogramme

Manuelle Bestätigungen sind in den ersten Phasen besonders häufig zu finden. Zum Beispiel wird als einer der ersten Schritte eine Frage zum zukünftigen Datenvolumen in der FAGLFLEXT gestellt. Der dazugehörige Hilfetext erläutert die Problematik, indem auf den Hinweis 820495 aufmerksam gemacht wird. Eine manuelle Überprü-

Manuelle Bestätigung

fung der Architektur (siehe Abschnitt 2.2) und eine Berechnung des Datenvolumens sind die Folge. Im Migration Cockpit können externe Unterlagen hinterlegt werden (siehe Abbildung 6.19).

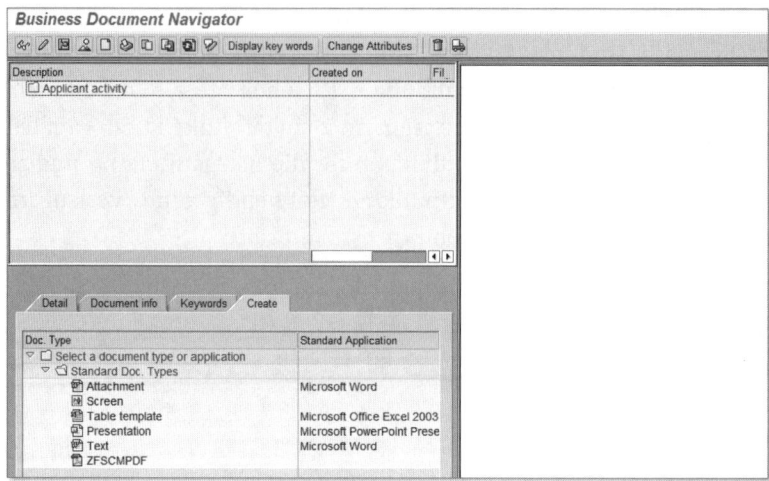

Abbildung 6.19 Hinterlegung von Dokumenten

Abschließend wird die Aktivität manuell bestätigt (siehe Abbildung 6.20).

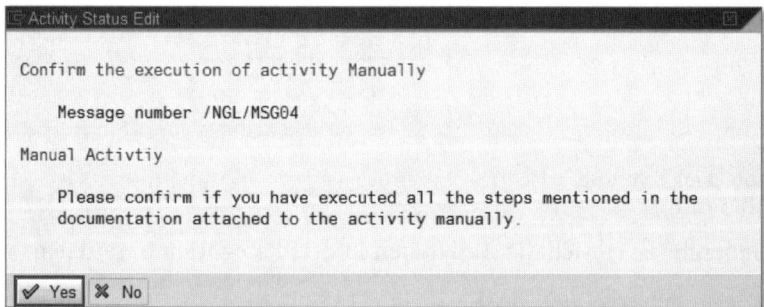

Abbildung 6.20 Manuelle Bestätigung

Transaktionen

Als weitere Aktivität sind Transaktionen im Prozessbaum hinterlegt. Diese werden benötigt, um z.B. das Migrationsdatum im System zu pflegen oder einen Saldovortrag zu buchen.

Prüfprogramme

Viele Aktivitäten beruhen auf Prüfprogrammen, die das aktuelle Customizing und den Datenbestand auf Konsistenz prüfen. Ist z.B. bei der Konfiguration des neuen Hauptbuchs eine Fortschreibung des neuen Felds **Segment** definiert, ist es auch notwendig, mindestens einen Stammsatz für Segmente im Customizing zu definieren. Zusätzlich wird geprüft, ob aus allen Profit-Centern das neue Feld abgeleitet werden kann.

Die Reihenfolge der manuellen Bestätigungen, Transaktionen und Prüfprogramme ist nicht beliebig. Aufgrund von Abhängigkeiten wird zwischen optionalen und verpflichtenden Schritten unterschieden. Der Migration Process Monitor (siehe Abbildung 6.21) zeigt alle abgearbeiteten Pflichtaktivitäten der jeweiligen Phase.

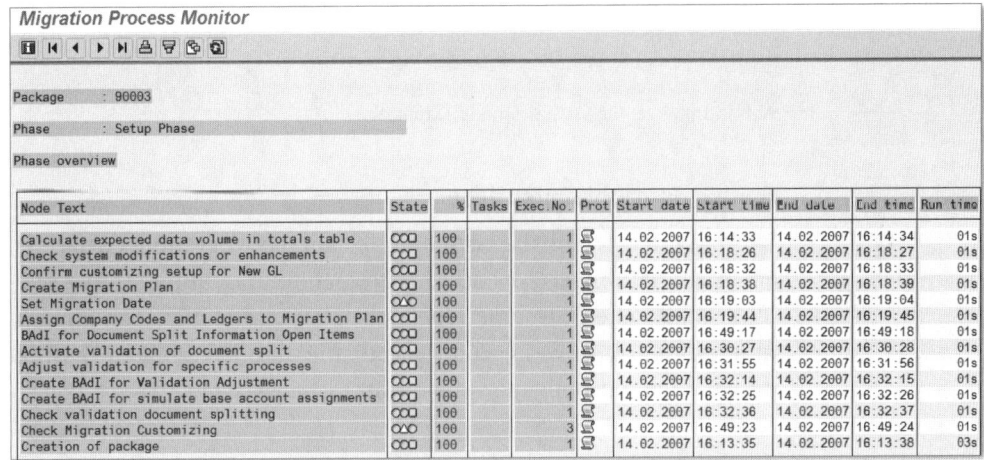

Abbildung 6.21 Migration Process Monitor

Einige Aktivitäten lassen sich beliebig oft wiederholen, andere sind ausschließlich zu einem bestimmten Zeitpunkt möglich. Das in Abbildung 6.22 hervorgehobene Icon (links oben) zeigt die Interdependenzen:

▶ Gibt es eine Vorgänger- oder Nachfolgerbeziehung?

▶ Ist ein Wiederholungslauf möglich?

Abbildung 6.22 zeigt, dass optionale Schritte nicht an eine Statusverwaltung angeschlossen sind.

Nachdem Sie Grundsätzliches zur Bedienung des Migration Cockpits erfahren haben, werden wir auf den folgenden Seiten die einzelnen Phasen und Meilensteine detaillierter betrachten.

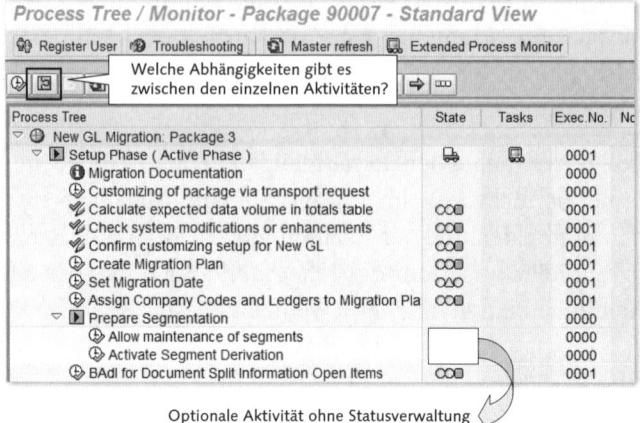

Abbildung 6.22 Eigenschaften der Aktivitäten

6.6.2 Einrichtungsphase

Die dargestellten Inhalte beziehen sich auf das Migrationsszenario 3, einen Migrationsservice, der die Belegaufteilung umfasst. In Abbildung 6.23 sehen Sie eine Übersicht aller Aktivitäten der Einrichtungsphase. Erst wenn alle verpflichtenden Aktivitäten korrekt durchlaufen wurden, kann die nächste Phase starten.

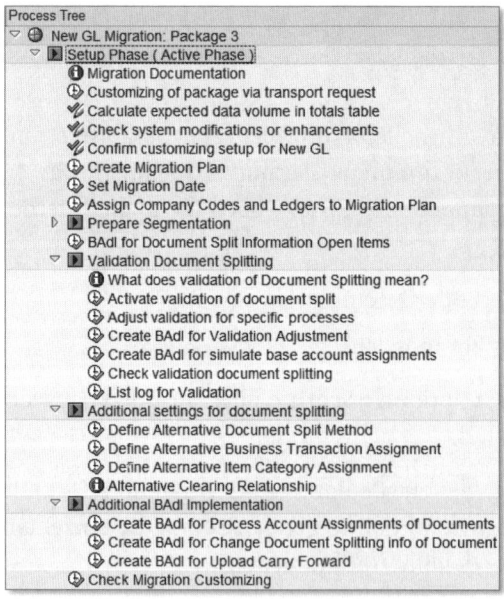

Abbildung 6.23 Übersicht über die Einrichtungsphase

Customizing über Transportauftrag

Begonnen wird mit der ersten Aktivität: Paket-Customizing über Transportauftrag. Dieser optionale Vorgang ist abhängig vom Aufbau Ihrer Systemlandschaft. Liegt eine typische Umgebung mit Entwicklungs-, Qualitätssicherungs- und Produktivsystem vor, sind alle erforderlichen Customizing-Einstellungen und Entwicklungen für BAdIs zu transportieren. Wird das Migration Cockpit zum Going-Live im Produktivsystem ausgeführt, entfällt die Aktivität.

Manuelle Bestätigungen

Es folgen drei manuell zu bestätigende Schritte:

1. **Datenvolumen**
   Im Kontext des Hinweises 820495 gilt es die Fragestellung zum Datenvolumen zu beantworten. Ist absehbar, dass die Anzahl Datensätze in der Summentabelle FAGLFLEXT zu hoch sein könnte, wird eventuell eine eigene Summentabelle pro definiertem Ledger benötigt. Zusätzlich könnte man hinterfragen, ob tatsächlich alle zu übertragenden Felder im neuen Hauptbuch für Auswertungen benötigt werden.

2. **Modifikationen**
   Ein weiterer wichtiger Aspekt sind Modifikationen/Erweiterungen und ihre Auswirkungen im Kontext des neuen Hauptbuchs. Sind sie prinzipiell noch erforderlich? Mit welchen Testverfahren stellen Sie ihre korrekte Funktion anschließend sicher?

3. **Soll-Konzept abgeschlossen**
   Indem Sie die Konfiguration des neuen Hauptbuchs bestätigen, erklären Sie die individuelle Einrichtung für abgeschlossen. Das Soll-Konzept ist fertig und technisch im System hinterlegt.

Migrationsplan

Sind diese drei Schritte jeweils bestätigt, erfolgt eine technische Hinterlegung des Migrationsplans. In Abbildung 6.24 wird das Paket dem Migrationsplan A01 eindeutig zugeordnet und ein Migrationsdatum gepflegt. Vorgeschlagen ist jeweils der erste Tag der im System konfigurierten Geschäftsjahresvarianten.

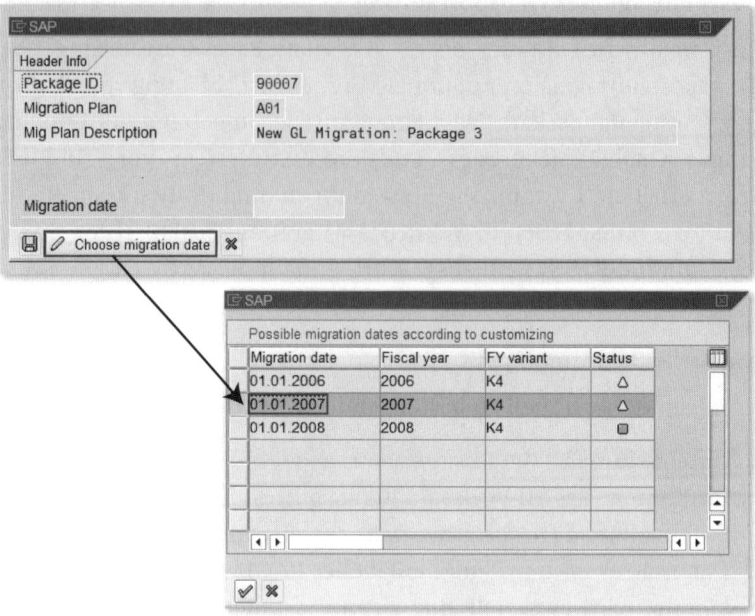

Abbildung 6.24 Migrationsplan definieren und Migrationsdatum festlegen

Migrationsdatum pflegen Alle Daten, die vor diesem Datum gebucht wurden (Phase 0), werden lediglich als Saldovortrag übernommen. Eine Ausnahme bilden OP-geführte Konten. Ab diesem Datum (Phase 1) wird der komplette Buchungsstoff nachgebucht und so in den Tabellen der neuen Hauptbuchhaltung aufgebaut.

Wählen Sie als Migrationsdatum den Anfang des laufenden Jahres, erhalten Sie in der Statuszeile lediglich eine gelbe Ampel. Dadurch soll deutlich gemacht werden, dass es in bereits weit vorangeschrittenen Geschäftsjahren sinnvoll sein könnte, das Migrationsdatum weiter in die Zukunft zu setzen. Wählen Sie als Migrationsdatum das laufende Geschäftsjahr plus eins, zeigt die Statuszeile eine grüne Ampel.

Zuordnung der Buchungskreise

Als nächste Aktivität erfolgt die Zuordnung der Buchungskreise und Ledger zum Migrationsplan (siehe Abbildung 6.25). Dort können ausschließlich Buchungskreise zugeordnet werden, deren Geschäftsjahresvariante mit der des ausgewählten Migrationsdatums identisch ist. Ein Buchungskreis kann darüber hinaus nicht in mehreren Migrationsplänen vorhanden sein.

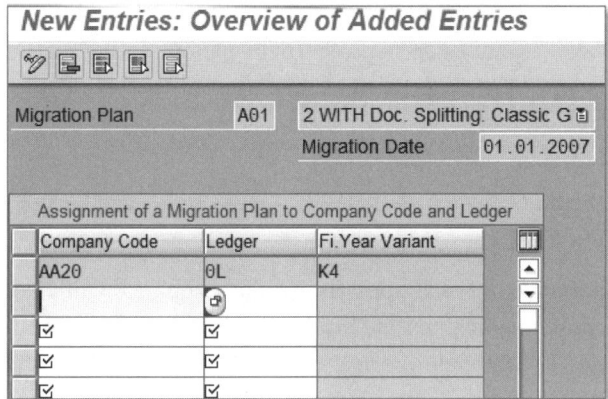

Abbildung 6.25 Zuordnung der Buchungskreise, Migrationsplan

Segment

Im Anschluss erfolgt ein optionaler Schritt, in dem Einstellungen für das neue Feld **Segment** vorgenommen werden können. Diese Aktivität ist nur dann relevant, wenn Sie das Merkmal im neuen Hauptbuch verwenden wollen und im Rahmen der Migration Segmentinformationen nachträglich generieren. Mit eingeschalteter Segmentableitung (siehe Abbildung 6.26) können Sie bereits vor der Aktivierung des neuen Hauptbuchs den Standardprozess mithilfe der Profit-Center-Ableitung nutzen.

Ableitung Profit-Center/Segment

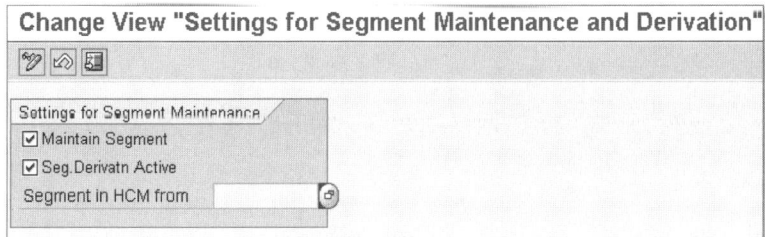

Abbildung 6.26 Segmentpflege vorbereiten

[zB] Als Migrationsdatum ist der 01.01.2007 festgesetzt. Die Datenübernahme in das neue Hauptbuch soll nach Abschluss des vorherigen Geschäftsjahres am Wochenende des 24.03.2007 erfolgen. Ist die Segmentableitung aktiv, enthalten alle Belege, die zwischen dem 01.01. und 24.03. gebucht wurden, auf Belegebene ein auf dem Profit-Center basierendes Segment. Diese Belege der Phase 1 werden für das neue Hauptbuch nachgebucht, weshalb Ihnen anschließend das Merkmal **Segment** auf Summensatzebene für Auswertungen zur Verfügung steht.

Belegaufteilung – BAdI

Ableitung für Saldovorträge und offene Posten

Es folgt eine Aktivität, die sich speziell auf das Szenario 3 mit der Funktion *Belegaufteilung* bezieht. Sie benötigen dort jeweils ein Business Add-In (BAdI), um Saldovorträge (FAGL_UPLOAD_CF) und Belege (FAGL_MIGR_SUBST) aus der Phase 0 mit Informationen anreichern zu können. In unserem Beispiel wird das neue Hauptbuch mit der Belegaufteilung verwendet, um für das Feld **Segment** eine eigene Bilanz erstellen zu können. Die Möglichkeit der nachträglichen Anreicherung von Belegen ist damit für spätere Folgeschritte eine verpflichtende Aktivität. Diese lässt sich nicht standardisieren, weshalb eine BAdI-Programmierung notwendig wird. Abbildung 6.27 zeigt ein Beispiel für Saldovorträge. Ähnliche BAdI-Programmierungen wurden bereits in Kapitel 2, *Konzeption und Ausprägung der Ledger,* erläutert. Dort wurde eine grundsätzliche Ableitung des Segments (FAGL_DERIVE_SEGMENT) dargestellt.

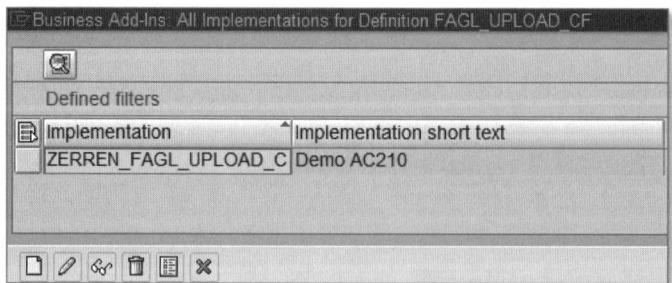

Abbildung 6.27 Zuordnung BAdI – technischer Name und Bezeichnung

In Abbildung 6.28 werden weitere grundsätzliche Informationen für das BAdI hinterlegt, insbesondere ist der Verweis auf den Quellcode IF_EX_FAGL_UPLOAD_CF zu erwähnen.

236

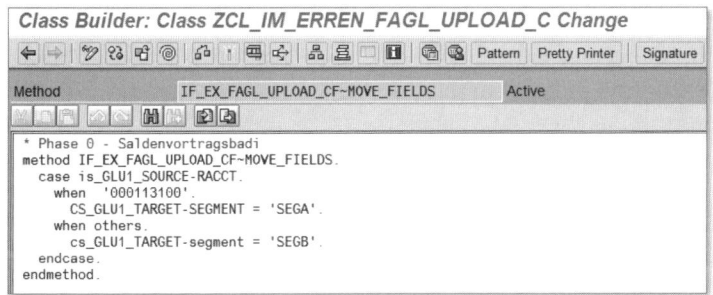

Abbildung 6.28 Zuordnung BAdI – Attribute

Abbildung 6.29 zeigt ein Beispielprogramm. Hier lässt sich kunden-individuell eine Ableitung von Feldinformationen hinterlegen.

Class Builder: Class ZCL_IM_ERREN_FAGL_UPLOAD_C Change

Method	IF_EX_FAGL_UPLOAD_CF~MOVE_FIELDS	Active

```
* Phase 0 - Saldenvortragsbadi
method IF_EX_FAGL_UPLOAD_CF~MOVE_FIELDS.
  case is_GLU1_SOURCE-RACCT.
    when  '000113100'.
      CS_GLU1_TARGET-SEGMENT = 'SEGA'.
    when others.
      cs_GLU1_TARGET-segment = 'SEGB'.
  endcase.
endmethod.
```

Abbildung 6.29 Zuordnung BAdI – Quelltext

Eine gewisse Unschärfe wird trotz flexibler Programmierung immer bestehen. Wurde in der Vergangenheit singulär kontiert, können nicht alle Informationen für Belege der Phase 0, d.h. den Saldovor-trag und offene Posten vor dem Migrationsdatum, generiert werden.

Singuläre Kontierung

Die Unschärfe kann durch ein programmiertes Regelwerk gering gehalten werden, indem z.B. das Segment mit dem größten Buchungsbetrag in die singulären Zeilen übertragen wird. Ein prag-matischer Ansatz könnte ebenfalls darin bestehen, generell mit einem Defaultwert für die neu zu bilanzierenden Felder zu starten. Im Laufe der Zeit gleichen sich die offenen Posten aus Phase 0 aus. Belege aus Phase 1 durchlaufen in der Migration bereits die neue Splitlogik und sind mit den vollständigen Informationen vorhanden.

Ihr Migrationsdatum ist der 01.01.2007. Am 24.12.2006 wurde eine Forderung in Höhe von 10.000 mit den Erlöszeilen 8.000, Profit-Center A, und 2.000, Profit-Center B, gebucht. Dieser Beleg ist zum Migrationszeitpunkt 24.03.2007 immer noch offen. Das BAdI (FAGL_MIGR_SUBST) kann aus der Information *Profit-Center* das neue bilanzielle Merkmal **Segment** ableiten. Für die Erlösbuchungen existieren zwei Belegzeilen, die jeweils angereichert werden können. Für die Forderung und gegebenenfalls Steuer ist nur eine Belegzeile und damit Segmentinformation vorhanden. Diesen Sachverhalt kann auch das BAdI nicht verändern.

Belegaufteilung – Validierung

Problematische
Geschäftsvorfälle
frühzeitig
erkennen

Damit die Funktion der Belegaufteilung innerhalb der Migration möglichst reibungsfrei durchlaufen werden kann, ist es ratsam, die Validierung zu nutzen. Eine im Hintergrund wirkende Überprüfung der zukünftigen Belegaufteilung hilft dabei, im Vorfeld problematische Geschäftsvorfälle zu erkennen. Die zukünftige Funktion *Belegaufteilung* kann so bereits im klassischen Hauptbuch simuliert werden. In Abbildung 6.30 werden die verschiedenen zeitabhängigen Validierungsmöglichkeiten dargestellt.

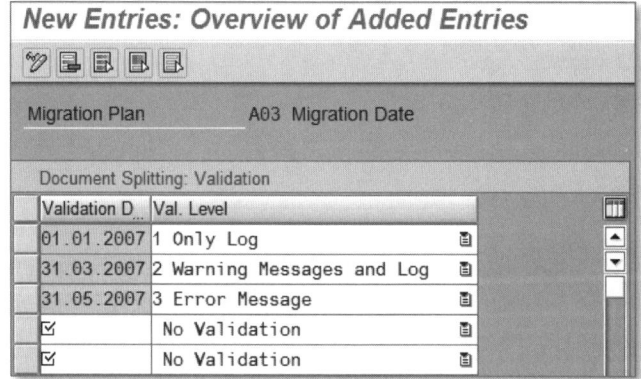

Abbildung 6.30 Aktivierung

Ihr Migrationsdatum ist der 01.01.2007. Belege, die ab diesem Zeitpunkt im klassischen Hauptbuch gebucht werden, durchlaufen als Phase-1-Daten erneut die komplette Buchungslogik, bevor sie im neuen Hauptbuch fortgeschrieben werden.

Bei einer späteren Datenübernahme findet für die Belegaufteilung eine Anreicherung jedes zu übernehmenden Einzelbelegs statt. Mit einer aktiven Validierung ab dem 01.01.2007 werden problematische Geschäftsvorfälle in einem Protokoll aufgedeckt. Ab dem 31.03.2007 ahndet das System diese Belege mit einer Warnmeldung (siehe Abbildung 6.31) bereits im klassischen Hauptbuch. Ungefähr einen Monat vor der eigentlichen Migration wird der Ernstfall bereits mit einer Fehlermeldung geprobt.

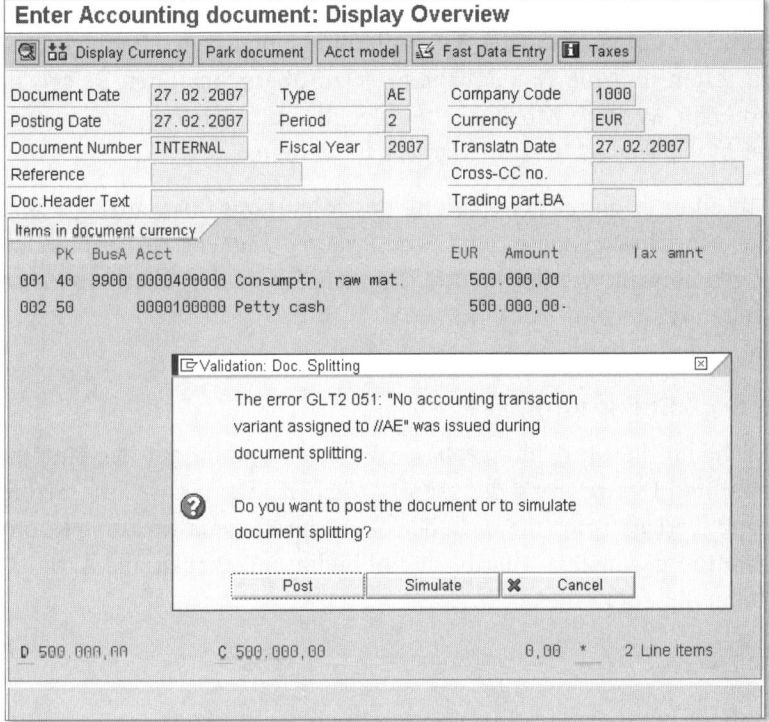

Abbildung 6.31 Beispielbuchung mit Warnungsmeldung

Besondere Transaktionen können bei dieser Betrachtung zunächst außen vor sein (siehe Abbildung 6.32). Dies ist sinnvoll, wenn für gewisse Sachverhalte eine Klärung eingeleitet ist und darüber hinaus das Protokoll übersichtlicher gestaltet werden soll – beispielsweise wenn die HR-Schnittstelle noch angepasst werden muss oder die Pflege der Materialstammsätze noch aussteht.

New Entries: Overview of Added Entries

Document Splitting: Validation: Maintenance View

Ref. Transactn	Tran	Transaction ...	Batch Input Selectn.	Val. Level
	PE30			No Validation
	PE31			No Validation
				No Validation
				No Validation

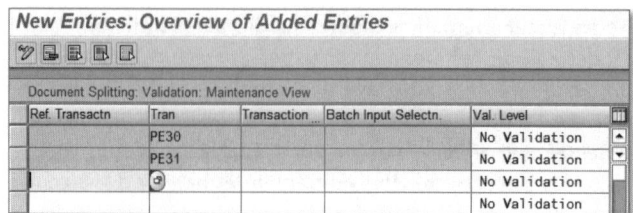

Abbildung 6.32 Validierung für spezielle Prozesse anpassen

Datenqualität erhöhen

Mit der ab SAP ERP 2005 vorhandenen Validierung sind Sie in der Lage, das Customizing der Belegaufteilung unter realen Bedingungen zu testen und die Datenqualität der zu übernehmenden Belege zu erhöhen. Weitere Möglichkeiten der Beleganreicherung sollen später in der Phase Migration dargestellt werden.

Mit einer erfolgreichen Prüfung des Migrations-Customizing endet die Einrichtungsphase. Erst wenn dieser Meilenstein erfolgreich abgeschlossen werden konnte, können Sie in der Check-up-Phase weiterarbeiten.

6.6.3 Check-up-Phase

Nachdem die Einrichtungsphase den Schwerpunkt auf der Einrichtung und Überprüfung des grundsätzlichen Migrations-Customizing hatte, verlagert sich dieser in der Check-up-Phase in Richtung Konfiguration des neuen Hauptbuchs. Abbildung 6.33 zeigt alle Aktivitäten in diesem Kontext.

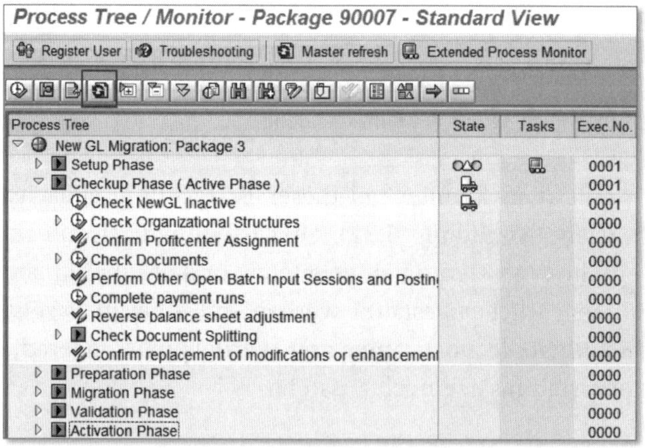

Abbildung 6.33 Übersicht über die Check-up-Phase

Neues Hauptbuch inaktiv

In einem ersten Schritt stellt ein Prüfprogramm sicher, dass das neue Hauptbuch noch inaktiv ist. Damit ist sichergestellt, dass die neue Summentabelle FAGLFLEXT noch keine Einträge beinhaltet. Geschäftsvorfälle werden nach wie vor in den klassischen Tabellen fortgeschrieben. Ist diese grundsätzliche Voraussetzung nicht erfüllt, können keine weiteren Aktivitäten des Migration Cockpit ausgeführt werden.

Organisationsobjekte prüfen

Der nächste Schritt umfasst eine Reihe von Prüfprogrammen auf Ebene der Organisationsobjekte:

▶ Buchungskreis

▶ Kostenrechnungskreis

▶ Geschäftsbereich

▶ Segment

▶ Profit-Center

▶ Zuordnung Profit-Center zu Segment

Abbildung 6.34 zeigt das Ergebnis einer solchen Prüfung.

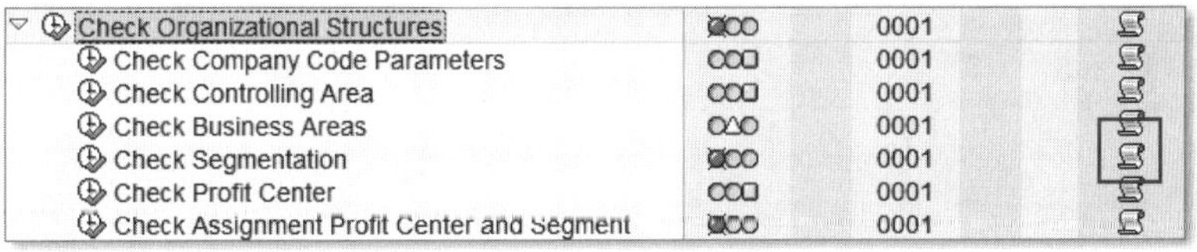

Abbildung 6.34 Prüfung der Organisationsstrukturen

Die gelbe Ampel beim Objekt »Geschäftsbereich« in Abbildung 6.35 signalisiert, dass dieses Szenario beim neuen Hauptbuch nicht zugeordnet ist, obwohl im klassischen Hauptbuch Kontierungen mit dem Merkmal vorhanden sind. Es erscheint nur eine Warnung, weil es sich nicht zwangsläufig um einen Fehler handeln muss. Vielleicht liegt ein prinzipieller Wechsel vom Organisationsobjekt »Geschäftsbereich« hin zur wesentlich flexibleren Entität »Profit-Center« vor.

Objekt »Geschäftsbereich«

241

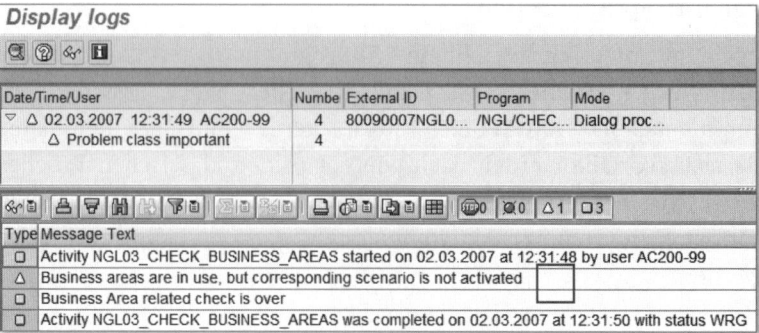

Abbildung 6.35 Protokoll der Geschäftsbereichsprüfung

Objekt »Segment«

Die rote Ampel hingegen zeigt einen Fehler in der Konfiguration auf. Das Protokoll der Meldung erläutert, dass ein aktives Szenario Segment vorliegt, jedoch keine Segmentinformationen definiert wurden. Diese Konfigurationslücke kann im Abschnitt **Unternehmensstruktur · Definition · Finanzwesen · Segment definieren** geschlossen werden; Abbildung 6.36 zeigt nochmals die Definition der Segmente.

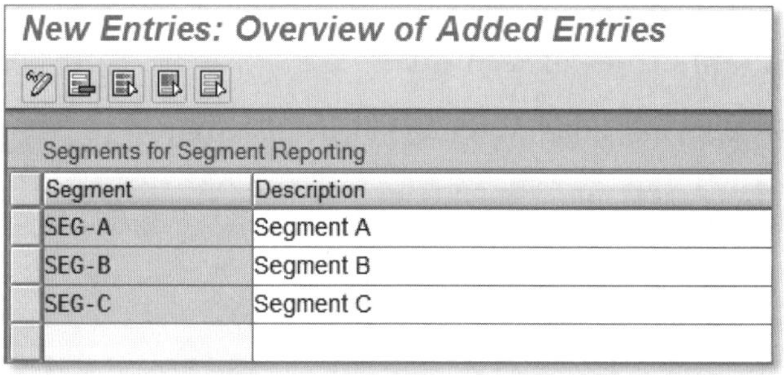

Abbildung 6.36 Segmente definieren

Darüber hinaus fehlen Zuordnungen von Profit-Centern und Segment. Mit der Transaktion KE55 können Sie eine Massenpflege der Profit-Center-Stammdaten durchführen und das neue Merkmal **Segment** hinterlegen (siehe Abbildung 6.37).

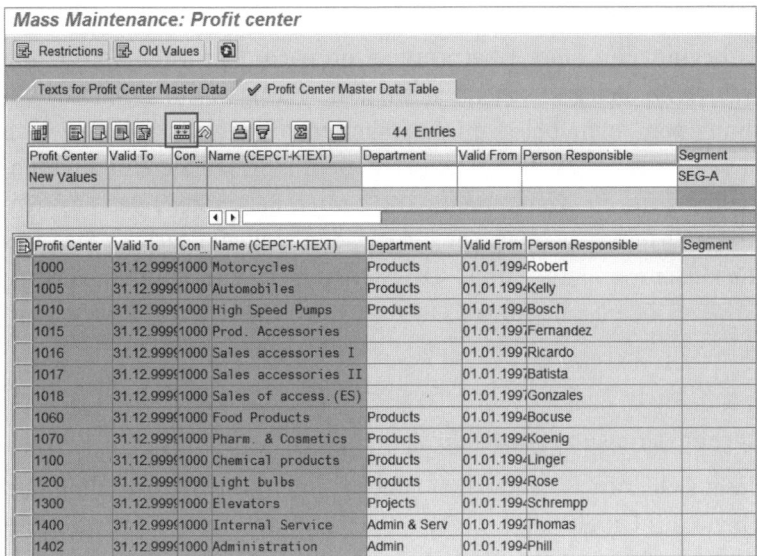

Abbildung 6.37 Massenpflege der Profit-Center

Sind alle Organisationsobjekte einer grünen oder zumindest gelben Ampel zugewiesen, bekommt auch die verpflichtende übergeordnete Sammelaktivität einen entsprechenden Status.

In der nächsten Aktivität bestätigen Sie eine verbindliche Zuordnung der Profit-Center zu anderen Datenobjekten wie z.B. Kostenstelle, Innenauftrag oder Materialstamm. Eine vollständige Liste finden Sie unter dem Customizing-Pfad **Finanzwesen (neu) · Hauptbuchhaltung (neu) · Stammdaten · Profit-Center · Zuordnung von Kontierungsobjekten zu Profit-Centern**. Wird von diesem Objekt eine Segmentbilanz abgeleitet, darf eine einfache Änderung nach der Migration nicht mehr möglich sein. In der Vergangenheit haben Sie vielleicht ähnliche Erfahrungen mit Geschäftsbereichsbilanzen gemacht. Sind diese aktiv, können z.B. Zuordnungen von Geschäftsbereichen und Wirtschaftsgütern in FI-AA auch nicht mehr manuell geändert werden. Ist ein Geschäftsbereichswechsel dennoch notwendig, findet eine Transferbuchung statt. Nur so kann ein korrekter Abgang bzw. Zugang je Geschäftsbereich dokumentiert werden.

Verbindliche Zuordnung der Profit-Center

Nach einer manuellen Bestätigung der Profit-Center-Zuordnung übernehmen zwei Prüfprogramme einen weiteren Schritt, um die Qualität und Konsistenz der zu übernehmenden Daten sicherzustellen.

Archivierte Belege

Es beginnt mit einer Überprüfung, ob nach dem Migrationsdatum archivierte Belege vorhanden sind. Eine Migration, d.h. Nachbuchung von Archivbelegen ist nämlich nicht möglich. Sollten Sie an dieser Stelle auf eine rote Ampel stoßen, eröffnen Sie eine Kundenmeldung für die Komponente FI-GL-MIG. Bevor Sie Daten aus dem Archiv ins operative System zurückladen wollen, beachten Sie, dass Rückladeprogramme für FI_DOCUMNT seit dem Support Package SAPKH50007 (siehe Hinweis 877439) nicht mehr zum SAP-Standard gehören.

Buchungskreisübergreifende Vorgänge

Zusätzlich zur Datenqualität findet eine Konsistenzprüfung auf Ebene des Organisationsobjekts Buchungskreis statt. Es wird ermittelt, ob Sie in der Vergangenheit buchungskreisübergreifende Buchungen verwendet haben. Entsprechende Buchungskreise müssen sich in den Migrationsplänen wiederfinden. Sind Geschäftsjahres-Anfangsdaten und -Endedaten unterschiedlich, ermittelt die Aktivität, ob buchungskreisübergreifende FI-Belege im Geschäftsjahr der Migration (Phase 1) vorhanden sind. In diesem Fall würden Sie eine Fehlermeldung erhalten und eine Kundenmeldung unter FI-GL-MIG anlegen müssen. Des Weiteren wird für die Funktion der Belegaufteilung die Konfiguration geprüft. Buchungskreisübergreifende Buchungen darf es nur geben, wenn die Beteiligten jeweils den Belegsplit nutzen bzw. jeweils deaktiviert haben. Eine Mischlösung gibt es nicht.

Nachdem Datenqualität und Konsistenz auf Buchungskreisebene geprüft wurden, befasst sich der nächste Schritt mit einer manuellen Aktivität. Sie müssen bestätigen, dass alle offenen Batch-Input-Sitzungen komplett durchgeführt wurden. Mappen mit den folgenden Status darf es ab diesem Zeitpunkt nicht mehr geben:

- neu
- fehlerhaft
- in Arbeit
- im Hintergrund
- wird erstellt

Insbesondere wenn Sie die Belegaufteilung nutzen, müssen die in den Mappen enthaltenen Belege komplett im klassischen Hauptbuch kontiert werden, damit sie dann auch für eine Migration zur Verfügung stehen. In einer eigenen manuellen Aktivität gilt das auch für offene Zahlungsläufe.

Rücknahme der Bilanzanpassungen

Der nächste Schritt, die Rücknahme der Bilanzanpassungen, hat seinen Ursprung in der veränderten Architektur des neuen Hauptbuchs. Auf zwei Aspekte soll auf den nächsten Seiten deshalb näher eingegangen werden:

- Nachbelastung der Bilanz
- Fremdwährungsbewertung

Im klassischen Hauptbuch haben Sie das Programm SAPF180 zur Nachbelastung Bilanz verwendet, um z.B. einen Saldo null für das Merkmal **Geschäftsbereich** zu ermöglichen. Allgemein sind diese summarischen Buchungen ein Bestandteil des jeweiligen Monatsabschlusses. Mit dem neuen Hauptbuch wurde die Technik der Nachbelastung durch die Belegaufteilung ersetzt. Das Programm SAPF180 kann zukünftig nicht mehr ausgeführt werden. In der Konsequenz bedeutet das, dass die Technik der Belegaufteilung zum Einsatz kommen muss, falls Sie weiterhin Bilanzen auf Basis von Geschäftsbereichen benötigen. In der Phase 1, d.h. nach dem Migrationsdatum, durchlaufen alle Belege den Belegsplit und ermöglichen für das Merkmal **Geschäftsbereich** einen Saldo null auf Belegebene. Summarische Buchungen, die vom Programm SAPF180 in der Phase 1 im klassischen Hauptbuch vorgenommen wurden, müssen deshalb mit der Transaktion F.80 manuell zurückgenommen werden.

Nachbelastung der Bilanz

Ein weiterer Aspekt für die Aktivität »Rücknahme der Bilanzanpassungen« liegt in der veränderten Architektur der Fremdwährungsbewertung begründet. In den meisten Fällen wird zum Monatsende eine Bewertung der Fremdwährungsbelege gebucht, die dann am Anfang der neuen Periode wieder storniert wird. In einigen Ländern gibt es jedoch rechtliche Rahmenbedingungen, die eine solche Rücknahme der Bewertungsbuchung verbieten und eine Deltabuchungstechnik verlangen. Dieses wurde im klassischen Hauptbuch mit der so genannten BDIFF-Logik abgebildet. Im neuen Hauptbuch gestaltet

Fremdwährungsbewertung

sich die Architektur differenziert. Dort findet eine Speicherung der Informationen in Bewertungsbereichen statt. Das neue Programm zur Fremdwährungsbewertung arbeitet ausschließlich mit der neuen Architektur. Gefährlich ist der Sachverhalt »Fremdwährungsbewertung – Deltatechnik«, weil keine Fehlermeldung vom SAP-System produziert werden kann. Es handelt sich um einen logischen Bruch, der im Extremfall zu einer falschen Bewertung der Fremdwährungen führen kann.

[zB]

Ein europäisches Unternehmen kauft zum Wechselkurs von 1,25 EUR/USD bei einer amerikanischen Firma ein. Dieses hat eine Forderung in Höhe von 100.000 $ bzw. 80.000 €. Zum Bilanzstichtag 31.12.2006 liegt der Wechselkurs bei 1,35 EUR/USD. Da der Dollar an Wert verloren hat, sind nur noch ca. 74.000 € zu bilanzieren. Eine Korrekturbuchung mittels Deltatechnik findet in Tabelle 6.1 statt. In der Tabelle BDIFF wird der bewertete Betrag von 6.000 € gespeichert.

Konto	Bezeichnung	Soll	Haben
230010	Kursverlust	6.000	
140099	Korrekturkonto Forderungen		6.000

Tabelle 6.1 Fremdwährungsbewertung

In den meisten Ländern/Fällen wird die Deltatechnik nicht angewendet. Dort würde zum 01.01.2007 der Betrag storniert werden. Bei einem Zahlungseingang bzw. einer erneuten Fremdwährungsbewertung wird ausgehend vom Wechselkurs 1,25 EUR/USD der vollständige Kursgewinn/-verlust realisiert. In unserem Beispiel wird ausgehend vom bewerteten Wechselkurs 1,35 EUR/USD nur noch das Delta gebucht. Führen wir dieses Beispiel weiter, indem am 24.03.2007 eine Migration stattfindet. Im neuen Hauptbuch finden sich die Salden der Gewinn- und Verlustkonten auf dem Ergebnisvortragskonto wieder. Der Saldo des Korrekturkontos wird migriert, und offene Posten werden einzeln übernommen (siehe Tabelle 6.2).

Konto	Bezeichnung	Soll	Haben
900000	Ergebnisvortrag		74.000
140099	Korrekturkonto Forderungen		6.000
140000	Forderungen	80.000	

Tabelle 6.2 Kontendarstellung nach der Migration

Mit der Aktivierung des neuen Hauptbuchs müssen Sie mit dem Programm FAGL_FC_VALUATION für die Fremdwährungsbewertung arbeiten. Dieses kann auf die »alten Beleginformationen« nicht zurückgreifen und würde in unserem Delta-Beispiel bei einem stabilen Wechselkurs von 1,35 EUR/USD folgenden Buchungssatz erstellen (siehe Tabelle 6.3).

Konto	Bezeichnung	Soll	Haben
230010	Kursverlust	6.000	
140099	Korrekturkonto Forderungen		6.000

Tabelle 6.3 Fremdwährungsbewertung

Diese sachlich falsche Kontierung lässt sich nur vermeiden, indem Sie in der Migrationsphase 1 für die Deltabewertungen eine Umkehrbuchung vornehmen. Mit der Transaktion OB59 lässt sich eine Bewertungsmethode als Reset-Methode definieren. In unserem Beispiel müssen Sie im klassischen Hauptbuch am 01.03.2007 mit dem Programm SAPF100, einer Bewertung zur Bilanzvorbereitung und der definierten Reset-Methode alle noch vorhandenen Deltabestände auflösen (siehe Tabelle 6.4).

Konto	Bezeichnung	Soll	Haben
230010	Kursverlust		6.000
140099	Korrekturkonto Forderungen	6.000	

Tabelle 6.4 Fremdwährungsbewertung – Reset-Methode

In der Phase 1 können in den Monaten Januar und Februar Kursgewinne und -verluste wie gewohnt in der alten Technik gebucht werden. Erst vor einer endgültigen Übernahme der Daten im März findet eine Korrektur statt und vermeidet somit eine sachlich falsche Buchung auf Basis der neuen Architektur.

Zusammengefasst ist die manuelle Aktivität »Rücknahme der Bilanzanpassungen« in den Fällen von besonderem Interesse, in denen Geschäftsbereichsbilanzen zum Einsatz kommen oder in denen die Deltatechnik im Rahmen der Fremdwährungsbewertung verwendet wird.

Belegaufteilung – Konfiguration optimieren

Haben Sie sich für ein Szenario mit Belegaufteilung entschieden, beinhaltet der Prozessbaum an dieser Stelle vier Aktivitäten, um Ihre vorhandene Datenbasis im klassischen Hauptbuch mit der Konfiguration der zukünftigen Belegaufteilung zu optimieren.

Zuordnung Konto/Positionstyp

Während der Datenmigration und auch für spätere Buchungen in Phase 2 ist es unerlässlich, dass die Sachkonten in der Konfiguration der Belegaufteilung als Positionstyp bekannt sind, wie in Kapitel 5, *Belegaufteilung*, dargestellt. In Abbildung 6.38 sehen Sie das Ergebnis einer Überprüfung des Customizing. Bisher nicht zugeordnete Konten werden mit einem Vorschlagswert für einen Positionstyp präsentiert und mit einer roten Ampel gekennzeichnet.

Assignment Between G/L Account and Item Category

Chart of Accts	CoCode	G/L Account	Name	Default Item	Item category	Status
INT	AA19	0000476000	Office supplies	20000	20000	○○●
INT	AA19	0000476100	Data processing supplies expenses	20000	20000	○○●
INT	AA19	0000476300	External Services	20000	20000	○○●
INT	AA19	0000476500	Other administrative expenses	20000	20000	○○●
INT	AA19	0000476900	Other general expenses	20000	20000	○○●
INT	AA19	0000477000	Advertising and Sales costs	20000	20000	○○●
INT	AA19	0000477100	Marketing Presents (see Account Assignm	20000	20000	○○●
INT	AA19	0000478000	Marketing/Sales Rep. costs	20000	20000	○○●
INT	AA19	0000479000	Bank Charges	20000	20000	○○●
INT	AA19	0000479100	TR-TM: Other expense - financial transacti	20000	20000	○○●
INT	AA19	0000481000	Cost-accounting depreciation	20000	20000	○○●
INT	AA19	0000481100	Minor assets - direct method	20000	20000	○○●
INT	AA19	0000482000	Taxbased depreciation	20000	20000	○○●
INT	AA19	0000483000	Imputed interest	20000	20000	○○●
INT	AA19	0000484000	Estimated depreciation - other	20000	20000	○○●
INT	AA19	0000489000	Other estimated costs	20000	20000	○○●
INT	AA19	0000499998	Reconciliation FI-CO (internal postings)	20000	20000	○○●
INT	AA19	0000499999	Reconciliation FI-CO (external postings)	20000	20000	○○●
INT	AA19	0000609080	Transfer Marketing Costs	20000		●○○
INT	AA19	0000698000	Internal revenue (profit center)	20000		●○○
INT	AA19	0000698100	Internal stock changes	20000		●○○
INT	AA19	0000698200	Internal transfers	20000		●○○
INT	AA19	0000699999	Function area bill of exchange	20000		●○○
INT	AA19	0000790000	Unfinished products	06000		●○○
INT	AA19	0000790010	Work in process from external procuremen	06000		●○○
INT	AA19	0000791000	Products being processed	01000		●○○
INT	AA19	0000792000	Finished goods inventory	06000		●○○

Abbildung 6.38 Konten – Positionstypen

Zuordnung Belegart/ Geschäftsvorfall

Nach dieser ersten Überprüfung folgt eine Verprobung auf Basis der genutzten und korrekt konfigurierten Belegarten (siehe Abbildung 6.39). Betrachtet man die Belegart »KR – Kreditorenrechnungen«, sind dort Belege vorhanden, die migriert werden sollen. Für die Zuordnung von Belegart und Belegaufteilung wurde ein Konfiguration hinterlegt, weshalb eine grüne Ampel dargestellt wird; Details finden Sie in Abschnitt 5.4.2. Eine gelbe Ampel besagt generell, dass das Customizing für diese Belegart fehlt, jedoch keine Belege zur Übernahme anstehen. Diese Fälle sind für eine Migration der Phase-1-Belege unkritisch. Fehlermeldungen entstehen, wenn diese Belegarten in der Phase 2 bei manuellen Buchungen verwendet werden. Entsprechend ist eine rote Ampel als Fehlermeldung zu deuten, wenn Belege zur Migration vorhanden sind, eine Lücke in der Konfiguration aber eine erfolgreiche Übernahme verhindern wird.

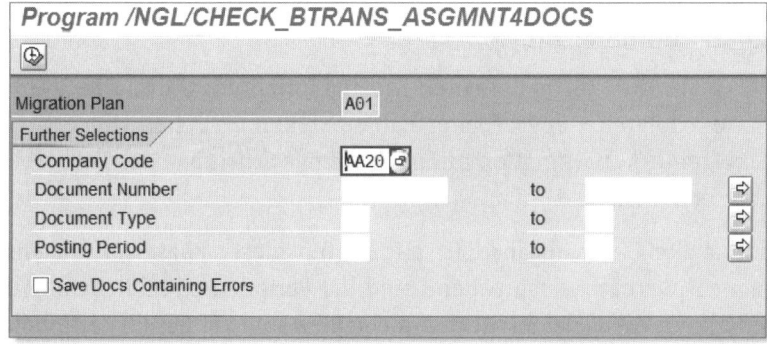

Status	Ty	Tran	Varia	Description	DocsBefore	Docs After	Message (Customizing settings OK?)
⊙⊙⊙	DR	0200	0001	Customer invoice	0	0	OK
⊙⊙⊙	DZ	1000	0001	Payments	0	0	OK
⊙⊙⊙	EU				0	0	No assignment
⊙⊙⊙	EX	0000	0001	Unspecified posting	0	0	OK
⊙⊙⊙	GF				0	0	No assignment
⊙⊙⊙	JE				0	0	No assignment
⊙⊙⊙	KA	0000	0002	Unspecified posting	0	0	OK
⊙⊙⊙	KE				0	0	No assignment
⊙⊙⊙	KG	0300	0001	Vendor invoice	0	0	OK
⊙⊙⊙	KN	0300	0001	Vendor invoice	0	0	OK
⊙⊙⊙	KP	1010	0001	Clearing transactions (account maint.)	0	0	OK
⊙⊙⊙	KR	0300	0001	Vendor invoice	1	1	OK
⊙⊙⊙	KZ	1000	0001	Payments	0	0	OK
⊙⊙⊙	ML	0000	0001	Unspecified posting	0	0	OK
⊙⊙⊙	NB				0	0	No assignment

Abbildung 6.39 Belegarten – Geschäftsvorfall

Das nächste Prüfprogramm betrachtet Belege aus den Phasen 0 und 1, die aufgrund der aktuellen Konfiguration der Belegaufteilung nicht mehr buchbar wären. Das wäre beispielsweise dann der Fall, wenn die Belegart KR jetzt ausschließlich für Kreditorenrechnungen zu verwenden ist, in der Vergangenheit aber auch reine Sachkontenbuchungen stattgefunden haben. Abbildung 6.40 zeigt Möglichkeiten der Selektion je Buchungskreis, Belegnummernintervall, Periode und Belegart.

Abbildung 6.40 Selektion

Das daraus resultierende Protokoll kann genutzt werden, um die aktuelle Konfiguration zu überprüfen oder für bestimmte Belege

Sonderfälle der Migration

Ausnahmen in der Migration zu definieren. In unserem Beispiel in Abbildung 6.41 wurde abweichend von allen anderen Geschäftsvorfällen mit Belegart KR der Geschäftsvorfall »0300 – Kreditorenrechnung« in der Aufteilungslogik nicht durchlaufen. In Abbildung 6.41 ist ein alternativer Vorgang definiert, der den Beleg 1900000002 für die Migration so aussteuert, dass als Geschäftsvorfall »1000 – Zahlung« prozessiert wird.

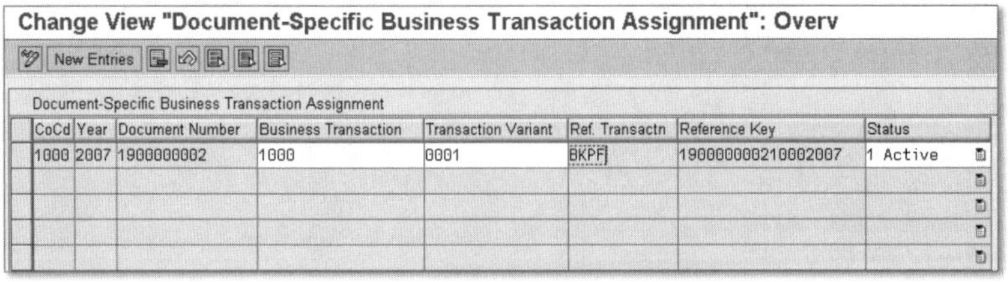

Change View "Document-Specific Business Transaction Assignment": Overv

Document-Specific Business Transaction Assignment

CoCd	Year	Document Number	Business Transaction	Transaction Variant	Ref. Transactn	Reference Key	Status	
1000	2007	1900000002	1000	0001	BKPF	190000000210002007	1 Active	

Abbildung 6.41 Alternativen Vorgang definieren

Damit funktioniert die Migration auch für ehemalige Sonderfälle jenseits der sonst definierten Belegaufteilungsregeln.

Modifikationen und Erweiterungen

Die Check-up-Phase endet mit einer manuellen Aktivität. Wenn Sie Modifikationen und Erweiterungen verwenden, die Auswirkungen auf das neue Hauptbuch haben könnten, bestätigen Sie mit diesem Schritt deren Anpassung.

6.6.4 Vorbereitungsphase

Wenn Sie alle Pflichtaktivitäten in der Einrichtungs- und Check-up-Phase erfolgreich abgearbeitet haben, stehen zwischen Ihnen und der eigentlichen Migration nur noch wenige Schritte in der Vorbereitungsphase (siehe Abbildung 6.42).

In das alte Geschäftsjahr darf mit Beginn dieser Phase nicht mehr gebucht werden. Entsprechend sind die Perioden zu schließen. Mit der Aktivität **Ausgleichsrücknahme prüfen** sind ab diesem Zeitpunkt Ausgleichsbelege vor dem Migrationsdatum nicht mehr möglich. Diese Schritte beenden die operative Arbeit für das Vorjahr. Es folgen weitere Aktivitäten, die im Wesentlichen der Analyse und Qualität des vorhandenen Buchungsstoffs gelten.

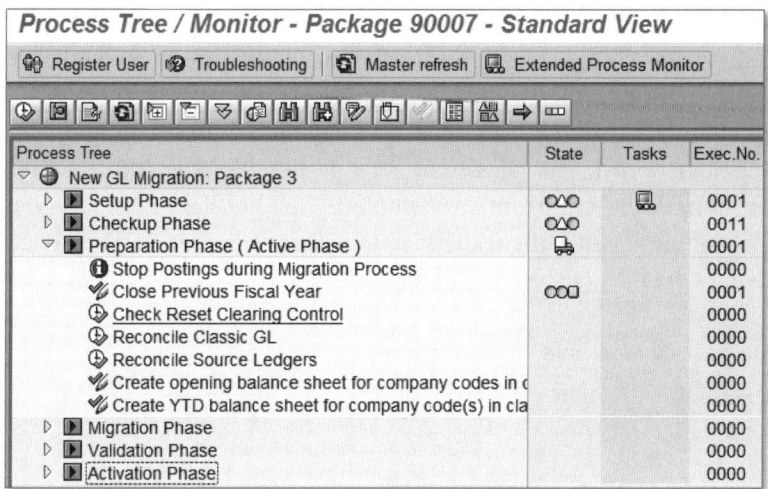

Abbildung 6.42 Übersicht über die Vorbereitungsphase

Große Umsatzprüfung

Diese Aktivität startet das Programm »SAPF190 – Abstimmanalyse Finanzbuchhaltung«. Beispielsweise muss die Summe der Einzelposten mit den Verkehrszahlen der jeweiligen Periode übereinstimmen. Das ist in Abbildung 6.43 für Periode 2 mit einem jeweiligen Betrag von 1.100 € der Fall.

Recon. in company code currency			EUR						
A CoCd Local FY FP		Item debit	Account debit	Debit		Item credit	Account credit	Credit	
T	curcy	FP	total	total	difference	total	total	difference
K AA20 EUR	07 01	0,00	0,00	0,00	0,00	0,00	0,00
K AA20 EUR	07 02	0,00	0,00	0,00	1.100,00	1.100,00	0,00
K AA20 EUR	07 03	0,00	0,00	0,00	0,00	0,00	0,00
K AA20 EUR	07 04	0,00	0,00	0,00	0,00	0,00	0,00
K AA20 EUR	07 05	0,00	0,00	0,00	0,00	0,00	0,00
K AA20 EUR	07 06	0,00	0,00	0,00	0,00	0,00	0,00
K AA20 EUR	07 07	0,00	0,00	0,00	0,00	0,00	0,00
K AA20 EUR	07 08	0,00	0,00	0,00	0,00	0,00	0,00
K AA20 EUR	07 09	0,00	0,00	0,00	0,00	0,00	0,00
K AA20 EUR	07 10	0,00	0,00	0,00	0,00	0,00	0,00
K AA20 EUR	07 11	0,00	0,00	0,00	0,00	0,00	0,00
K AA20 EUR	07 12	0,00	0,00	0,00	0,00	0,00	0,00
K AA20 EUR	07 13	0,00	0,00	0,00	0,00	0,00	0,00
K AA20 EUR	07 14	0,00	0,00	0,00	0,00	0,00	0,00
K AA20 EUR	07 15	0,00	0,00	0,00	0,00	0,00	0,00
K AA20 EUR	07 16	0,00	0,00	0,00	0,00	0,00	0,00
K AA20 EUR	07 **	0,00	0,00	0,00	1.100,00	1.100,00	0,00

Abbildung 6.43 Abstimmung der Finanzbuchhaltung

Nach Ansicht des Protokolls ist der erfolgreich durchgeführte Schritt manuell zu bestätigen.

Ledgervergleich

Eine weitere Möglichkeit, die Qualität der zu übernehmenden Daten sicherzustellen, bietet die Transaktion GCAC, »Ledgervergleich«. Abbildung 6.44 zeigt die flexiblen Optionen dieses Programms. Selektiert wird das klassische Hauptbuch, Ledger 00 für den Buchungskreis AA20 und das komplette Geschäftsjahr 2007. Als vergleichendes Ledger dient die klassische Profit-Center-Rechnung mit dem Ledger 8A (siehe Abbildung 6.44).

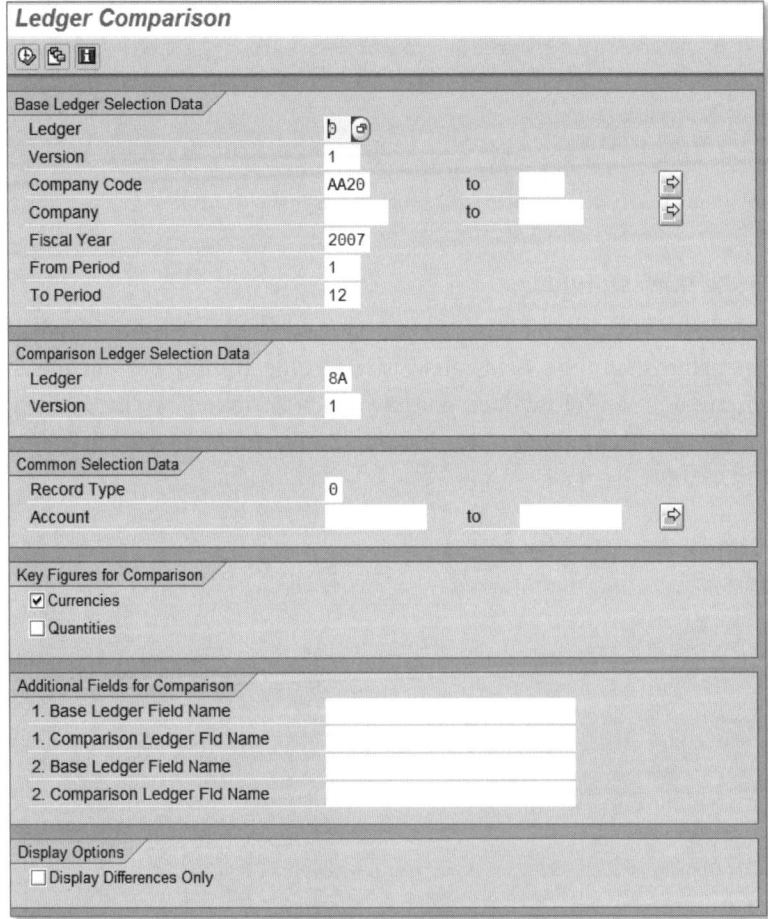

Abbildung 6.44 Abstimmung der Ledger – Selektion

Wenn dort keine kalkulatorischen Werte vorgehalten sind, darf es eigentlich keine Differenzen zwischen den Büchern geben (siehe Abbildung 6.45). Vorhandene Unstimmigkeiten können je Konto identifiziert und analysiert werden. Bevor Sie Saldenvorträge und Belege aus der Welt des klassischen Hauptbuchs übernehmen, ist es oberste Priorität, die ursprüngliche Datenkonsistenz sicherzustellen.

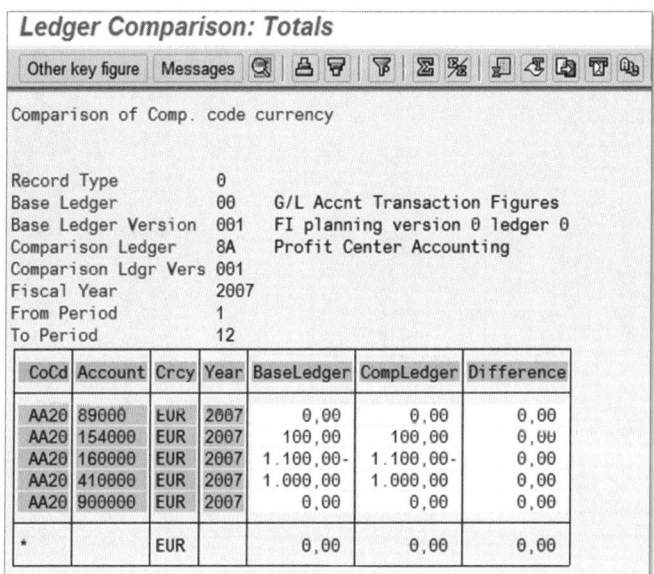

Abbildung 6.45 Abstimmung der Ledger – Ergebnis

Dokumentation

Wurden bis zum jetzigen Zeitpunkt alle verpflichtenden Aktivitäten erfolgreich durchlaufen, schließt die Vorbereitungsphase mit einer Dokumentation des Ist-Zustands ab. Für das klassische Hauptbuch werden Bilanzen erstellt und gespeichert. Dann steht der eigentlichen Migration nichts mehr im Wege. Es folgt die Migrationsphase.

6.6.5 Migrationsphase

Verschiedene Schritte zur Vorbereitung sind erfolgreich abgeschlossen, nun werden Daten vom klassischen Hauptbuch ins neue Hauptbuch übernommen. Abbildung 6.46 zeigt auch für diese Phase eine Übersicht des Prozessbaums.

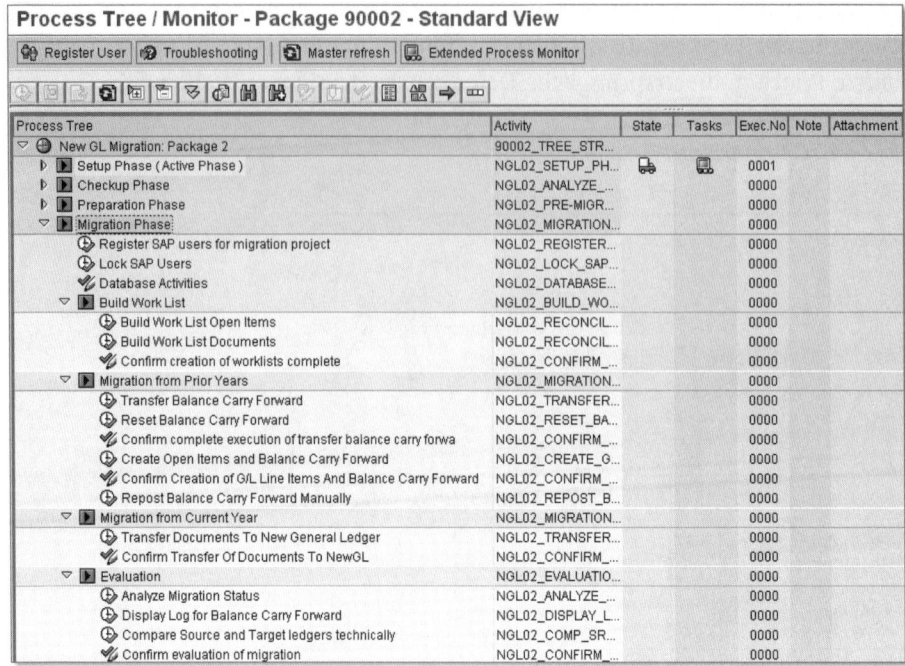

Abbildung 6.46 Übersicht über die Migrationsphase

Im Wesentlichen sind fünf verschiedene Arbeitsbereiche mit ihren jeweiligen Einzelaktivitäten zu unterscheiden:

▸ Sicherung des Systems

▸ Arbeitsvorrat aufbauen

▸ Migration ab vorherigem Jahr (Phase-0-Daten)

▸ Migration ab laufendem Jahr (Phase-1-Daten)

▸ Bewertung der durchlaufenen Migration

Lassen Sie uns die jeweiligen Bereiche mit den verschiedenen Aktivitäten auf den folgenden Seiten detaillierter betrachten.

Sicherung des Systems

Zur Sicherung des Systems gehören einige Vorsichtsmaßnahmen, bevor Daten migriert werden können. Zunächst sind die wirklich notwendigen Benutzer für das Projekt final zu registrieren. Im Umkehrschluss bedeutet dies, dass nicht registrierte Benutzer für die Dauer der Migration im System gesperrt werden. Das ist notwendig,

um die Datenkonsistenz der zu migrierenden Daten zu gewährleisten. Mit der Aktivität **SAP Benutzer sperren** können Sie diese Maß-
nahme komfortabel vornehmen (siehe Abbildung 6.47).

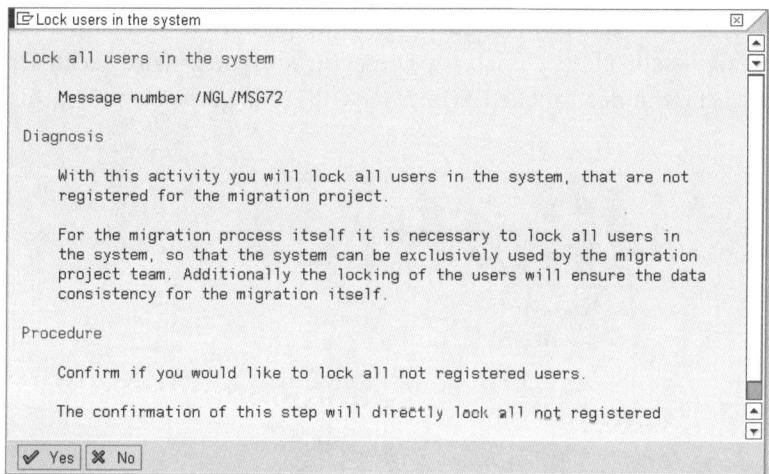

Abbildung 6.47 Benutzer sperren

Vor dem Start der Migration ist eine vollständige Datensicherung zu
empfehlen. Tauchen bei der Migration Probleme oder Fehler auf,
kann im Notfall auf diesen ursprünglichen Datenbestand neu aufgesetzt werden.

Um zusätzlich die Leistung und Laufzeit der Datenübernahme zu
optimieren, können Sie die Datenbankprotokollierung deaktivieren.
Ihr System- oder Datenbankadministrator kann Ihnen diesbezüglich
weiterhelfen. Je nach verwendeter Datenbank gibt es verschiedene
Möglichkeiten.

Datenbank
optimieren

Wenn Sie die Benutzer gesperrt, eine Datensicherung durchgeführt
und anschließend die Datenbank für die Migration optimiert haben,
kann der nächste der fünf Arbeitsbereiche beginnen.

Arbeitsvorrat aufbauen

Belege aus dem klassischen Hauptbuch müssen für eine spätere
Datenübernahme zunächst in einen Arbeitsvorrat aufgenommen
werden. Es gibt einen Arbeitsvorrat für offene Posten der Phase 0,
d.h. vor dem Migrationsdatum, und einen zweiten für alle Belege

der Phase 1, d.h. nach dem Migrationsdatum. Mit dem Aufbau der Arbeitsvorräte beginnt die Migration. Abbildung 6.48 zeigt den Arbeitsvorrat für offene Posten der Phase 0. Im Protokoll ist zu erkennen, dass in unserem Beispiel die Anzahl der Objekte – mit einer Kreditorenrechnung und einer OP-geführten Sachkontenbuchung – sehr übersichtlich ist. Dieser Arbeitsvorrat wird technisch betrachtet in der Tabelle FAGL_MIG_OPITEMS gespeichert.

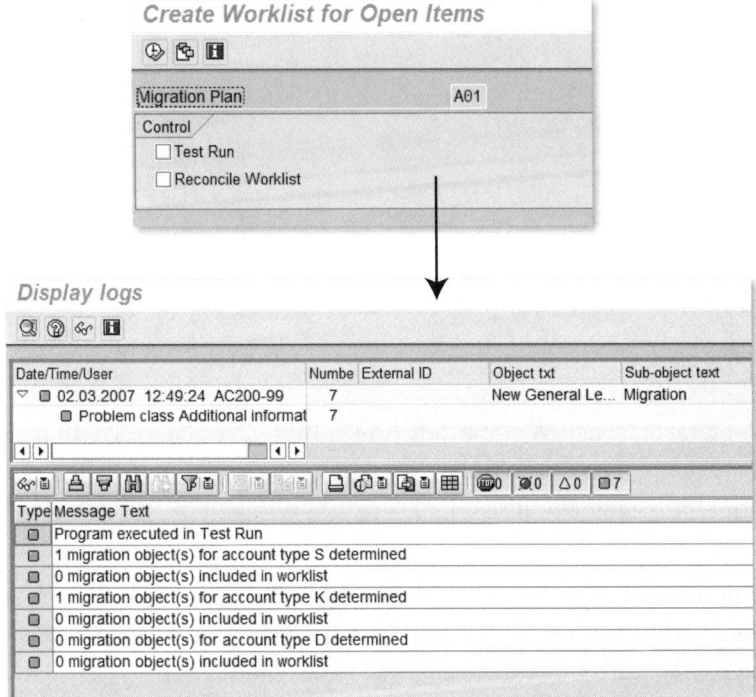

Abbildung 6.48 Arbeitsliste für offene Posten erstellen

Arbeitsvorrat für Belege der Phase 0

In einem zweiten Schritt erstellen Sie einen Arbeitsvorrat für alle Belege der Phase 1 (siehe Abbildung 6.49).

Arbeitsvorrat für Belege der Phase 1

Wird das Programm mehr als einmal ausgeführt, berücksichtigt das System nur die zusätzlichen Belege. Wenn Sie wie in Abbildung 6.50 die Vollständigkeit der Arbeitslisten bestätigen, kann der nächste Arbeitsbereich, die Migration der Phase-0-Daten, beginnen.

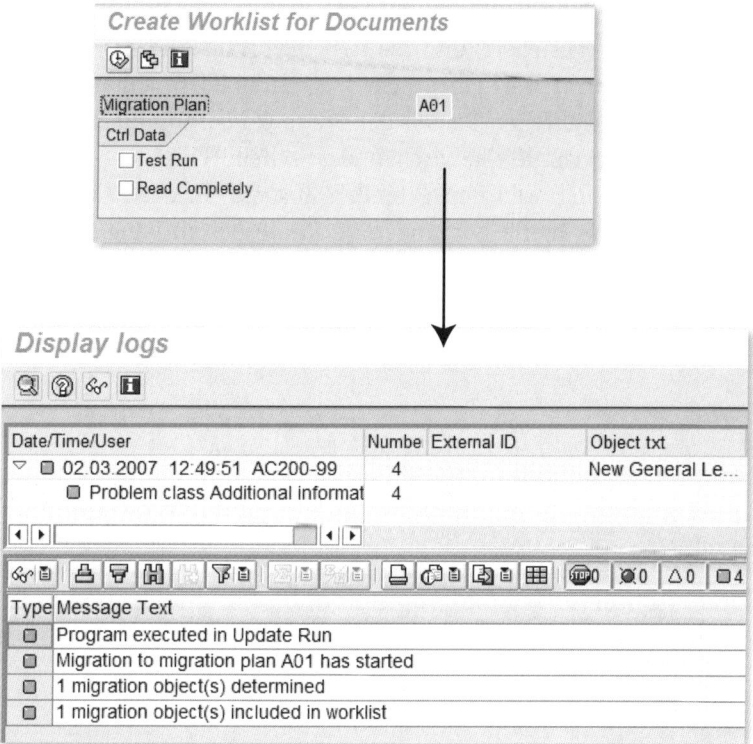

Abbildung 6.49 Arbeitsliste für Belege

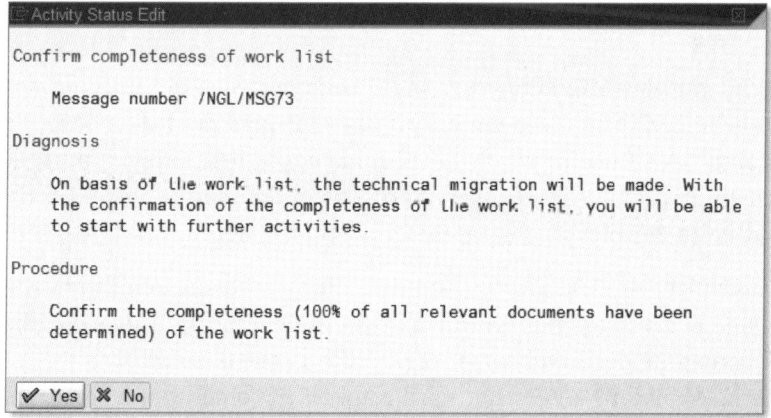

Abbildung 6.50 Bestätigung

Migration vorhergehende Jahre (Phase 0)

Übernahme Saldovorträge und Belege der Phase 0

Das System ist gesichert, und die Arbeitsvorräte sind erstellt. Nun beginnt mit Schritt 3 die eigentliche Migration. Bevor jedoch die Saldovorträge und offenen Posten der Phase 0 übernommen werden, zeigt ein Ledgervergleich zwischen klassischem Hauptbuch (00) und neuem Hauptbuch (0L) den aktuellen Zustand. In der FAGLFLEXT sind noch keine Werte vorhanden, je Konto besteht eine Differenz (siehe Abbildung 6.51).

```
Comparison of Comp. code currency

Record Type              0
Base Ledger              00    G/L Accnt Transaction Figures
Base Ledger Version      001   FI planning version 0 ledger 0
Comparison Ledger        0L    Leading Ledger
Comparison Ldgr Vers     001
Fiscal Year              2007
From Period              0
To Period                0
```

CoCd	Account	Crcy	Year	Base ledger	CompLedger	Difference
AA20	89000	EUR	2007	100.000,00-	0,00	100.000,00-
AA20	154000	EUR	2007	500,00	0,00	500,00
AA20	160000	EUR	2007	5.500,00-	0,00	5.500,00-
AA20	900000	EUR	2007	105.000,00	0,00	105.000,00
AA20	410000	EUR	2007	0,00	0,00	0,00
*		EUR		0,00	0,00	0,00

Abbildung 6.51 Ledgervergleich 00/0L

Wird mit der Migration begonnen, verändert sich der Zustand der Tabelle FAGLFLEXT. In der ersten Aktivität wird der Saldovortrag je Konto bzw. Buchungskreis übernommen. Sie bestimmen, von welchem ursprünglichen Ledger Werte in ein definiertes Zielledger, in unserem Beispiel 0L, übernommen werden sollen.

Zusätzlich zu den Werten können die Merkmale des jeweiligen Quell-Ledgers migriert werden; z.B. ermöglicht das Ledger 8A die Übernahme des Ergebnisvortragskontos gegliedert nach Profit-Centern. Abbildung 6.53 zeigt das Protokoll für einen durchgeführten Saldovortrag des Quell-Ledgers 0.

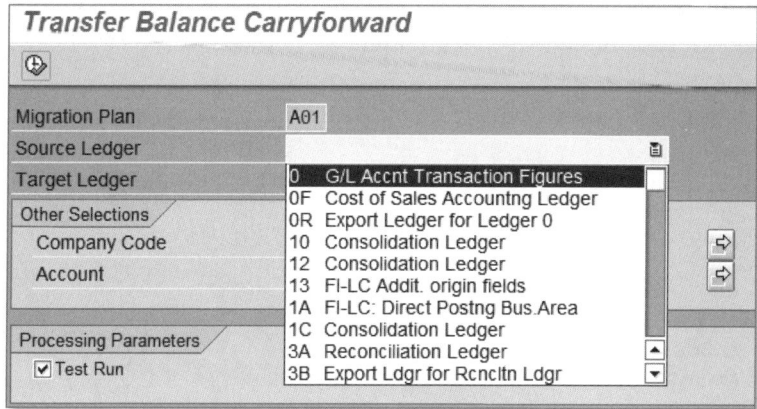

Abbildung 6.52 Saldovortrag – Selektion

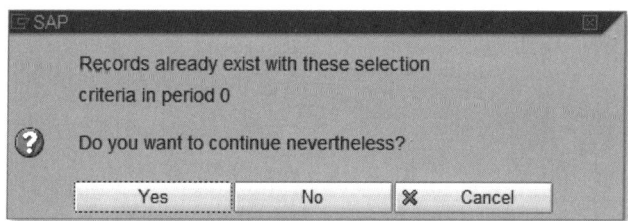

Abbildung 6.53 Protokoll des Saldovortrags

Im Gegensatz zum klassischen Saldovortragsprogramm bedeutet ein mehrmaliges Ausführen auch ein kumuliertes Schreiben der Werte in die Summentabelle FAGLFLEXT. Das System zeigt diese Sachverhalte mit einer Warnmeldung an.

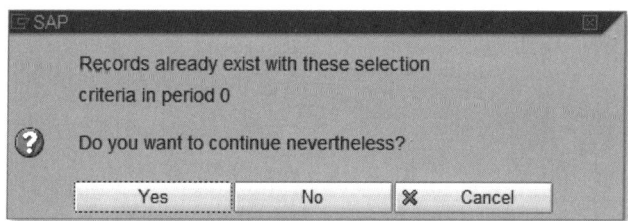

Abbildung 6.54 Warnmeldung

Mit der zusätzlichen Aktivität »Saldovortrag zurücksetzen« kann dieses pro Buchungskreis und Konto wieder korrigiert werden, Abbildung 6.55 zeigt die Selektionskriterien des Programms. Das Zurücksetzen des Saldovortrags löscht nicht die Einträge in der FAGLFLEXT, sondern setzt diese lediglich auf null.

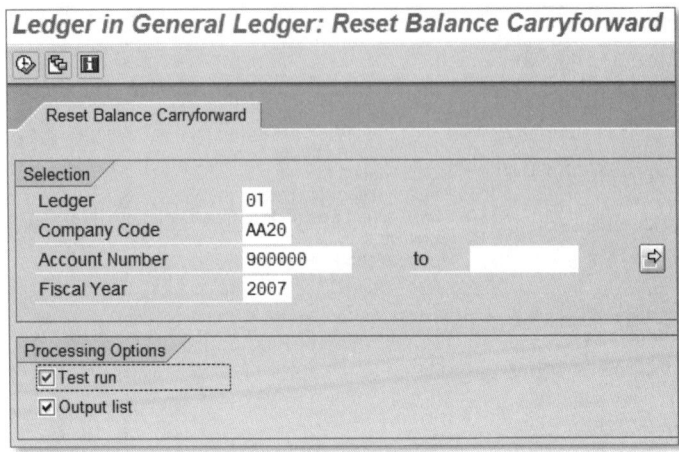

Abbildung 6.55 Saldovortrag zurücksetzen

In Abbildung 6.56 wird ein Ledgervergleich nach der erfolgten Saldenübernahme dargestellt. Das Ergebnisvortragskonto 900000 und das Sachkonto 154000 wurden vollständig ins neue Hauptbuch übernommen.

Ledger Comparison: Totals

Other key figure | Messages

Comparison of Comp. code currency

Record Type   0
Base Ledger   00   G/L Accnt Transaction Figures
Base Ledger Version 001   FI planning version 0 ledger 0
Comparison Ledger   0L   Leading Ledger
Comparison Ldgr Vers 001
Fiscal Year   2007
From Period   0
To Period   0

CoCd	Account	Crcy	Year	Base ledger	CompLedger	Difference
AA20	89000	EUR	2007	100.000,00-	0,00	100.000,00-
AA20	160000	EUR	2007	5.500,00-	0,00	5.500,00-
AA20	154000	EUR	2007	500,00	500,00	0,00
AA20	410000	EUR	2007	0,00	0,00	0,00
AA20	900000	EUR	2007	105.000,00	105.000,00	0,00
*		EUR		0,00	105.500,00	105.500,00-

Abbildung 6.56 Ledgervergleich 00/0L, nach der Saldenübernahme

Anreicherung des Felds »Segment«

Möchten Sie das neue Feld **Segment** nutzen, kann es vom Saldovortragsprogramm standardmäßig nicht angereichert werden. Dieser Sachverhalt ist auch gültig, wenn Sie Daten aus dem Ledger 8A, der Profit-Center-Rechnung übernehmen. Es gibt zwei generelle Möglichkeiten, eine Merkmalskontierung im Saldovortrag zu erreichen: Sie können mit dem in der Einrichtungsphase hinterlegten BAdI FAGL_UPLOAD_CF eine maschinelle Anreicherung vornehmen, oder Sie buchen manuell mit der Transaktion FBCB in die Periode 0.

Es werden prinzipiell nur die Merkmale ins neue Hauptbuch übernommen, wenn auch das entsprechende Szenario zugeordnet ist. Nehmen wir als Beispiel die Konsolidierungsbewegungsart, die von vielen Kunden für Rückstellungsbuchungen und eine Erstellung von Rückstellungsspiegeln genutzt wird. Ist das Szenario *Konsolidierungsvorbereitung* dem Ledger 0L nicht zugeordnet, findet keine Übertragung dieses Merkmals statt. Auch wenn Sie als Quell-Ledger die Tabelle GLT3 für den Saldovortrag wählen, kann ein Report-Painter-Bericht auf Basis von FAGLFLEXT keine Werte anzeigen.

In der nächsten Aktivität müssen Splitinformationen für die offenen Posten der Phase 0 aufgebaut werden. Da es sich hierbei um einen maschinellen Schritt handelt, können Sie die Ergebnisse am besten mit der Transaktion SE16N in der Tabelle FAGL_SPLINFO anzeigen lassen (siehe Abbildung 6.57). Diese Aktivität hat zu diesem Zeitpunkt noch keine Auswirkungen auf die Tabellen FAGLFLEXA und FAGLFLEXT.

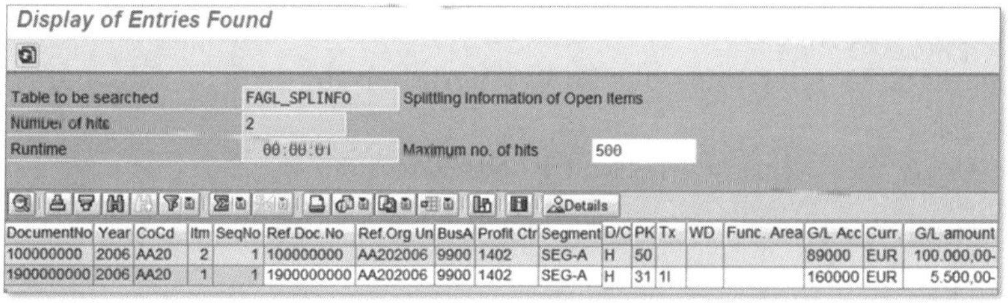
Display of Entries Found

Table to be searched: FAGL_SPLINFO — Splitting Information of Open Items
Number of hits: 2
Runtime: 00:00:01 — Maximum no. of hits: 500

DocumentNo	Year	CoCd	Itm	SeqNo	Ref.Doc.No	Ref.Org Un	BusA	Profit Ctr	Segment	D/C	PK	Tx	WD	Func. Area	G/L Acc	Curr	G/L amount
100000000	2006	AA20	2	1	100000000	AA202006	9900	1402	SEG-A	H	50				89000	EUR	100.000,00-
1900000000	2006	AA20	1	1	1900000000	AA202006	9900	1402	SEG-A	H	31	1I			160000	EUR	5.500,00-

Abbildung 6.57 Tabelle FAGL_SPLINFO

Das bereits in der Einrichtungsphase hinterlegte BAdI FAGL_MIGR_SUBST wird in dieser Aktivität durchlaufen und generiert in unserem Beispiel Informationen zum neuen Feld **Segment**. Wie bereits erwähnt, bleibt eine gewisse Unschärfe bei singulären Buchungen bestehen. Funktioniert das BAdI korrekt und liefert zufriedenstel-

lende Informationen für die einzelnen Merkmale, können im Folge-
schritt die OP-geführten Konten übernommen werden (siehe Abbildung 6.58). Die Tabelle FAGLFLEXA und der Saldovortrag in der
FAGLFLEXT werden fortgeschrieben.

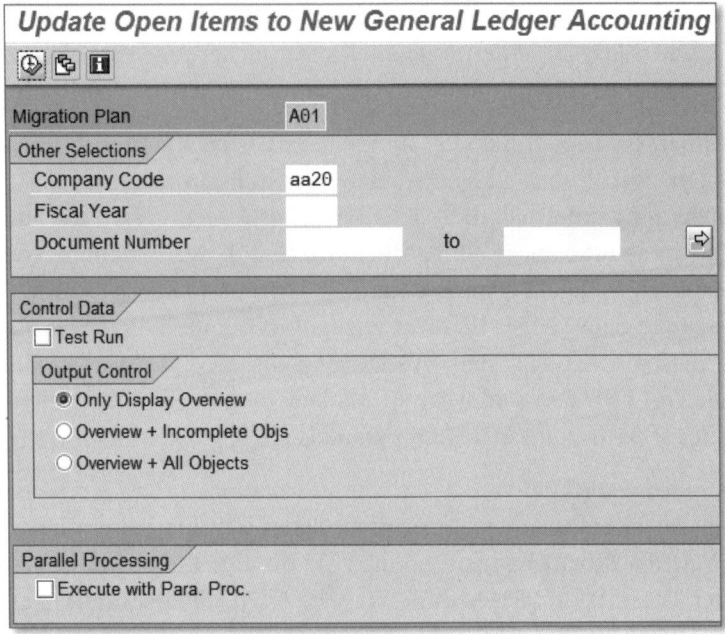

Abbildung 6.58 Offene Posten übernehmen – Selektion

Im Protokoll (siehe Abbildung 6.59) ist zu erkennen, dass zwei
Belege aus der Tabelle FAGL_SPLINFO übernommen wurden. Der
Status »XX« zeigt eine vollständige Verarbeitung an.

Update Open Items to New General Ledger Accounting

Open Items Processed Successfully   2
Open Items with Errors   0
*   2

IDES-ALE: Central FI Syst   Test Run
Frankfurt - Deutschland

Mig. Plan	CoCd	DocumentNo	Year	Itm	G/L	Status	Message ID	Message No	Msg.Typ	Message Te
A01	AA20	100000000	2006	2	89000	XX				
A01	AA20	1900000000	2006	1	160000	XX				

Abbildung 6.59 Offene Posten übernehmen – Protokoll

Ein Ledgervergleich zwischen klassischem Hauptbuch, Ledger 00, und neuem Hauptbuch, Ledger 0L, darf in der Periode 0 jetzt keine Differenzen mehr anzeigen (siehe Abbildung 6.60).

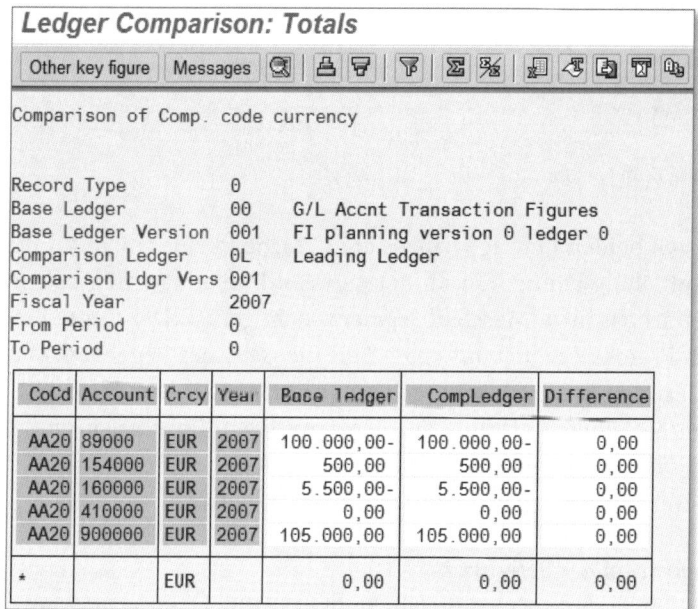

Abbildung 6.60 Ledgervergleich

Nach einer Bestätigung ist die Datenübernahme der Phase 0 abgeschlossen. Es beginnt die Migration der Belege aus Phase 1.

Migration ab laufendem Jahr (Phase-1-Daten)

Belege, die nach dem Migrationsdatum gebucht wurden, werden komplett nachgebucht. Spätestens jetzt wird deutlich, dass die Zeitspanne der Phase 1, d.h. von Migrations- bis Aktivierungsdatum, möglichst klein sein sollte. In großen Unternehmen ist ein Belegvolumen von mehreren zehntausend Belegen je Monat keine Seltenheit. Je höher die Anzahl der Belege, desto wahrscheinlicher sind Problemfälle. Aus technischer Sicht müssen alle Belege mit neuen Informationen in den Tabellen FAGL_SPLINFO, FAGLFLEXA und FAGLFLEXT angereichert werden können. Im Unterschied zu offenen Posten der Phase 0 wird grundsätzlich kein BAdI benötigt. Beim Aufbau der Splitinformationen hilft ein Fehlerprotokoll, die Ursachen zu analysieren (siehe Abbildung 6.61).

Übernahme der Belege aus Phase 1

263

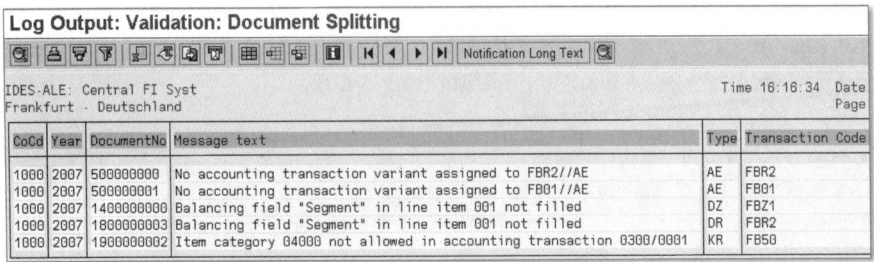

Abbildung 6.61 Fehlerprotokoll

Die ersten beiden Einträge haben ihre Ursache in einer nicht für die Belegaufteilung konfigurierten Belegart AE. In den nächsten beiden Belegen ist das neue Mussfeld **Segment** nicht gefüllt. Der fünfte Eintrag im Protokoll deutet auf einen Beleg jenseits des Regelwerks für die Belegart »KR – Kreditorenrechnung« hin. Mit einem Doppelklick können Sie einen Absprung auf den jeweiligen Einzelbeleg durchführen und können ihn so detaillierter analysieren. Betrachten wir diese drei Fehlerkategorien und ihre Lösung genauer.

Konfiguration der Belegart AE

Fehlerkategorien Dieser Fehler lässt sich mit einem Eintrag im Customizing unter **Finanzwesen (neu)** · **Hauptbuch (neu)** · **Geschäftsvorfälle** · **Belegaufteilung** · **Belegarten für Belegaufteilung klassifizieren** beseitigen.

Das Pflichtfeld »Segment« ist nicht gefüllt

Manuelle Anreicherung von Belegen Im Rahmen der Migration ins neue Hauptbuch ist für Phase-1-Belege eine Nachkontierung möglich. Diese durchaus gefährliche Aktivität ist nicht im Migration Cockpit hinterlegt. In einem zweistufigen Verfahren können Belege, die mindestens ein OP-geführtes Konto enthalten, mit zusätzlichen Informationen angereichert werden. Die Veränderung des Originalbelegs wird in einem Änderungsbeleg protokolliert.

Mit der Transaktion FAGL_MIG_FICHAN bauen Sie in einem ersten Schritt einen Arbeitsvorrat auf. Das Selektionsbild in Abbildung 6.62 gibt Ihnen die Möglichkeit, eine Einschränkung des Buchungskreises, des Geschäftsjahres und der Belegnummern vorzunehmen. Die Merkmale **Profit-Center**, **Partner Profit Ctr**, **Segment** und **Partner Segment** können mit einem Defaultwert angereichert werden.

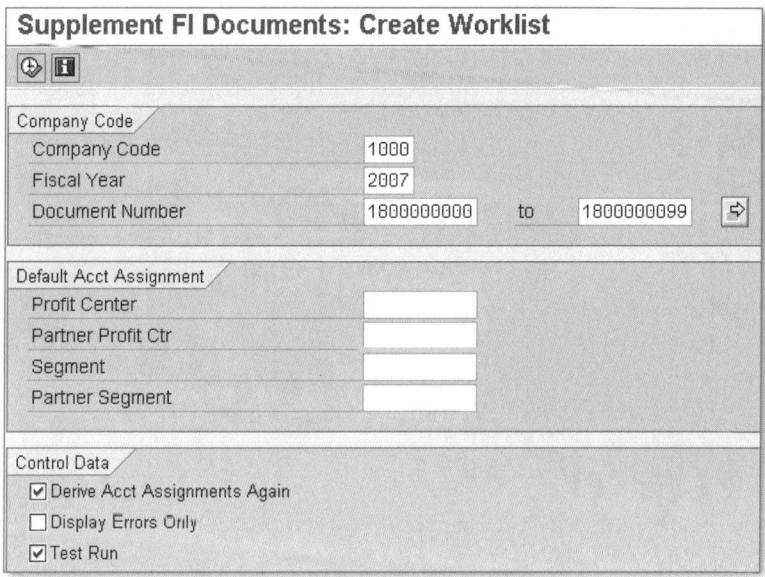

Abbildung 6.62 Arbeitsvorrat – Selektion

Zusätzlich können Sie von einer vorhandenen Profit-Center-Kontierung das Segment nachträglich ableiten lassen. Das ist sehr sinnvoll, wenn zum Zeitpunkt der ehemaligen Belegbuchung noch nicht alle Profit-Center-Stammdaten mit einem Segment gepflegt waren (siehe Abbildung 6.63).

Supplement FI Documents: Create Worklist

CoCd	DocumentNo	Item	Year	Cost Center	G/L Account	Segment (Old)	Part Segmt	Pi Ctr (Old)	Part PrCtr	Segment (New)
1000	1800000003	2	2007		800200			1000		SEGA
1000	1800000003	3	2007		800200			1402		SEGA
1000	1800000003	4	2007		175000			1000		SEGA

Abbildung 6.63 Arbeitsvorrat – Übersicht

Ist der Arbeitsvorrat aufgebaut, benötigen Sie die Transaktion FAGL_MIG_FICHAT, um eine Belegänderung durchzuführen (siehe Abbildung 6.64). An dieser Stelle möchten wir nochmals betonen, wie gefährlich diese Massenänderungstransaktion ist. Ehemals korrekt gebuchte Belege aus Phase 1 könnten anschließend falsche Informationen beinhalten.

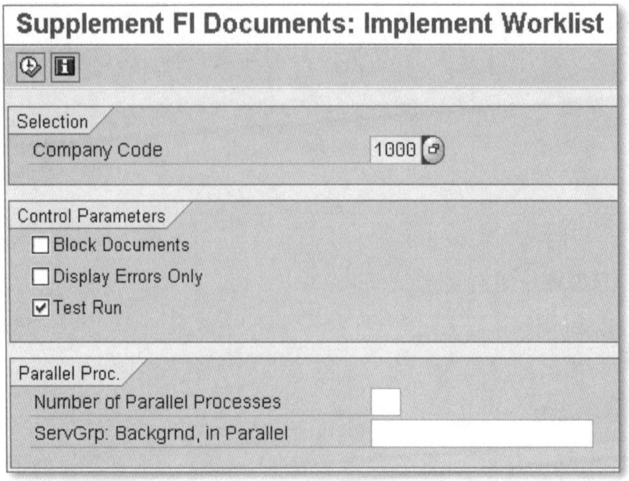

Supplement FI Documents: Implement Worklist

Selection
Company Code   1000

Control Parameters
☐ Block Documents
☐ Display Errors Only
☑ Test Run

Parallel Proc.
Number of Parallel Processes
ServGrp: Backgrnd, in Parallel

Abbildung 6.64 Änderung durchführen

Der Ausgangspunkt dieser Aktivität war das Fehlerprotokoll, das aus dem Aufbau der Splitinformationen resultierte. Zwei der drei Fehlerquellen konnten bis zu diesem Zeitpunkt beseitigt werden.

Ein Beleg jenseits des Regelwerks der Belegaufteilung

In der Check-up-Phase wurden die Konfiguration der Belegaufteilung sowie einzelne Belege bereits auf Gültigkeit geprüft. Ein solches Verfahren kommt auch in der Migrationsphase zum Einsatz. Wurde z.B. eine Zahlung versehentlich mit der Belegart KR gebucht, kann eine Ausnahmeregel speziell für diesen Beleg definiert werden. Somit steht einer Anreicherung dieses Belegs nichts mehr im Weg.

Bei der Fehlersuche kann die Transaktion FAGL_MIG_SIM_SPL, »Belegaufteilung simulieren«, ebenfalls sehr hilfreich sein. Nur wenn Sie für alle Belege des Fehlerprotokolls eine Lösung gefunden haben, können die Daten anschließend migriert werden.

Bewertung der durchlaufenen Migration

Mit diesem Schritt bestätigen Sie, dass alle Migrationsobjekte vollständig in das neue Hauptbuch übertragen wurden. Saldovorträge wurden aufgebaut und abgestimmt, im Szenario 3, *Belegaufteilung*, wurden alle offenen Posten mit zusätzlichen Informationen angereichert. Ein Statusprotokoll gibt Ihnen einen aktuellen Überblick (siehe Abbildung 6.65).

Analysis: Migration Status

| | Message Statistics | | Analyze Transferred Documents | | | | |

Status Overview

Status Overview

	Status	Status Name	≈ Number of	≈ Percentage
	00	Not processed	8.955	15,19
	01	Processing started	0	0,00
	10	Split information built	49.997	84,81
	XX	Completely processed	0	0,00
			▪ 58.952 ▪	100,00

Abbildung 6.65 Migrationsstatus – Protokoll

Wird die Migration anschließend als erfolgreich bestätigt, können Aktivitäten im Zusammenhang mit der Migrationsphase nicht mehr durchgeführt werden.

6.6.6 Validierungsphase

Nach der Migrationsphase erfolgen wichtige Schritte der Validierung (siehe Abbildung 6.66).

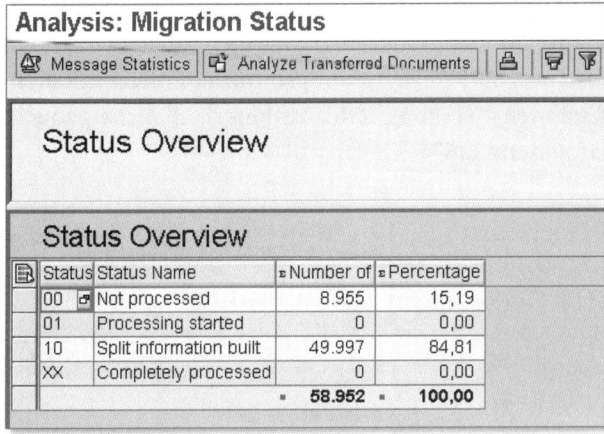

Abbildung 6.66 Übersicht über die Validierungsphase

Wenn man davon ausgeht, dass Sie mehrere Testmigrationen vornehmen, so ist in diesen Fällen nicht nur ein Augenmerk auf eine abgestimmte Bilanz und einen abgearbeiteten Prozessbaum zu richten. Für Szenario 3 müssen auch Folgeprozesse, die auf Informationen der nachträglich angereicherten offenen Posten zurückgreifen,

Test von Folgeprozessen

ausführlich getestet werden. In einem Zahlungslauf sollen z.B. offene Lieferantenrechnungen bezahlt werden. Ist auch nur ein Beleg mit unvollständigen Belegaufteilungsinformationen enthalten, kann unter Umständen der komplette Zahlungslauf nicht gebucht werden (siehe Abbildung 6.67).

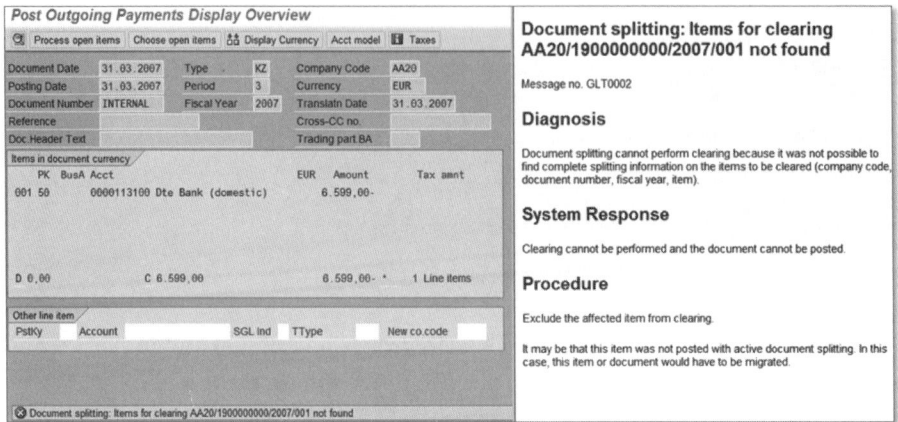

Abbildung 6.67 Fehlermeldung – Ausgangszahlung

In einem anderen Testszenario ist es ebenfalls sinnvoll, einige elektronische Kontoauszüge buchen zu lassen. Das Finanzwesen mit der Funktion *Belegaufteilung* ist um einiges komplexer geworden. Nicht immer kann das System, wie in Abbildung 6.67 dargestellt, mit klaren Fehlermeldungen auf den Sachverhalt hinweisen. Im schlimmsten Fall erhalten Sie einen Programmabbruch mit ABAP-Kurzdump.

Projekterfahrungen Unsere heutige Erfahrung zeigt, dass ca. 50% aller Kunden die Funktion der Belegaufteilung einsetzen und ca. drei bis vier Testmigrationen vor dem Produktivstart durchgeführt haben. Spitzenreiter ist eine IT-Firma, die auf Basis von ERP 2005 eine Belegaufteilung bei 238 Buchungskreisen nutzt und 1.500.000 offene Posten aus Phase 0 sowie 300.000 Belege aus Phase 1 übernommen hat. Aufgrund möglicher BAdI-Erweiterungen während der Migration ist ein stichprobenartiger Test für Belege jeder Kategorie und Ableitungsregel unerlässlich.

Führen Sie mit dem neuen Hauptbuch zusätzliche bilanzielle Merkmale wie z.B. Profit-Center und Segment ein, so sollten Sie mit Eröffnungs- und Bewegungsbilanzen eine ausreichende Datenqualität sicherstellen. Es ist zu empfehlen, das Migration Cockpit für eine Ablage dieser Dokumentationen zu nutzen.

In dieser Phase haben Sie die letzte Möglichkeit, eine komplette Migration zurückzusetzen. Voraussetzung hierfür ist ein inaktives neues Hauptbuch und eine Stornierung der manuell gebuchten Saldovorträge mit der Transaktion FBCB. Mit dem Kennzeichen **Zurücksetzen und löschen** werden folgende Tabellen für alle Buchungskreise, die zum Migrationsplan gehören, gelöscht:

- Arbeitsvorräte
- Einzelpostentabelle (FAGLFLEXA)
- Summentabelle (FAGLFLEXT)
- Belegaufteilungstabelle (FAGL_SPLINFO)
- sonstige Migrationstabellen

Findet keine weitere Testmigration statt und entspricht die Datenqualität dem Soll-Zustand, dann ist es nicht mehr notwendig, die Migration zurückzusetzen. Die Aktivierungsphase kann beginnen.

6.6.7 Aktivierungsphase

Mit der Aktivierungsphase beenden Sie die Migration; ein Zurücksetzen der Daten ist jetzt nicht mehr möglich. Abbildung 6.68 zeigt einige Aktivitäten, die abschließend in dieser Phase zu durchlaufen sind.

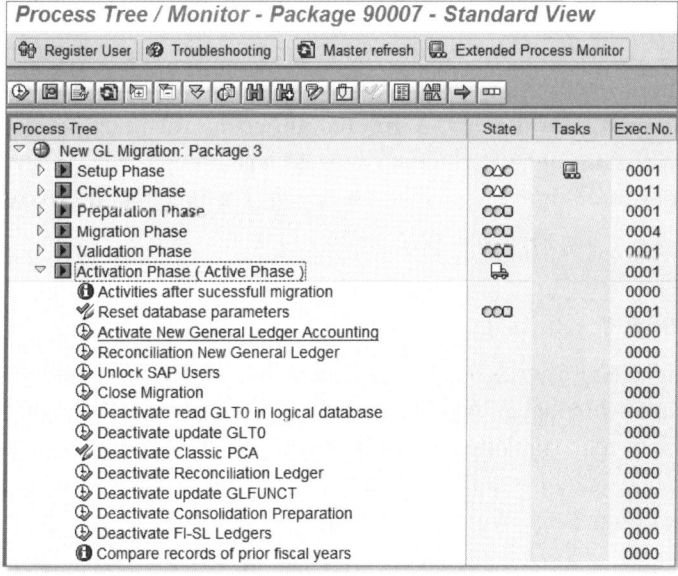

Abbildung 6.68 Aktivierungsphase

Datenbankparameter waren für die Zeit der Migration optimiert – Ihr Datenbank- oder Systemadministrator sollte sie jetzt wieder für die operativen Arbeiten einstellen. Bevor Sie die gesperrten Benutzer für das System wieder freischalten, erfolgt die Aktivierung des neuen Hauptbuchs (siehe Abbildung 6.69).

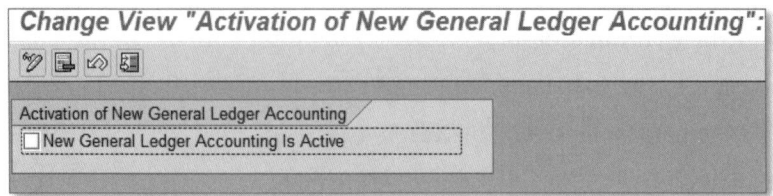

Abbildung 6.69 Neues Hauptbuch aktivieren

Bitte prüfen Sie, ob einige Arbeiten im Produktivsystem jetzt ebenfalls sinnvoll sein könnten. Dazu zählt etwa eine Deaktivierung der Profit-Center-Rechnung und des Abstimmledgers. Diese optionalen Schritte können Sie aber auch zu einem späteren Zeitpunkt mithilfe eines eigenen Transportauftrags durchführen. Mit der Aktivität **Migration abschließen** beenden Sie alle Aktivitäten des Migrationsplans.

6.7　Praxisberichte

Neben der Darstellung der Funktionalität und Einführung des neuen Hauptbuchs bietet Ihnen dieser Abschnitt drei Praxisbeispiele. Hier lernen Sie die Erfahrungen von drei Beratungsunternehmen bei der Migration auf das neue Hauptbuch kennen, erfahren, wie es andere Kunden einsetzen, und lesen über die *Lessons Learned* in den Projekten.

6.7.1　SAP Consulting

Die heutigen Anforderungen an das Rechnungswesen sind komplex. Neben unterschiedlichen Anforderungen der externen Rechnungslegung sind auch vielfältige interne Reporting-Anforderungen zu bedienen. Das neue Hauptbuch (New GL) und die Belegaufteilung liefern leistungsfähige Werkzeuge dazu.

SAP Consulting war seit 2004 in mehrere Projekte involviert, in denen Systeme auf Basis des neuen Hauptbuchs implementiert wurden. Im Fokus dieses Erfahrungsberichts stehen Systeme, die völlig neu aufgesetzt worden sind (so genannter *Greenfield-Approach*). Die entsprechenden Kunden strebten entweder umfassende Harmonisierungen von heterogenen SAP-Landschaften an oder führten SAP ERP neu ein.

Für ein Projekt auf Basis des neuen Hauptbuchs sind zwei Fragestellungen wesentlich für die Projektarbeit:

Grundlegende Weichenstellungen

▸ Soll die parallele Rechnungslegung über die Kontenlösung oder die Ledgerlösung abgebildet werden?

▸ Sind Bilanzen auf zusätzlichen Kontierungsmerkmalen unterhalb des Buchungskreises erforderlich (z. B. Profit-Center-Bilanz)?

Parallele Rechnungslegung

In aktuellen Projekten wird in der Regel IFRS als führender Rechnungslegungsstandard verwendet. Daneben sind natürlich Abschlüsse nach nationalem Recht erforderlich. Zur technischen Abbildung der parallelen Rechnungslegung kann keine allgemeine Empfehlung gegeben werden. In der Ledgerlösung bucht nur das führende Ledger (in der Regel IFRS) in die Kostenrechnung durch, so dass Kunden, die dort sowohl IFRS- als auch HGB-Wertansätze benötigen, auf die klassische Kontenlösung setzen. Problematisch bei der Ledgerlösung ist zudem aktuell noch, dass OP-verwaltete Konten immer in alle Ledger durchbuchen. Mit dem Enhancement Package 3 für ERP 2005 soll eine ledgerbezogene OP-Verwaltung möglich sein, so dass die Ledgerlösung an Attraktivität gewinnen wird.

Weil viele Experten mit einem fortschreitenden Divergieren von Handels- und Steuerbilanz rechnen, wird zunehmend auch die Frage nach einer vollständigen Steuerbilanz im SAP-System gestellt. Technisch ist dies kein Problem, allerdings sollte im Einzelfall sehr genau abgewogen werden, ob der operative Mehraufwand einer zusätzlichen Kontenschicht bzw. eines Ledgers in der Ledgerlösung sich gegenüber dem Nutzen rechtfertigen lässt. Zudem müssen organisatorische Aspekte beachtet werden: Haben die Buchhalter ausreichende Kenntnis abweichender steuerlicher Wertansätze?

Bilanzen auf Subkontierungen

Cash Generating Unit (CGU)

Eine Schlüsselfrage für das Projekt ist, ob komplette Bilanzen auf zusätzlichen Kontierungsmerkmalen unterhalb des Buchungskreises erforderlich sind. Ein Controlling nur auf Basis der Gewinn- und Verlustrechnung reicht heute meist nicht mehr, auch die entsprechende Kapitalbindung muss erkennbar sein. Anforderungen aus IFRS (Bewertung der *Cash Generating Unit*) legen ebenfalls Bilanzen auf Subkontierungen nahe. In der Vergangenheit haben SAP-Kunden dazu Geschäftsbereiche eingesetzt oder setzten die legale Einheit aus mehreren Buchungskreisen (mit entsprechendem Pflegeaufwand) zusammen. Dies hatte jedoch massive Auswirkungen auf operative Prozesse, so dass eigentlich zusammenhängende Geschäftsvorfälle künstlich getrennt werden mussten (z.B. getrennte Fakturen für Material und Arbeitszeit), um die Forderungen und Erlöse auf die entsprechenden Subkontierungen aufzuteilen.

Mit ERP 2004 bietet SAP mit der Belegaufteilung durch den so genannten Online-Splitter ein neues Verfahren an, um Bilanzen auf Subkontierungen zu erstellen. Die folgenden Ausführungen zur Belegaufteilung beziehen sich auf eine Belegaufteilung nach Profit-Centern. Eine Segmentberichterstattung ließe sich daraus ableiten. In diesem Kontext sei darauf hingewiesen, dass die Nutzung des neuen Merkmals *Segment* nur in Verbindung mit der Nutzung von Profit-Centern freigegeben ist (siehe Hinweis 1035140).

Ausgewählte Aspekte der Implementierung

Reporting-Dimensionen im Prozessmodell berücksichtigen

Viele Projekte setzen heute auf Prozessmodellierung. Übliche Prozessmodelle haben in der Regel nur den Charakter eines Ablaufdiagramms – sie zeigen Prozessschritte und deren Abfolge, nicht jedoch, wann welche Reporting-Dimensionen hinzukommen und wo diese abgeleitet werden. Es ist daher anzuraten, mit einer intensiven Reporting-Analyse zu beginnen. Die Prozessmodellierung muss daher unbedingt parallel durch die Erarbeitung der entsprechenden Buchungslogik unter Berücksichtigung der jeweils relevanten Subkontierungen wie Profit-Center, Funktionsbereich oder der Partnerkontierung flankiert werden. Die altbewährte T-Konten-Darstellung ist und bleibt aktuell – allerdings erweitert um weitere Kontierungsmerkmale.

Zusatzfelder im neuen Hauptbuch

Neben den Standard-Hauptbuch-Szenarios können im System noch kundeneigene Felder in der Summentabelle FAGLFLEXT fortgeschrieben werden. Dies bietet sich insbesondere an, wenn zusätzliche Subkontierungen im Konzern-Reporting benötigt werden. Als Voraussetzung müssen zunächst die Zusatzfelder in den Kontierungsblock und die FAGLFLEXT aufgenommen werden. Die Zusatzfelder müssen entweder beim Buchen manuell eingegeben oder per Substitution gefüllt werden. Allerdings werden FI-Substitutionen bei Buchungen über das Rechnungswesen-Interface (u.a. Buchungen aus MM und SD) im Standard nicht prozessiert, so dass hierzu zusätzliche Implementierungsschritte erforderlich sind. Bei manueller Eingabe ist zu empfehlen, durch entsprechende Validierungsschritte die Datenqualität sicherzustellen. Problematisch ist, dass es aktuell noch keine Möglichkeit gibt, in den Belegzeilen, die von der Belegaufteilung auf dem Saldo-null-Verrechnungskonto erzeugt wurden, Felder per Substitution zu füllen.

Üblicherweise werden in aktuellen Projekten die meisten bisherigen Special-Ledger-Szenarios der Kunden durch das neue Hauptbuch abgelöst. SL wird nur noch als Werkzeug für Spezialfälle verwendet.

Einsatz der Belegaufteilung

Ein wesentlicher Einflussfaktor für alle Buchungsprozesse in den Projekten war die Belegaufteilung. Damit der Online-Splitter die gewünschten Ergebnisse liefert, müssen folgende Punkte aufeinander abgestimmt sein und korrekt verwendet werden.

▸ Prozesse

▸ Belegarten

▸ Kontenklassifikationen

▸ Offene-Posten-Verwaltung

Unbedingt zu beachten ist, dass das Customizing der Belegaufteilung in wesentlichen Teilen nachträglich nicht oder nur mit großen Risiken geändert werden kann (siehe SAP-Hinweis 891144). Es ist daher dringend anzuraten, alle Prozesse gründlich zu testen – wesentlich gründlicher, als dies ohne Belegaufteilung notwendig wäre!

Datenqualität der kundeneigenen Felder

Die Tests müssen den kompletten Vorgang inklusive aller Folgeprozesse beinhalten: Die klassische Prozesskette Order-to-Cash zu testen, genügt beispielsweise nicht mehr. Es muss auch noch getestet werden, ob später die Umsatzsteuerumbuchung (Report RFUMSV00) korrekt im Sinne der Belegaufteilung arbeitet. Das Verfahren der kontensaldenbezogenen Aufteilung der Zahllastbuchung führt oft nicht zum gewünschten Ergebnis. Es wird daher dringend der Einsatz des neuen splitbezogenen Aufteilungsverfahrens empfohlen (siehe Hinweise 877045 und 889150).

Kontierungs-
handbuch

Da die Buchhalter mehr bedenken müssen als in der Vergangenheit ohne Belegaufteilung, ist ein detailliertes Kontierungshandbuch für die Endanwender dringend anzuraten. Es kann jedoch nicht das grundsätzliche Verständnis der Technik der Belegaufteilung ersetzen – dieses muss zumindest bei den Power-Usern vorhanden sein. Momentan noch nicht genutzte Prozesse und Einstellungen sollten sicherheitshalber zunächst gesperrt werden, um Fehler zu vermeiden; nicht benötigte Belegarten sollten beispielsweise besser gelöscht werden.

OP-Verwaltung
bestimmt auch
Buchungslogik

Die Offene-Posten-Verwaltung ist bei aktivierter Belegaufteilung nicht mehr nur operative Verarbeitungshilfe, sondern trägt auch Kontierungsinformationen in Folgebelege (Ausgleich, Verzinsung, Wertberichtigung). Die Entscheidung, ein Konto mit Offene-Posten-Verwaltung zu versehen, bestimmt somit auch die Buchungslogik. Genauere Kenntnisse über die technischen Abläufe im System scheinen zumindest für die Power-User im Rechnungswesen zukünftig angeraten. Beim Einsatz der Belegaufteilung kann derzeit auch nicht nachträglich eine OP-Verwaltung aufgebaut werden, wie es – mit Restriktionen – ansonsten mit speziellen Programmen noch möglich war (siehe SAP-Hinweis 175960). Für manche Konstellationen gibt es mehrere Einstellungsmöglichkeiten, die jeweils unterschiedliche Vor- und Nachteile haben können. SAP-Hinweis 922743 erläutert dies anschaulich am Beispiel des Kassenbuchs.

Der Einsatz der Belegaufteilung hat die Komplexität in den Projekten deutlich erhöht. Es kann nur dringend angeraten werden, dass alle Projektbeteiligten frühzeitig entsprechendes Know-how aufbauen.

Empfehlung:
Frühes Prototyping

Zudem ist ein früher Aufbau eines Prototyps anzuraten, so dass kritische Punkte früh erkannt werden können. Falls die Belegaufteilung in der Prototyping-Phase wiederholt (komplett oder für wichtige

Testbuchungskreise) deaktiviert wird, sollte dies von der Projektleitung als Warnsignal angesehen werden – denn dies deutet auf mangelndes Wissen über das neue Hauptbuch beim Projektteam hin.

Randbedingungen und Grenzen der Profit-Center-Bilanz

Um zu einer Profit-Center-Bilanz zu kommen, müssen neben der Belegaufteilung auch Randbedingungen berücksichtigt werden. Die Kostenstellenzuordnung im Anlagenstammsatz darf nicht zeitabhängig ausgesteuert sein. Nur so werden bei einem Kostenstellenwechsel (mit Profit-Center-Wechsel) aus der Anlagenbuchhaltung die Bestandswerte der Anlage auf das neue Profit-Center umgebucht.

Grundsätzlich gilt, dass ein erhöhter Detaillierungsgrad im Reporting auch mit erhöhtem Aufwand im Rechnungswesen einhergeht. In der Praxis der Anlagenbuchhaltung wird man für wichtige zentrale Wirtschaftsgüter (z.B. Lizenzen, Patente) nur einen Anlagenstammsatz anlegen und diese nicht in diverse Anlagenstammsätze (je Profit-Center) zerlegen, sondern nur die Abschreibungen verteilen.

Reporting vs. operative Steuerung

Die Belegaufteilung ist aktuell primär reporting-orientiert ausgelegt. Die Berechtigungsprüfungen für Profit-Center oder Segment greifen nur beim Reporting, nicht jedoch bei der Buchung in der Finanzbuchhaltung. Um auch beim Buchen eine Berechtigungsprüfung für das Profit-Center zu realisieren, mussten Validierungen mit User Exits bzw. einem Business Add-In (BAdI) implementiert werden. Auch für die Beleganzeige und die Einzelpostenlisten konnten entsprechende BAdIs eingesetzt werden. Um in die Postenselektion der Transaktion F-03 einzugreifen, was bei dezentraler Buchhaltung teilweise hilfreich wäre, steht der Business Transaction Event (BTE) 950 zur Verfügung (siehe Hinweis 961509).

Keine Berechtigungsprüfung auf Profit-Center bei Buchungen

In der Praxis möchte man die Subkontierungen zudem oft noch verwenden, um operative Prozesse (z.B. Mahnen, Zahlen) zu steuern. Mahn- und Zahllauf werten aktuell nur die Erfassungssicht des Belegs aus und haben keinen Zugriff auf die Hauptbuchsicht. In Projekten wurden auch hierzu Lösungsansätze entwickelt. Erschwerend kam hinzu, dass teilweise eine andere organisatorische Einheit

Steuerung operativer Jobs über Subkontierungen

(Stammmarkt) die Folgeprozesse verantwortet als der Markt, in dem eine Forderung entsteht.

Der Themenkomplex »Steuerung operativer Prozesse über Subkontierungen« ist auch der SAP-Entwicklung bewusst.

SAP-Weiterentwicklungen

Ohnehin hielt SAP Consulting in allen Phasen der Projekte immer engen Kontakt mit der SAP-Entwicklung. Manchmal brachten drei Stunden in Walldorf oder St. Leon-Rot Projekte mehr voran als drei Tage vor Ort. Viele im frühen Prototyping-Stadium von New GL-Projekten erkannte funktionale Lücken sind zwischenzeitlich durch Weiterentwicklungen geschlossen (z. B. Postenverzinsung gemäß Splitinfo sowie viele der erwähnten Hinweise).

Weitere wichtige Funktionalitäten (z. B. Splitsimulation) kamen mit ERP 2005.

Altdatenübernahme

Abstimmung auch auf Subkontierungsebene

Da im neuen Hauptbuch verschiedene Belegmerkmale fortgeschrieben werden, sollte bei der Altdatenübernahme darauf geachtet werden, dass die Werte für alle Reporting-Dimensionen korrekt ausgewiesen werden. Der Qualitätskontrolle/Abnahme der Migration sollte demzufolge mehr Aufmerksamkeit gewidmet werden. Es reicht nicht, nur »Bilanz alt« und »Bilanz neu« miteinander zu vergleichen; die Abstimmung muss auch die Ebene der Subkontierungen umfassen. Nicht erkannte Fehler bei der Migration aufgrund falscher oder fehlender Subkontierungen sind später nur noch aufwändig zu beheben.

Migration mit Splitinfo wird aufwändiger

Bei aktivierter Belegaufteilung muss bei der OP-Übernahme zusätzlich die entsprechende Splitinformation korrekt aufgebaut werden, damit im neuen System die Anreicherung der Nachlaufkosten (z. B. bei der Zahlung mit Skonto) greifen kann. Dies kann sowohl den Aufwand für das Auslesen der Daten aus dem Altsystem (Auslesen inklusive Gegenbuchungen notwendig) als auch die Komplexität der Importschnittstelle auf Seiten von SAP ERP erhöhen.

Insgesamt ist festzustellen, dass auch bei einer klassischen Altdatenübernahme die Komplexität erheblich zunimmt, wenn die Belegaufteilung im Zielsystem aktiv ist. Neue Tools sind nicht erforderlich, der klassische »Werkzeugkasten« (z.B. LSMW) reicht aus. Aber die betriebswirtschaftliche Überleitung muss alle Dimensionen des Zielsystems berücksichtigen.

Lessons Learned

Buchungslogik und Technik beeinflussen sich wechselseitig – insbesondere beim Einsatz der Belegaufteilung. Ein Dualismus fachlich/technisch ist in New GL-Projekten daher fehl am Platz.

Ein frühzeitiger Aufbau von Know-how über das neue Hauptbuch bei allen Projektbeteiligten ist dringend anzuraten (z.B. durch den Besuch der entsprechenden SAP-Schulung AC 210, bei Umstellung eines bereits laufenden SAP-Systems zusätzlich Kurs AC 212).

Die klassische Prozessmodellierung stößt beim Design moderner Rechnungswesensysteme an Grenzen. Es ist aus Financials-Sicht zu empfehlen, zunächst bei den Reporting-Anforderungen anzusetzen, dann das Datenmodell darauf abzustimmen und erst anschließend die Prozesse aufzunehmen. Gleichzeitig zum Prozess sollte die Buchungslogik entwickelt werden.

Grenzen klassischer Prozessmodellierung

Es gibt keinen Zweifel, dass bei allen ERP-Neueinführungen das neue Hauptbuch heute Pflicht sein sollte. Weil viele Einstellungen grundlegende Weichenstellungen sind und nachträglich nicht oder nur mit großem Aufwand geändert werden können, sollte – insbesondere beim Einsatz der Belegaufteilung – deutlich mehr Zeit in die Konzeptionsphase investiert werden. Der Return on Invest sollte sich lohnen.

Lars Gartenschlaeger arbeitet als Senior Berater für die SAP Consulting. Sein Beratungsspektrum umfasst Konzeptions- und Implementierungsexpertise für SAP-Financials-Systeme auf C-Level, Optimierung von Financials-Prozessen, parallele Rechnungslegung HGB/IFRS/US-GAAP, Migration, GDPdU, Systemstilllegungen, Audits und Compliance. Zusätzlich betreut er von Seiten der SAP mehrere DSAG-Gruppen.

Kontakt: *lars.gartenschlaeger@sap.com*

Autor des Fallbeispiels

6.7.2   ConVista Consulting AG

Finanzdienstleister haben besondere Ansprüche an die Leistungsfähigkeit ihrer Hauptbuchhaltung und gehören daher zu den ersten und intensivsten Nutzern des neuen Hauptbuchs (New GL).

Die ConVista Consulting AG begleitete bisher sechs Kunden bei der Implementierung des neuen Hauptbuchs. Es handelte sich dabei um Unternehmen in der Größe von 100 bis 10.000 Mitarbeitern mit dem Schwerpunkt Versicherungskonzerne (Stand März 2007). Bei allen Kunden waren die parallele Führung verschiedener Rechnungslegungen und die Möglichkeit der Verwendung kundeneigener Felder die Hauptmotivation für die Einführung des neuen Hauptbuchs.

Ramp-Up | Vier der Kunden setzen SAP ERP 2004 ein, zwei SAP ERP 2005. Bei dem ersten SAP ERP 2004-Kunden handelte es sich um ein Ramp-Up-Projekt, das zum Go-Live-Termin eine der weltweit ersten produktiven Installationen war. Ebenso erfolgte das erste Kundenprojekt auf Basis von SAP ERP 2005 im Ramp-Up-Verfahren. Drei der sechs Implementierungen waren Neuinstallationen mit dem erstmaligen Einsatz von SAP ERP Financials. Die verbleibenden drei Projekte waren Upgrades von Releasestand SAP 4.6C auf SAP ERP 2005 bzw. von SAP 4.7 auf SAP ERP 2004.

Ausgangssituation: Releasewechsel

Technischer Upgrade | Das technische Upgrade der Systemlandschaften auf den Releasestand ERP 2004 bzw. ERP 2005 stellte neben den notwendigen Migrationen die größte Herausforderung für die Unternehmen dar. Problembereiche waren dabei nicht die Anwendungskomponente SAP ERP Financials oder das neue Hauptbuch, sondern vielmehr der Wechsel auf die NetWeaver-Technologie. Insbesondere die Umstellung bestehender Webanwendungen auf den internen Internet Transaction Server (ITS) sowie Anpassungen im Bereich Kapitalanlagen, dem Corporate Finance Management (CFM), verursachten einen nicht zu unterschätzenden Aufwandsblock. Die Größenordnung des Aufwands für den Releasewechsel kann den Aufwand für die Aktivierung des neuen Hauptbuchs schon bei durchschnittlicher Systemlandschaftsgröße um ein Vielfaches übersteigen.

Einsatzszenarios

Bei den genutzten Funktionalitäten des neuen Hauptbuchs zeigten sich bei allen Kunden trotz unterschiedlicher fachlicher Anforderungen erstaunlich ähnliche Schwerpunkte.

Parallele Bücher

Alle Kunden planten von Beginn an Ledger für zumindest eine parallele Rechnungslegung (IFRS) ein. Zwei Kunden entschieden sich jedoch aufgrund offener fachlicher Fragestellungen bzw. abweichender Migrationszeiträume im Vergleich zur führenden Rechnungslegung, den IFRS-Bereich nicht von Anfang an produktiv zu nutzen. Bis dahin verfügte keines der sechs Unternehmen über eine Finanzbuchhaltungsanwendung, die parallele Werte führen konnte. Sofern bereits vor der Einführung des neuen Hauptbuchs ein IFRS-Bericht aufgestellt wurde, erfolgte dies mithilfe manueller Überleitungsrechnungen in Excel. Die Aufwendungen für die manuelle Datenbeschaffung und -auswertung auf Basis der Altlösungen waren dabei immens.

Neben der Einführung paralleler Bewertungsbereiche für IFRS bzw. US-GAAP diskutierten alle Kunden die Nutzung eines weiteren parallelen Bewertungsbereichs zur Abbildung steuerlicher Wertansätze. Dies ist bei Unternehmen der Versicherungswirtschaft aufgrund der bestehenden Bewertungsunterschiede insbesondere im Bereich der Anlagenbuchhaltung (FI-AA) und der Kapitalanlagen (CFM) zweckmäßig. Dabei ist es nicht zwingend erforderlich, den Bewertungsbereich für die Steuerbilanz sofort als »vollwertigen« Bewertungsbereich auszugestalten. Vielmehr kann dieser zunächst lediglich mit den Werten der vorgenannten Nebenbuchhaltungen versorgt werden und als Reporting-Basis für die steuerlichen Werte derselben dienen. Ein späterer Ausbau zu einem »vollwertigen« steuerlichen Bewertungsbereich ist möglich.

Steuerliche Wertansätze

Eine Anpassung der bestehenden maschinellen Buchungsschnittstellen zur Aufnahme der Ledgergruppe ist dann nicht erforderlich, wenn die gebuchten Werte ohnehin in alle Ledgergruppen und damit alle Rechnungslegungen fortgeschrieben werden sollen. In der Praxis ist es ohnehin ein durchaus gängiger Ansatz, alle laufenden operativen Geschäftsvorfälle ohne Ledgergruppe zu buchen, d.h. in alle Bewertungsbereiche einfließen zu lassen; die für IFRS notwendi-

Neues Feld »Ledgergruppe«

gen Anpassungen nehmen Experten mit dem notwendigen fachlichen Know-how exklusiv für die parallelen Bewertungsbereiche vor.

Nutzung von kundeneigenen Feldern

Der Bedarf zur Nutzung kundeneigener Zusatzfelder über die im SAP-Standard vorgesehenen Kontierungen hinaus war bei allen Kunden gegeben. Die Motivation liegt insbesondere in der Vermeidung der Verschlüsselung fachlicher Differenzierungsmerkmale in den Kontenplänen der Unternehmen. Diese Unterscheidungen erfolgen zumeist nach folgenden Kriterien:

▶ organisatorisch

▶ produktbezogen

▶ aufgrund legaler Anforderungen

▶ für zeitliche Abgrenzungen des Buchungsstoffs

Kontenlösung und Zusatzkontierungen

Werden diese Differenzierungsmerkmale über separate Konten abgebildet, kommt es zu einer erheblichen Aufblähung des Kontenplans. Anderseits ist es nur zweckmäßig, ein kundeneigenes Feld einzuführen, wenn dieses wirklich für eine erhebliche Anzahl von Konten relevant ist. Die Abbildung von Geschäftsvorfällen über Konten entspricht der »natürlichen Denke« des Buchhalters und ist leicht zu pflegen, maximiert jedoch die Kontenanzahl und lässt sich nur bedingt systematisch auswerten. Bei allen von uns begleiteten Projekten in diesem Umfeld entschieden sich die Kunden zur Nutzung von Zusatzkontierungen in Form kundeneigener Felder bzw. der SAP-Standard-Zusatzkontierungen der Branchenlösung für Versicherungen.

CO-Echtzeitintegration

Aufgrund rechtlicher Anforderungen verfügten alle Versicherungsunternehmen bereits über ausgeklügelte Abstimmverfahren und maschinell unterstützte Buchungsmechanismen, um Buchungen aus der Kostenrechnung in die Finanzbuchhaltung zu überführen. Dies führte dazu, dass der Umsetzungsbedarf als niedrig angesehen und zum Teil von einer sofortigen Umsetzung der CO-Echtzeitintegration abgesehen wurde, obwohl die fachlichen Vorgaben und Anforderungen aufgrund der bestehenden Erfahrungen zügig ableitbar gewesen wären und die Zweckmäßigkeit unbestritten war. Dies sollte zur Entlastung der fachlichen Ressourcen beitragen, die durch den Releasewechsel und die Einführung des neuen Hauptbuchs inklusive Migration bereits stark ausgelastet waren. Bei Unternehmen, die keine bestehenden automatisierten Verfahren für die Buchung von Werten aus dem CO »zurück« in das FI besitzen, war die Nutzung der Echtzeitintegration definitiv die erste Wahl.

Belegaufteilung und Erstellung von Segmentbilanzen

Das Belegsplitting beeinflusst maßgeblich die Komplexität im Rahmen einer Einführung des neuen Hauptbuchs. Fachlich ist insbesondere die A-priori-Ermittlung der Splittingregeln eine große Herausforderung. Vor der Splittingumsetzung ist hauptsächlich zu klären, ob für alle manuellen oder maschinellen Buchungen die für eine fachlich zutreffende Schlüsselermittlung notwendigen Voraussetzungen zum Zeitpunkt der Buchung gegeben sind. Auch bei der Datenmigration erhöht die nachträgliche Ermittlung der Splitinformationen den Aufwand und die Komplexität deutlich. Die Belegaufteilung ist immer besonders zweckmäßig, wenn die Schlüssel zum Zeitpunkt der Buchung final bekannt sind und keine nachträgliche Adjustierung mehr erfolgen muss. Insofern kann die nachträgliche Anreicherung des Buchungsstoffs am Periodenende bzw. zum Reporting-Zeitpunkt eine fachlich einfacher zu verwirklichende und transparente Alternative zum Belegsplit darstellen.

Weiterhin stellt sich die fachliche Frage, ob tatsächlich komplette Segmentbilanzen und GuV-Rechnungen erstellt werden müssen. So lassen sich diese z.B. bei Versicherungsunternehmen aufgrund der gesetzlich vorgeschriebenen Spartentrennung häufig schon über den Buchungskreis auswerten. Eine weitere buchungskreisübergreifende Differenzierung der Sparten nach z.B. Kundengruppen ist derzeit nicht vorgeschrieben. Die Erstellung kompletter Bilanzen oder GuV-Rechnungen ist fachlich sehr komplex, da auch ein Splitting von schwer direkt zuzuordnenden Sachverhalten wie z.B. des Kapitalanlagegeschäfts bereits zum Zeitpunkt der Buchung erfolgen müsste. Letztlich sahen alle Kunden von einer unmittelbaren Einführung der Belegaufteilung ab. Aufgrund der fachlichen Komplexität und des Umfangs der aus dem Belegsplit resultierenden Prozesse und techni-

Notwendigkeit von Segmentbilanzen

schen Anpassungen sollte die Einführung des Belegsplits unseres Erachtens als ein separates Projekt aufgefasst werden.

Migration

Praxistaugliche Standardszenarios

Die Migration ist eine der fachlich und technisch komplexesten Aufgabenstellungen im Rahmen der Einführung des neuen Hauptbuchs. Ein Standardkonzept oder -verfahren zur Durchführung der Migration gibt es dabei nicht. Vielmehr ist eine kundenindividuelle fachliche Festlegung des jeweiligen Migrationsszenarios notwendig. Die Standard-Migrationsszenarios haben sich dabei als gut und praxistauglich erwiesen. Bei allen Kunden waren jedoch Anpassungen erforderlich. Die folgenden grob beschriebenen Verfahren wurden dabei angewendet:

▶ Fünfmal erfolgte die Übernahme aus den FI-Altdaten (HGB) ohne Belegaufteilung.

▶ Zweimal mussten zusätzlich Daten aus zuvor verwendeten Speziellen Ledgern (FI-SL) übernommen werden.

▶ Dreimal erfolgte die Übernahme aus Fremdsystemen. Auch hier wurde auf eine Belegaufteilung verzichtet.

Festzuhalten ist dabei, dass die Migration deutlich anspruchsvoller wird, wenn die Module der Anlagenbuchhaltung (FI-AA), der Hypotheken/Darlehen (CML) und der Kapitalanlageverwaltung (CFM) genutzt werden. Insbesondere den Modulen CML und CFM ist bei einer Einführung des neuen Hauptbuchs und der Einführung paralleler Bewertungsbereiche besondere Aufmerksamkeit zu widmen, da Buchungen dieser Module im neuen Hauptbuch eine Sonderstellung besitzen.

Lessons Learned

Aus den bisherigen Projekterfahrungen lassen sich aus unserer Sicht folgende Handlungsempfehlungen ableiten:

▶ Im Vorfeld eines Implementierungsprojekts empfiehlt sich eine Vorstudie mit Workshops zur genauen Definition/Überprüfung der fachlichen Anforderungen sowie der Abgrenzung von Projektumfang und -inhalt (ca. 10–20 Personentage). Dies ist wichtig für die Entscheidung über zentrale Eckpunkte des Projekts, da die

Projektgröße und -komplexität sehr stark von den konkreten fachlichen Inhalten abhängt. Zentrale Fragen sind hierbei Belegsplitting und Migrationsszenario.

▶ Bei SAP-Neueinführungen empfiehlt sich die sofortige Aktivierung des neuen Hauptbuchs im Rahmen der Systemimplementierung.

▶ Der fachliche Aufwand für die Definition, Einrichtung und Pflege paralleler Rechnungslegungen übersteigt den Aufwand zur systemseitigen Konfiguration derselben bei Weitem.

▶ Die SAP-Migrationstools sind bei einfachen Szenarios ausreichend und voll funktionsfähig.

▶ Die Belegaufteilung scheitert häufig schon an der Einigung auf fachlich korrekte Splittingschlüssel und der Unfähigkeit vieler Vorsysteme, ausreichend differenzierten Buchungsstoff für das Splitting zu liefern.

▶ Die Nutzung des Belegsplittings ist mit einer erheblichen Komplexitäts- und Aufwandssteigerung verbunden.

▶ Zu beachten sind die aus den fachlichen Festlegungen resultierenden Konsequenzen für das Datenvolumen. So wird z.B. mit jeder zusätzlichen Rechnungslegung das Datenvolumen im Bezug auf ein alleiniges HGB-Ledger potenziell verdoppelt. Ebenso haben Art und Anzahl der genutzten Zusatzkontierungen erheblichen Einfluss auf das Datenvolumen und damit auf die erforderliche Systemumgebung.

ConVista Consulting AG ist ein führendes Beratungshaus für die Einführung und Integration von SAP-Standardsoftware. Ein Beratungsschwerpunkt ist die Implementierung moderner Finanzwirtschafts- und Reporting-Systeme. Die 1999 in Köln gegründete ConVista Consulting AG verfügt über eine Niederlassung in München sowie Tochtergesellschaften in der Schweiz, Großbritannien, Südafrika und den USA. Als »Special Expertise Partner for Insurance« der SAP verfügt ConVista über besondere Prozess-, Methoden- und Technologiekompetenz im Bereich Finanzdienstleistung.

Kontakt: Oliver Kewes, Managing Partner,
Dr. Klaus Heimes, Project Manager;
E-Mail: *info@convista.com*.

Autor des Fallbeispiels

6.7.3 J&M Management Consulting

Unsere Erfahrungen haben gezeigt, dass das neue Hauptbuch in SAP ERP einem Unternehmen viele neue Funktionen und Vorteile bietet, die eine Migration sinnvoll machen. Im Folgenden wird ein Migrationsprojekt beschrieben. Dabei wurde die Migration in zweifacher Hinsicht durchgeführt: Zum einen wurde das herkömmliche SAP-Hauptbuch in das neue Hauptbuch migriert, und zum anderen wurde eine Buchhaltung, die nicht auf SAP basierte, ins neue Hauptbuch überführt. Unser Fallbeispiel beschreibt Ausgangssituation, Entscheidungsfindung und dann schwerpunktmäßig das Migrationsprojekt. Dabei werden Erfahrungen aus dem Projekt beschrieben sowie Anregungen und Ideen für eigene Projekte gegeben.

Ausgangssituation

Das Unternehmen, das mit dem beschriebenen Projekt auf das neue Hauptbuch migrierte, gehört zur pharmazeutischen Branche. Die Kernkompetenz liegt in der Auftragsherstellung von Arzneimitteln. Über 1.000 unterschiedliche Präparate werden an den verschiedenen Produktionsstandorten in Europa hergestellt. Aus der reinen Lohnherstellung hat sich mit wachsender Erfahrung und übergreifendem Know-how ein Gesamtservice entwickelt. An sechs Standorten werden mit ca. 800 Mitarbeitern über 1.000 Produkte in mehr als 2.000 unterschiedlichen Aufmachungsformen hergestellt. Dabei wird ein jährlicher Umsatz von über 100 Millionen Euro erwirtschaftet. Zu den über 100 Kunden zählen die meisten der Top 25 multinationalen Pharmaunternehmen.

Heterogene
Systemlandschaft

Zum Projektstart im Jahre 2005 bestand eine heterogene Systemlandschaft. Einzelne Standorte waren in ihrem Systemeinsatz sehr unabhängig voneinander und setzten zum Teil kein SAP ein oder nutzten SAP vor allem im Bereich Rechnungswesen, Gemeinkostencontrolling und Vertrieb. Aufgrund des schnellen Wachstums innerhalb der letzten 20 Jahre von 20 Mitarbeitern in 1980 über 200 Mitarbeiter im Jahre 1990 auf den aktuellen Stand von ca. 800 Mitarbeitern an verschiedenen Standorten in Europa sowie durch den weltweiten Ausbau der Geschäftsaktivitäten (z.B. Ostasien) war eine Vereinheitlichung der Prozesse und Systeme dringend erforderlich geworden. Zusätzlich waren Qualitätsansprüche an die Prozesse der pharmazeutischen Branche ein entscheidender Faktor, der es nötig machte, die bestehende Systemlandschaft auf einen neuen Stand zu bringen. Neben diesen Anforderungen aus den logistischen Prozessen waren eine zentrale Sicht und Auswertungsmöglichkeiten der Muttergesellschaft auf die Geschäftstätigkeit der einzelnen Tochtergesellschaften und Standorte ein weiteres wichtiges Kriterium. Diese Notwendigkeiten, die stark aus den Bereichen Rechnungswesen und Controlling mitgeprägt wurden, waren ein wichtiger Bestandteil der Entscheidung für ein zentrales ERP-System basierend auf SAP. Um neuen Funktionen und einen möglichst langen Lebenszyklus des Releases zu erhalten, wurde beschlossen, SAP ERP 2004 (ECC 5.0) zu nutzen. Somit umfasste das Projekt einen Releasewechsel des bestehenden SAP 4.6C-Systems und die Migration von einem Nicht-SAP-System nach SAP ERP 2004. Diese Rahmenparameter galten für das im Folgenden näher beschriebene Migrationsprojekt zum neuen Hauptbuch.

Zum Start des Projekts bestand eine der Kernaufgaben darin, die sechs legalen Gesellschaften in Europa, die eine eigene aktive Geschäftstätigkeiten hatten, in einem SAP-System als sechs Buchungskreise abzubilden. Zu Beginn des Projekts arbeiteten schon vier Gesellschaften in Deutschland in einem SAP-System auf vier verschiedenen Buchungskreisen. Die anderen beiden europäischen Gesellschaften nutzten Nicht-SAP-Systeme für ihre Buchhaltung. **SAP- und Nicht-SAP-Gesellschaften**

Jede dieser Gesellschaften ist für ihr eigenes Geschäft mit dem Schwerpunkt im Rechnungswesen und Controlling verantwortlich. Dabei wurden aus den SAP-Standard-Modulen FI und CO die klassischen State-of-the-Art-Funktionen des Hauptbuchs, der Nebenbücher sowie des Gemeinkostencontrollings eingesetzt. Das Controlling war auf die jeweiligen Bedürfnisse der Standorte ausgerichtet und optimiert. Das zentrale Reporting zur Muttergesellschaft hatte die Konsolidierung der Finanzkennzahlen als Fokus. Dieses Reporting basierte primär auf Microsoft Excel. Ein zentrales unternehmensweites Controlling, das von der Muttergesellschaft gesteuert wurde, gab es nur ansatzweise. Aufgrund dieser Ausgangssituation und des schnellen internationalen Wachstums des Unternehmens bestand die Anforderung, das Rechnungswesen und Controlling zu vereinheitlichen und zentraler zu steuern. Dieses Zusammenwachsen der bestehenden Gesellschaften und der weitere internationale Ausbau sollen auf einem zentralen SAP-System erfolgen. **Berichtswesen**

Umsatzkosten-
verfahren

Neben der im vorangegangenen Abschnitt beschriebenen Ausgangs-situation bestanden verschiedene Anforderungen an das Rechnungs-wesen und Controlling bezüglich der zukünftigen internationalen Ausrichtung des Unternehmens. Zentraler Bestandteil war dabei die Gewinn- und Verlustrechnung auf Basis des Umsatzkostenverfahrens (UKV). Das UKV als wichtiger Bestandteil einer internationalen Rech-nungslegung (IFRS) musste somit im Rahmen des Migrationsprojekts mit eingeführt werden.

Entscheidungsfindung

Zwei mögliche
Optionen

Zum Start des Projekts zeichneten sich somit zwei Möglichkeiten ab. Erstens konnte die Anforderung bezüglich der Gewinn- und Verlust-rechnung nach UKV über das herkömmliche Hauptbuch mittels Spe-cial Ledger (SL) realisiert werden. Die zweite Option, die sich mit der Nutzung von SAP ERP 2004 bot, war das neue Hauptbuch (New GL). In beiden Fällen würden die Intercompany-Beziehungen mithilfe von Partnergesellschaften (VBund) abgebildet. Beide Optionen wur-den untersucht, und die Entscheidung für die zweite Möglichkeit basierend auf dem neuen Hauptbuch fiel aufgrund verschiedener Kriterien und Argumente.

Entscheidungs-
grund

Ein wichtiges Entscheidungskriterium war, dass es bisher keinerlei Erfahrung mit Special Ledger gab. Durch die Entscheidung bezüglich des New GL bestand nicht mehr die Anforderung, sich in die techni-sche Lösung der SL einzuarbeiten. Ein weiterer Vorteil des New GL war, dass das externe Nicht-SAP-Business-Intelligence-(BI-)System, das unternehmensweit für das zentrale Management-Reporting genutzt wird, einfacher anzubinden war. Da dieses BI-System direkt die Belegdaten aus den SAP-Tabellen ausliest, war es von Vorteil, das New GL zu nutzen, um somit das Auslesen auf wenige Tabellen zu beschränken. Ein weiteres Argument war der Neueinstieg in die Buchhaltung mit SAP für Mitarbeiter an einzelnen Standorten im Unternehmen, die bisher gar nicht oder nur eingeschränkt mit SAP gearbeitet hatten. Somit fiel das Argument der (Nach-)Schulung der Benutzer für das neue Hauptbuch weg, da eine Schulung am SAP-Sys-tem im Rahmen des Gesamtprojekts benötigt wurde.

Externes und
internes Berichts-
wesen auf einer
Datenbasis

Da ein Hauptziel des gesamten SAP ERP 2004-Projekts eine engere Verzahnung zwischen Controlling und Rechnungswesen war, konnte die enge Integration, die in Echtzeit abläuft, als Funktion des neuen Hauptbuchs überzeugen. Somit wird eine Abstimmung zwischen dem legalen Berichtswesen (basierend auf FI) und dem Managementberichtswesen (auf den CO-Daten aufbauend) erheblich vereinfacht und beschleunigt. Die Erklärungen bezüglich der Abweichungen beider Sichten sind extrem reduziert und basieren nun auf dem unterschiedlichen Aufbau der verschiedenen Sichten. Diese verschiedenen Kriterien waren ausschlaggebend für eine Entscheidung, im gesamten Unternehmen das neue Hauptbuch zu nutzen.

Das Migrationsprojekt

Im folgenden Abschnitt wird das Migrationsprojekt näher dargestellt. Kernpunkte sind dabei Projektorganisation, Customizing-Einstellungen und die technische Migration sowohl aus dem bestehenden SAP-Hauptbuch als auch aus den Nicht-SAP-Systemen.

Das Projektteam bestand aus den Key-Usern der operativen Gesellschaften und der Muttergesellschaft. Es wurde entschieden, dass die Gesellschaft, die im bestehenden SAP-System (4.6C) die meisten Funktionen nutzte, eine Vorreiterrolle übernehmen sollte. Ihren Benutzern kam im Projekt besondere Bedeutung zu. Die Muttergesellschaft war vor allem bezüglich der Festlegungen und des Aufbaus des UKV involviert. Eine feste Einbindung in das Gesamtprojekt war über die Schnittpunkte zu den Modulen SD und MM gegeben, die zeitgleich mit eingeführt wurden. Hierbei traten aber keine anderen Anforderungen auf, wie sie aus Projekten mit dem traditionellen Hauptbuch bekannt sind. Des Weiteren waren die Leitung des Gesamtprojekts SAP ERP 2004 und die J&M Management Consulting AG als der zentrale Beratungs- und SAP Special Expertise Partner mit einbezogen. Ein Integrationspunkt mit dem Gesamtprojekt waren Testphasen, Transportregeln, Systemkopien und Going-Live-Zeitpunkt.

Projektorganisation und -ablauf

Das Gesamtprojekt zur Einführung von SAP ERP 2004 startete Anfang Q3/2005. Nachdem die Entscheidung für das neue Hauptbuch getroffen war, begann dieses Teilprojekt im Q4/2005 mit dem Blueprint und der Konzeptphase. Diese Phase dauerte länger als bei vergleichbaren Projekten zu dem herkömmlichen SAP-Hauptbuch, da hierbei Entscheidungen getroffen werden mussten, welche Funktionen des New GL in welchem Umfang genutzt werden sollten. Anfang 2006 wurde dann der Blueprint freigegeben. Jetzt wurde der

Teilprojekt »Migration«

Kontakt zur SAP aufgenommen, damit die Migrationstools eingesetzt werden konnten. Die Special-Expertise-Partnerschaft zwischen J&M Management Consulting und SAP war dabei von Vorteil, da somit diese Phase eng abgestimmt und problemlos durchgeführt werden konnte. Während der Implementierung des neuen Hauptbuchs im ersten und zweiten Quartal 2006 wurden die beteiligten Berater für die Nutzung der Migrationstools geschult und ausgebildet. Diese parallele Durchführung half, die Projektlaufzeit zu verkürzen und den Going-Live-Termin des Gesamtprojekts zu halten.

SAP-Support

Um die aktuellsten Versionen der Migrationstools nutzen zu können, wurde das System in dieser Phase zusätzlich auf den neuesten Support-Level-Stand gebracht. Dann wurde eine Systemkopie erstellt, auf der der Releasewechsel und eine vollständige Testmigration ins New GL durchgeführt wurden. Während der Testmigration im Q3/2006 wurde eng mit den Spezialisten der SAP zusammengearbeitet. Dieser Support bestand in der Bereinigung von Schwierigkeiten, die dadurch entstanden waren, dass es im bestehenden 4.6C noch Differenzen aus der Euroumstellung gab. Nach dem erfolgreichen Integrationstest im Gesamtprojekt zur Einführung von SAP ERP 2004 konnten die Daten aus dem SAP 4.6C-System migriert werden und die ersten Buchungskreise im Q4/2006 wie geplant live gehen. Der nächste Projektschritt bestand in der Migration eines Nicht-SAP-Systems ins New GL. Dies erfolgte im Anschluss an den Going-Live des ersten Buchungskreises und wurde bis zum 1.1.2007 abgeschlossen. Im weiteren Verlauf des Jahres 2007 werden dann schrittweise die anderen Gesellschaften auf das neue Hauptbuch migrieren. Aufgrund der Erfahrungen aus dem bisherigen Projekt ist mit einem reibungslosen Ablauf zu rechnen.

Verwendete Szenarios

Der Schwerpunkt bei den aktuellen Einstellungen lag auf dem Umsatzkostenverfahren und der Konsolidierungsvorbereitung mittels Partnergesellschaften. Da aktuell keine Profit-Center-Rechnung genutzt wird, ist der Belegsplit nicht im Einsatz. Diese Funktion kann aber in Zukunft noch zum Einsatz kommen. Da es sich bei der Migration zum neuen Hauptbuch um eine rein technische Umsetzung der bestehenden Konten handelt, mussten weder die Kontenbezeichnungen und -nummerierung noch die Nummernkreise angepasst oder geändert werden. Das half den Nutzern beim Going-Live sehr, da keine zeitaufwändige Umgewöhnung nötig war.

Bei der Migration des herkömmlichen Hauptbuchs in das New GL hielt man sich eng an den Leitfaden der SAP, d.h., als Erstes wurde ein Migrationsplan definiert, der exakt beinhaltete, was migriert werden sollte. Im nächsten Schritt wurde dieser Migrationsplan aktiviert und dann mithilfe der Migrationswerkzeuge ein Arbeitsvorrat für offene Posten und Belege erstellt. Als Nächstes wurden die offenen Posten der vergangenen Geschäftsjahre und dann die Belege des aktuellen Geschäftsjahres migriert. Im letzten Schritt wurde dann der Saldovortrag übernommen.

Für alle Schritte wurden die von SAP zur Verfügung gestellten Tools genutzt und von den dafür ausgebildeten und lizenzierten Beratern zum Einsatz gebracht. Zum Abschluss wurden die Auswertungsreports eingesetzt. Diese Reports helfen, wenn bei der Migration Differenzen auftreten. Beim Einsatz und der Auswertung der Reports wurden zum Glück keine Differenzen festgestellt, so dass dem Produktivstart nichts im Wege stand. Da die Key-User in das Projekt mit eingebunden waren, wurde der Übergang zum New GL auf Benutzerebene problemlos bewältigt. Dies ist auch darin begründet, dass sich die wichtigsten Transaktionen nicht geändert haben. Die Migration des Nicht-SAP-Systems ins New GL ähnelte einem Migrationsprojekt in das herkömmliche Hauptbuch. Dabei wurden ebenfalls die von SAP zur Verfügung gestellten Migrationstools verwendet. Die Erfahrung aus vielen bisherigen Migrationen ermöglichte einen reibungslosen Ablauf.

Lessons Learned

Das Fazit des beschriebenen Projekts fällt rundum positiv aus. Die Akzeptanz bei den Nutzern ist uneingeschränkt vorhanden. Für die bisherigen SAP-Nutzer haben sich die Transaktionen in der täglichen Arbeit nicht wesentlich geändert. Für die neuen Anwender stellte sich nur der Vergleich zum alten Nicht-SAP-System. Auch hier wurde das neue Hauptbuch positiv aufgenommen. Der Projektplan konnte eingehalten werden, ohne dass das Gesamtprojekt der Einführung von SAP ERP 2004 beeinträchtigt wurde.

Drei wichtige Rückschlüsse gilt es aus Sicht des Projekts und der daran Beteiligten zu vermerken:

▶ Für den Einsatz der Migrationstools muss das Support Package 10 zur Verfügung stehen. Da das Einspielen von Support Packages in einem großen Projekt von unterschiedlichen Faktoren abhängig ist, kann dies zu nicht geplanten Verzögerungen führen.

▶ Mit dem Einsatz des New GL lassen sich Daten aus alten, abgeschlossenen und nicht migrierten Geschäftsjahren zum Teil nicht mehr über die vorhandenen Reports auswerten. Um die verschiedenen Geschäftsjahre vergleichbar machen zu können, muss zum Beispiel auf ein BI-System zurückgegriffen werden.

▶ Die SAP-Schulungen (AC210 und AC212 der SAP) waren sehr nützlich. Der Einsatz von geschulten Projektmitgliedern und erfahrenen Beratern ist ein wichtiger Erfolgsfaktor.

Autor des Fallbeispiels

J&M Management Consulting ist spezialisiert auf die Branchen der produzierenden Industrie: Prozessindustrie (Chemie und Pharma), Konsumgüter & Einzelhandel, Hightech & Electronics sowie Automobil- und Zulieferindustrie. Als Partner führender Technologieanbieter verbindet J&M eine besonders enge Kooperation mit der SAP AG.

Kontakt: Bernhard Netzer, Partner Financial Management;
E-Mail: *bernhard.netzer@jnm.de*

6.8 Fazit

Eine detaillierte Konzeptionierung des neuen Hauptbuchs und die Planung der Migration bilden die Basis für ein erfolgreiches Projekt. Der Migrationsservice sichert die Qualität der Daten und minimiert mögliche Risiken, die mit dem Projekt verbunden sind. Das Migration Cockpit vereinfacht die Handhabung der Migration und reduziert deutlich ihre Komplexität. Mit den zwischenzeitlich durchgeführten Migrationen und damit verbundenen Erfahrungen lassen sich Risiken minimieren und funktionale Mehrwerte des neuen Hauptbuchs erfolgreich einführen.

Anhang

A Häufig gestellte Fragen

A.1 Technologie

▶ **Wie viele Felder kann der Schlüssel der neuen Summentabelle FAGLFLEXT maximal enthalten?**

Das Special Ledger (Spezielles Ledger) enthält 45 Objektnummerntabellen mit jeweils 15 Schlüsselfeldern. Die SL-Summentabelle darf maximal 45 Schlüsselfelder enthalten. Diese 45 Schlüsselfelder enthalten außerdem einige feste Standardfelder wie Buchungskreis, Hauptbuchkonto, Profit-Center und Segment.

Im neuen Hauptbuch sind Felder wie Buchungskreis, Konto, Profit-Center und Segment Standardfelder im Tabellenschlüssel. Darüber hinaus sind zwei Customer Includes verfügbar, mit deren Hilfe 15 weitere kundeneigene Felder eingefügt werden können. Vorsicht ist geboten, wenn zu viele zusätzliche Felder Verwendung finden. Dies kann zu einem hohen Datenvolumen führen, was wiederum Performanceprobleme bei Reporting-, Fremdwährungsumrechnungs- und Umlageprozessen hervorruft.

▶ **Welche Auswirkungen hat die Verwendung des neuen Hauptbuchs auf das Sizing, und wie wirkt sich die Aktivierung des neuen Hauptbuchs auf die Performance aus?**

Dies hängt von den Funktionen ab, die implementiert wurden. Sizing und Performance bleiben unverändert, wenn keine weiteren Funktionen verwendet werden (vor allem würden sich zusätzliche Bücher für eine parallele Rechnungslegung oder eine Belegaufteilung negativ auswirken).

▶ **Können Belegpositionen und Summen gemeinsam verwaltet werden?**

Nein, Belegpositionen und Summen werden in verschiedenen Tabellen verwaltet. Es ist nicht möglich, alles in einer Tabelle zu speichern.

▶ **Was geschieht mit der Datenextraktion für das BW, wenn die Tabellenlogik (FAGLxx, GLT0) verändert wird?**

Die Datenextraktion muss als Erstes angelegt werden. Dazu wird der technische Name 3FI_GL_xx_TT als Platzhalter verwendet (Namenskonvention), wobei XX durch den Namen des Ledgers ersetzt werden muss. Die Datenextraktion für ein Ledger namens »LL« hieße demnach 3FI_GL_LL_TT, vorausgesetzt, diese wäre zuvor angelegt worden. Sie können eigene Extraktionen im neuen Hauptbuch mithilfe der Transaktion FAGLBW03 anlegen.

Die einzige von SAP ausgelieferte Extraktion für das neue Hauptbuch ist 0FI_GL_10, die nur Daten aus dem führenden Ledger 0L extrahiert. Falls Daten aus einem nicht-führenden Ledger angefordert werden, wird in der oben beschriebenen Weise vorgegangen.

In einigen Fällen ist eine Extraktstruktur notwendig, um eine Datenextraktion zu erstellen. Diese Struktur wird mithilfe der Transaktion FAGLBW01 erzeugt. Dies ist immer dann notwendig, wenn das Ledger, das die Extraktion benötigt, nicht auf der mitgelieferten Standardsummentabelle FAGLFLEXT basiert.

▶ **Erweiterung von Feldern in Tabellen des neuen Hauptbuchs**

  ▷ Wie wird die Erweiterung mit kundenspezifischen Feldern technisch abgebildet? Kann ein Kunde, der das BSEG bisher mithilfe des Customer Includes COBL erweitert hat, dies auch weiterhin im neuen Hauptbuch tun, oder gibt es dafür ein anderes Verfahren?

  Das Verfahren ist das gleiche. Technisch gesehen wird das kundenspezifische Feld mithilfe eines Includes eingefügt (CI_COBL in COBL).

  ▷ Gibt es Empfehlungen von SAP hinsichtlich der Anzahl von Kundendimensionen einschließlich der zugehörigen Merkmale, die ein Kunde maximal besitzen sollte?

  Dazu gibt es keine empfohlenen Richtwerte. Vielmehr sollte sie auf Projektebene festgelegt werden. Der wichtigste Parameter in diesem Zusammenhang ist die Systemleistung während der Datenauswertung. Es wäre zum Beispiel auch denkbar, mit mehreren verschiedenen Ledgern zu arbeiten, von denen jedes ein Merkmal enthält.

  ▷ Wenn Felder in Tabellen des neuen Hauptbuchs erweitert werden, ist es dann trotz dieser Erweiterung möglich, Vorgänge wie Reporting (Einzelpostendetails und -bilanzen) oder SAP-Prozesse wie einen Jahresabschlusssaldovortrag usw. durchzuführen, die auch die erweiterten Felder einschließen?

Alle kundenspezifischen Felder werden innerhalb der Einzelpostenstrukturen erweitert und stehen in der Erfassungssicht für allgemeine Selektionen und Auswertungen zur Verfügung. Darüber hinaus können Felder zur Aufnahme in die Summentabelle angepasst werden, wodurch sie auch in der Ledgeransicht verfügbar sind. Es können nur Felder in der Summentabelle einen Saldovortrag enthalten.

▶ Können lediglich kundenspezifische erweiterbare Felder aufgenommen werden, oder trifft dies auch auf vorhandene SAP-Felder zu (z. B. das Feld **Materialnummer**)?

Es existiert eine begrenzte Anzahl von Standardfeldern, die über das normale Customizing in die Summentabelle des neuen Hauptbuchs aufgenommen werden können. Nicht verfügbare Felder lassen sich als kundenspezifische Felder installieren, allerdings müssen diese Felder abgeleitet werden, so dass sie mit Werten gefüllt werden können.

▶ Gibt es eine Funktion, die nicht von erweiterten Feldern in den Tabellen unterstützt wird?

Kundenspezifische Felder müssen über eine Substitutions- bzw. Ableitungslogik verfügen und/oder editierbar sein, um Werte zu empfangen.

▶ Gibt es etwas, das bei der Erweiterung von Feldern im neuen Hauptbuch speziell zu beachten ist?

Jedes erweiterte Feld wirkt sich auf das Tabellenwachstum innerhalb der Summentabellen aus. Laut SAP-Entwicklung (siehe OSS-Hinweis 820495) lässt die Performance bei Aktivitäten wie Zuordnungen, Monatsendeprozessen, Reporting oder BW-Extraktionen ab einer Anzahl von fünf bis sechs Millionen Zeilen in Summentabellen deutlich nach. Vorgänge wie Belegaufteilung oder Saldo Null in erweiterten Feldern beeinflussen ebenfalls die Tabellengröße.

▶ Welche anderen Faktoren beeinflussen die Systemleistung?

Sowohl die Belegaufteilungsfunktion als auch Saldo Null je Merkmal erzeugen zusätzliche Einzelposten.

A.2   Belegaufteilung

▶ **Inwiefern unterscheidet sich die Belegaufteilung im neuen Hauptbuch von der Belegaufteilung in FI-SL in SAP R/3 Enterprise?**

Die Belegaufteilungsfunktion wurde folgendermaßen erweitert: Es wurden weitere Funktionen aus SAPF181 wie etwa die Nachaktivierung von Wirtschaftsgütern oder die Aufteilung von Nachlaufkosten hinzugefügt (Skonti, Währungsdifferenzen usw.).

Die Information über die Belegaufteilung ist ebenfalls für Abschlussaktivitäten in FI verfügbar (z.B. Fremdwährungsbewertungen, Umlagen- und Verteilungen usw., wodurch sie auch auf Segmentebene vorhanden ist).

CO-relevante Bewertungsbuchungen (z.B. Kosten aus Währungskursdifferenzen) können aufgeteilt und an CO übergeben werden.

▶ **Wie wird die Option »Belegaufteilungsmerkmale für Controlling definieren« in den Customizing-Einstellungen aktiviert und definiert, und was bewirkt sie?**

Dies betrifft sowohl Merkmale, die von SAP ausgeliefert werden, als auch kundenspezifische Merkmale. Merkmale, die hier abgelegt werden, können aufgeteilt und im Zusammenhang mit der Bestimmung der Nachlaufkosten (Fremdwährungsbewertungen, tatsächliche Währungskursdifferenzen, Skonti usw.) aus dem Controlling heraus übergeben werden. Bedingung hierfür ist, dass das Hauptbuchkonto als Kostenart erstellt wurde. Allerdings muss hierbei beachtet werden, dass Merkmale nicht für die Saldierung verwendet werden können.

▶ **Gibt es irgendwelche Aspekte, die bezüglich einer Belegaufteilung und der Saldo-Null-Funktion bei Buchungen zu beachten sind, die von kundenspezifischen modifizierten Anwendungen durchgeführt werden?**

Alle Kostenströme müssen analysiert werden, um eine Ableitungslogik oder Dateneingabeanforderungen zu bestimmen. Jedes Pflichtfeld, das nicht abgeleitet oder mit Daten gefüllt wird, erzeugt einen Fehler.

▶ **Wie werden die Profit-Center- und/oder Segmentaufteilungen bei den Eingaben für die Bilanz durchgeführt?**

Der Wert für das Profit-Center bzw. Segment muss eingegeben oder abgeleitet werden, so dass in der Hauptbuchansicht des Belegs ein Transaktionsposten zur Aufteilung oder Nullsaldierung als Gegenbuchung erzeugt werden kann. Zu diesem Zweck können Aufteilungsregeln konfiguriert werden, vorausgesetzt, der Prozess ist klar definiert, und die entsprechenden Konten bzw. Belegarten werden konsequent verwendet.

▶ **Was ist bei Belegaufteilungen hinsichtlich von Restposten zu beachten? Anders ausgedrückt, was geschieht, wenn das Profit-Center oder Segment im System verändert wird, bevor ein Restposten komplett verrechnet ist?**

Alle Verrechnungsbuchungen verwenden eine passive Aufteilung, wobei die ursprünglichen Aufteilungsinformationen über den betreffenden Posten als Basis für die Verrechnungsbuchung verwendet werden. Bei einer Datenmigration müssen Kunden jeden offenen Posten einem einzigen Merkmal zwecks Konvertierung zuweisen.

▶ **Angenommen, ein Segment wird im SAP-Standard (aus dem Profit-Center) zugewiesen: Kann die Zuweisung durch den Benutzer mittels einer Buchung außer Kraft gesetzt werden? Wie ist dies zu bewerkstelligen?**

Während der Dateneingabe können Segmentbeziehungen überschrieben werden. Dies kann wünschenswert sein oder auch nicht. Eine Substitutionsroutine kann dazu verwendet werden, Segmentbeziehungen aufrechtzuerhalten, wenn ein Überschreiben nicht gewünscht ist.

A.3   Special Ledger vs. neues Hauptbuch

▶ **Kann man im neuen Hauptbuch wie in FI-SL Ledger auswählen?**

Das neue Hauptbuch enthält keine Ledgerauswahl, wie sie in FI-SL existiert, da der Schwerpunkt des neuen Hauptbuchs auf Hauptbüchern liegt, die für das gesetzlich vorgeschriebene Berichtswesen verwendet werden! Die Validierungsfunktion kann für Plausibilitätsprüfungen verwendet werden (z.B.: Profit-Center 1 kann nur Konto 5 zugeordnet sein).

▸ **Welche Rolle wird das Special Ledger in Zukunft spielen?**

Falls ein Kunde das neue Hauptbuch verwendet, nimmt FI-SL wieder seine ursprüngliche Rolle als zusätzliches internes Reporting-Tool ein. Alle Kunden, die FI-SL bisher anstelle des Hauptbuchs verwendet haben, sollten auf FI-SL verzichten und zum neuen Hauptbuch wechseln. Jeder Kunde sollte jedoch für sich selbst entscheiden, ob er das FI-SL für »besondere Zwecke« verwenden möchte.

Der Ledgeransatz zur Abbildung einer parallelen Rechnungslegung, der mit SAP R/3 Enterprise als Alternative zum Kontenansatz eingeführt wurde, wird nun durch den vollständigen Parallelismus im neuen Hauptbuch ersetzt. Kunden, die auf SAP ERP upgraden und das neue Hauptbuch nicht implementieren möchten, können nach wie vor den klassischen Ansatz wählen.

A.4 Parallele Rechnungslegung und Ledgertechnik

▸ **Welche Strategie empfiehlt SAP hinsichtlich der technischen Abbildung der parallelen Rechnungslegung (parallele Ledger im Hauptbuch, Kontolösung, Buchungskreislösung)?**

Kundenanforderungen sind ausschlaggebend dafür, ob parallele Ledger im Hauptbuch oder eine Kontenlösung mit nur einem Leading Ledger verwendet werden. Die Verwendung paralleler Buchungskreise wird von SAP nicht empfohlen. Wegen des hohen Anteils manueller Buchungen und deutlicher Nachteile entwickelt SAP diese Lösung nicht weiter.

▸ **Sind die parallelen Ledger bereits bei Auslieferung für die Abbildung der parallelen Rechnungslegung definiert, oder müssen Kunden sie komplett selbst definieren?**

Das Standardledger, nämlich das führende Ledger 0L, wird von SAP ausgeliefert. Alle weiteren Ledger müssen vom Kunden selbst konfiguriert werden.

▸ **Können den verschiedenen parallelen Ledgern eigene Währungen zugeordnet werden?**

Nein. Sie können in den parallelen Ledgern keine neuen Währungen erstellen, wenn diese nicht vorher im Leading Ledger definiert wurden.

▶ **Angenommen, ein Kunde möchte das neue Hauptbuch für eine parallele Rechnungslegung verwenden, wobei er jedoch nur anfangs ein einziges Ledger (das führende Ledger) einsetzt. Dann führt der Kunde mehrere Monate lang einige Transaktionen durch und entschließt sich dazu, ein weiteres Ledger im System anzulegen. Gibt es ein Programm, das es ermöglicht, Buchungen rückwirkend in ein neues nicht-führendes Ledger vorzunehmen?**

SAP bietet dazu einen Migrationsdienst an. Weitere Informationen zu diesem Thema erhalten Sie in Abschnitt A.8.

▶ **Kann, falls ein neues führendes Ledger – z.B. LX, das keine Buchungen enthält – erstellt wird, das Ledger 0L gelöscht werden?**

Wenn es wirklich erforderlich ist, kann das Ledger 0L gelöscht werden. Außerdem ist es möglich, dass SAP das Ledger 0L erneut ausliefert, so dass es für den Kunden erneut verfügbar wäre (in diesem Fall jedoch nicht als Leading Ledger, um eventuellen Problemen vorzubeugen).

▶ **Können direkte Buchungen in ein paralleles Ledger im neuen Hauptbuch problemlos nachvollzogen werden? Wie geht man diesbezüglich am besten vor?**

Die einfachste Methode besteht in der Verwendung einer Ledgergruppe.

▶ **Werden sowohl der operative Kontenplan als auch der landesspezifische Kontenplan automatisch auf parallele Ledger angewendet, oder kann ein anderer operativer Kontenplan in parallelen Ledgern verwendet werden? Wie verhält es sich mit einem Konzernkontenplan (d.h., falls parallele Ledger nicht auf die SAP-Konsolidierungsfunktion angewendet werden können, kann dann die Konzernkontenplanfunktion ebenfalls nicht auf parallele Ledger angewendet werden)?**

Wenn ein länderspezifischer oder Konzernkontenplan für das Reporting innerhalb der Summentabelle benötigt wird, so kann dies durch die Implementierung kundenspezifischer Felder realisiert werden. Die Standard-Bilanz/GuV-Struktur erlaubt die Ausgabe in einen alternativen (länderspezifischen) Kontenplan zur Laufzeit. Dies erfüllt im Allgemeinen alle lokalen Reporting-Anforderungen, ohne dass diese in die Summentabelle integriert werden müssen. Die Vorteile der Laufzeitbestimmung bestehen darin, dass Zuordnungen flexibel sind und rückwirkend angepasst werden können.

▶ **Können Zuordnungen, Umlagen oder Verteilungen in FI direkt innerhalb eines parallelen Ledgers ausgeführt werden?**

Ja, es ist möglich, diese Operationen innerhalb eines parallelen Ledgers auszuführen. Sie werden aber nicht an CO weitergeleitet. In ECC 5.0 ist dies nur auf Prozent- oder Betragsbasis möglich, nicht jedoch mit statistischen Kennzahlen (SKZ). Die Verwendung von SKZ ist erst ab Release ECC 6.0 möglich.

A.5 Segment/Profit-Center/Geschäftsbereich/Kundenfelder

▶ **Auf welcher Ebene wird ein Segment definiert?**

Segmente werden auf Mandantenebene gepflegt. Sie sind unabhängig vom Buchungs- oder Kostenrechnungskreis konzernweit gültig.

▶ **Mit welchem Verfahren werden Segmente in Buchungstransaktionen abgeleitet?**

In SAP ERP können Segmente nur zusammen mit einem Profit-Center verwendet werden. In FI-Buchungen, für die keine Profit-Center-Informationen benötigt werden, können Segmente mithilfe eines BAdIs abgeleitet oder manuell eingegeben werden.

▶ **Geschäftsbereich oder Profit-Center – welche Rolle spielt der Geschäftsbereich in Zukunft?**

Für bestehende Kunden gilt Folgendes: Der Geschäftsbereich wird in seiner aktuellen Form beibehalten. Daten und Funktionen werden auch zukünftig verfügbar sein.

▶ **Warum wird das Segment vom Profit-Center abgeleitet? Warum nicht vom Geschäftsbereich? Warum gibt es keine eigenständigen Segmente? Gibt es dafür einen besonderen Grund, oder ist dies ein technisches Problem?**

Das Segment wird vom Profit-Center abgeleitet, da die Ableitungsregeln der »Zuführungssysteme« MM und SD auf dem Profit-Center basieren und nicht auf dem Geschäftsbereich.

▶ **Geschäftsbereich vs. Segment: Wann ist es sinnvoller, ein Segment anstelle eines Geschäftsbereichs zu verwenden? Sollten Geschäftsbereichskunden derzeit den Geschäftsbereich beibehalten, oder gibt es eine Tendenz hin zum Segment? Oder sollte man während einer Übergangsphase eventuell beides parallel verwenden?**

Es gibt unterschiedliche Empfehlungen für neue und bestehende Kunden:

▷ Neuen Kunden empfiehlt SAP, direkt mit der Verwendung des Segments zu beginnen, da dies der Entwicklungsstrategie von SAP entspricht.

▷ Bestehende Kunden, die mit stark spezialisierten Geschäftsbereichen arbeiten, sollten diese zunächst beibehalten, da bestehende Ableitungsregeln und Substitutionen zur Bestimmung des Geschäftsbereichs weiterhin verwendet werden können.

▶ **Können im neuen Hauptbuch kundenspezifische Felder integriert werden, die aus Transaktionen in anderen Modulen durchgeführt wurden?**

Wenn ein Kunde seine eigene Dimension integrieren möchte, muss er zunächst (wie bisher) den Kontierungsblock erweitern. Danach kann die Dimension im neuen Hauptbuch verwendet werden. Das heißt, die Dimension wird in ein Ledger des neuen Hauptbuchs eingefügt, in dem sie ein Schlüsselfeld sein soll. Das Feld ist anschließend auch von Vorsystemen zu liefern.

▶ **Wie verhält es sich mit Zuordnungen und Abrechnungen in CO hinsichtlich zusätzlicher Felder wie z.B. kundenspezifischer Felder?**

CO hält keine zusätzlichen Felder in den Summentabellen fest. Dies bedeutet, dass Allokationen, die auf solchen Summen basieren, keine zusätzlichen Felder berücksichtigen können. Abrechnungen, die auf Einzelposten basieren, behalten zusätzliche Felder, da diese im CO-Einzelposten gehalten werden.

▶ **Auf welcher Logik basiert das Ausgrauen des »Segment«-Felds in den Profit-Center-Stammdaten nach dem Speichern?**

Eine Änderung der Zuordnung des Profit-Centers zum Segment ist sehr kritisch. Eine Überprüfung, ob bereits Daten auf ein Profit-Center gebucht wurden, wirkt sich zudem sehr stark auf die Systemleistung aus. Daher wird das »Segment«-Feld in den Profit-

Center-Stammdaten ausgegraut, so dass es nach dem Speichervorgang nicht mehr bearbeitet werden kann.

▶ **Die SAP-Geschäftsbereichsfunktion ist im neuen Hauptbuch weiterhin vorhanden.**

 ▶ Hat SAP diese Funktion erweitert? Falls ja, in welcher Weise?

 Nein, die Funktion wurde nicht verändert.

 ▶ Gibt es eine allgemeine Empfehlung von SAP hinsichtlich der Verwendung von Geschäftsbereichen als Teil der Funktionalität des neuen Hauptbuchs, wenn diese bisher nicht im klassischen Hauptbuch verwendet wurden?

 Nein, die allgemeinen Empfehlungen wurden diesbezüglich nicht ergänzt. Falls eine betriebliche Anforderung mit keiner der vorhandenen Alternativen erfüllt werden kann, zieht SAP die Verwendung von Geschäftsbereichen in Betracht, da es sich dabei um ein vorhandenes Feld handelt (sowohl in Kostenstellen als auch in Vermögensgegenständen), das buchungskreisübergreifend verwendet werden kann.

 ▶ Gibt es bestimmte Anwendungsbereiche, in denen die Verwendung von Geschäftsbereichen zusammen mit dem neuen Hauptbuch sinnvoll ist oder sogar eine bessere Alternative darstellt als die Verwendung der Profit-Center- und/oder Belegaufteilungs- bzw. der Nullsaldenfunktion?

 Im Rahmen des Implementierungsprojekts für das neue Hauptbuch empfiehlt SAP zu analysieren, welche der vorhandenen Alternativen die sinnvollste ist.

 ▶ Wird im neuen Hauptbuch die Geschäftsbereichsaldierung automatisch im Zusammenhang mit der Belegaufteilungsfunktion verwendet, oder wird diese Saldierung nach wie vor über ein separates Programm durchgeführt?

 Bei Buchungen im neuen Hauptbuch sind Geschäftsbereichsbilanzen über das Customizing von Belegaufteilungsregeln und die Echtzeit-Nullsaldierung verfügbar. Periodische Programmläufe wie SAPF180/ 81 werden nicht mehr verwendet.

▶ **Wie wird die Nullsaldierung für ein Profit-Center während Profit-Center-Buchungen durchgeführt? Ist diese Funktion so konfiguriert, dass die Differenz auf ein firmenübergreifendes Saldenkonto gebucht wird?**

Diese Logik ist weitgehend identisch mit der aktuellen Buchungs-kreisfunktion. Vor der Buchung wird der Beleg dahingehend geprüft, ob der Saldo des Profit-Centers gleich null ist. Ist der Saldo ungleich null, werden weitere Verrechnungsposten erstellt, wenn die Customizing-Einstellungen des neuen Hauptbuchs eine Nullsaldierung erfordern. Daher müssen auch Verrechnungskon-ten in den Customizing-Einstellungen bestimmt werden.

A.6 Integration

A.6.1 Integration des neuen Hauptbuchs – SAP-Konsolidierung

▶ Wie arbeiten die parallelen Ledger im neuen Hauptbuch mit der SAP-Konsolidierungsfunktion zusammen?

   ▶ Ist die SAP-Konsolidierung in der Lage, parallele Ledger des neuen Hauptbuchs zu berücksichtigen, oder kann nur das füh-rende Ledger des neuen Hauptbuchs verwendet werden?

   ▶ Wenn nur das führende Ledger in der SAP-Konsolidierung gespeichert wird, kann man dann davon ausgehen, dass das führende Ledger in einer einzelnen unternehmensweiten Finanzbuchhaltung verwendet wird? Konsolidiert wird auf der Basis einer einheitlichen Rechnungslegung, und die parallelen Ledger finden nur für die lokale Rechnungslegung Verwen-dung?

   SAP hat bisher die Erfahrung gemacht, dass Unternehmen, die die SAP-Konsolidierung einsetzen, das führende Ledger als Hauptbuch für das gesamte Unternehmen verwenden, wäh-rend die lokale Rechnungslegung in parallelen Ledgern durch-geführt wird. Der Hauptgrund dafür besteht in der Tatsache, dass das führende Ledger in alle SAP-Systeme integriert ist (wie z.B. CO), wohingegen die parallelen Ledger nur in FI vorhan-den sind.

   SAP empfiehlt, das führende Ledger nach dem Konzernstan-dard und die parallelen Ledger nach lokalen Standards zu kon-figurieren.

A.6.2 Integration des neuen Hauptbuchs – Anlagenbuchhaltung

▶ **Können bestimmte Transaktionen oder Buchungsarten für das führende Ledger geblockt werden? Ist dieses auch für Vorgänge in parallelen Ledgern (z.B. Abschreibungsbuchungen) möglich? Falls ja, wie?**

Parallele Ledger werden Ledgergruppen zugeordnet, die wiederum einem Bewertungsbereich zugewiesen werden. Normalerweise müsste für jedes Land ein separates paralleles Ledger eingerichtet werden. Dieses Setup kann dann tatsächlich verhindern, dass Buchungen im Bewertungsbereich 01 in einem parallelen Ledger abgebildet werden, falls dies gewünscht ist.

Die Anlagenbewegungen aus dem führenden Bereich (01) werden in alle Ledger gebucht. Gewöhnlich werden Anlagenbewegungen ohne Ledgergruppe gebucht. Unterscheidet sich die Bewertung eines Anlagenzugangs in einem zusätzlichen Ledger, ist eine manuelle Buchung für diesen Bereich notwendig. Bei der Buchung von Anschaffungs- und Herstellungskosten wird der abgeleitete Bereich (30 oder 31) berechnet und die Differenz in das zusätzliche Ledger gebucht.

Im Allgemeinen werden die meisten automatisierten Prozesse (Abschreibungen, Devisenbewertungen usw.) durch den Ledgergruppen-Mechanismus gesteuert. In der Anlagenbuchhaltung entspricht der Bewertungsplan der Ebene, auf der die Bewertungsbereiche den Ledgergruppen zugeordnet werden. In anderen Prozessen wird ein Bewertungsbereich einer Rechnungslegungsvorschrift zugeordnet, die wiederum einer Ledgergruppe zugeordnet werden muss.

▶ **Wie arbeiten Bewertungsbereiche mit der Parallel-Ledger-Funktionalität im neuen Hauptbuch zusammen?**

Bewertungsbereich 01 ist dem führenden Ledger zugeordnet, und Buchungen aus diesem fließen in die parallelen Ledger.

Wie wird ein anderer Bewertungsbereich für die lokale Rechnungslegung in der parallelen Rechnungslegung berücksichtigt? Kann die Bewertung für einen Bewertungsbereich anders als 01 separat innerhalb eines parallelen Ledgers durchgeführt werden?

Ja. Andere Bewertungsbereiche als 01 können zur Aktualisierung paralleler Ledger verwendet werden.

▶ **Wie wird sichergestellt, dass Bewertungen in den parallelen Ledgern nicht doppelt gebucht werden, wenn Buchungen aus Bewertungsbereich 01 theoretisch aus dem führenden Ledger in die parallelen Ledger übertragen werden?**

Zum Ausgleich der Differenzen zwischen Konzern-GAAP (führendes Ledger) und lokalen GAAP (paralleles Ledger) werden Deltabewertungsbereiche verwendet. Diese sind abgeleitete Bereiche zur Buchung von Differenzen in den lokalen GAAP-Ledgern.

A.6.3 Integration von GL-CO, Zuordnungen

▶ **Besteht die einzige Möglichkeit, Zuordnungen, Umlagen und Verteilungen in ein paralleles Ledger zu buchen, darin, dass man die FI-Funktionalität des neuen Hauptbuchs verwendet (vorausgesetzt, parallele Ledger werden nicht mit CO-Informationen aktualisiert)? Werden Zuordnungs-, Umlagen- und Verteilungsbuchungen in der FI-Funktion des neuen Hauptbuchs automatisch in die parallelen Ledger übertragen?**

Nur CO-Buchungen (Zuordnungen usw.) können so eingerichtet werden, dass sie über Ledgergruppen-Zuweisungen in ein paralleles FI-Ledger (Echtzeitintegration) übertragen werden. Diese CO-Buchungen müssen jedoch auch in das Leading Ledger weitergereicht werden. Es ist nicht möglich, CO-Buchungen so einzurichten, dass sie nur in parallele Ledger, nicht jedoch in das führende Ledger übertragen werden.

▶ **Inwieweit unterscheiden sich im neuen Hauptbuch die FI-Allokationen von CO, d.h., bestehen für diese Funktionalität größere Beschränkungen? Wenn ja, welche? Können Allokationen zwischen Bilanz- und GuV-Konten durchgeführt werden? Können sie speziell für Bilanzumbuchungen zwischen Profit-Centern durchgeführt werden?**

In mancher Hinsicht besitzt das neue Hauptbuch weiter reichende Funktionen als CO, während die Funktionalität in anderen Bereichen eingeschränkt ist. Beispielsweise gibt es keine statistischen Kennzahlen in SAP ERP 2004. Es ist jedoch möglich, Allokationen auf der Basis von Prozentwerten oder absoluten Beträgen vorzunehmen. Eine andere Möglichkeit besteht darin, wiederkehrende Eingaben oder Kontozuordnungsvorlagen zu verwenden. Daher sind FI-Allokationen auf Basis von statistischen Kennzahlen erst ab

SAP ERP 2005 möglich. Das Hauptbuch verwendet prinzipiell keine Sekundärkostenarten.

▶ **Enthält die FI-Funktionalität des neuen Hauptbuchs etwas Ähnliches wie die Umlagen- und Verteilungsfunktion in CO? Falls ja, inwiefern unterscheiden sich diese Funktionen?**

Es ist möglich, FI-Allokationen mithilfe von kundeneigenen Feldern durchzuführen. Dabei ist es jedoch wichtig zu beachten, dass das neue Hauptbuch keine unternehmensübergreifenden FI-Allokationen zulässt.

▶ **Werden Sekundärkostenarten (wie etwa WIP-Abrechnungen) weiterhin in PCA gebucht, da PCA Bestandteil von FI ist? Sekundärkostenarten werden in CO gehalten, aber PCA ist nun Bestandteil von FI. Müssen daher Abrechnungen getrennt sowohl im neuen Hauptbuch als auch in CO durchgeführt werden? Welchen Einfluss hat das neue Hauptbuch auf diese Prozesse?**

Die bisherige Funktionalität bleibt weiterhin bestehen, bis auf die Tatsache, dass Verbuchungen im neuen Hauptbuch automatisch in FI stattfinden. Ein Abstimmledger wird nicht mehr verwendet. Die Integration erfolgt nun in Echtzeit. Die CO-Integration kann mithilfe einer Variante angepasst werden. Alle definierten Kostenströme müssen für die gesamte Integration konfiguriert werden, um einen reibungslosen Ablauf zu garantieren. Sekundärkostenarten werden im neuen Hauptbuch nicht berücksichtigt.

▶ **Sind FI- und CO-Allokationen im neuen Hauptbuch voneinander getrennt?**

▷ Müssen Umlagen und Verteilungen separat durchgeführt werden, sowohl in FI als auch in CO?

Nein, im neuen Hauptbuch müssen nicht zwei getrennte Allokationen durchgeführt werden. CO-Allokationen decken die Kostenseite ab. FI-Allokationen erfüllen einen anderen Zweck. Diese »können« zur Zuordnung von Werten verwendet werden, beispielsweise von Werten von standardmäßig verbuchten Profit-Centern für interne Berichtszwecke. CO wird nicht aktualisiert.

▷ Wie wird der Datenabgleich sichergestellt, nachdem es kein Abstimmungsledger mehr gibt?

Automatisch. Technisch gesehen wird dieselbe interne Struktur zur Verfolgung von merkmalsübergreifenden Kostenströmen verwendet, die aus CO stammen. Es wurde lediglich der Verbuchungsprozess erweitert, um eine Echtzeitintegration zu ermöglichen (falls gewünscht).

A.7 Reporting

▶ **Ist die Standard-Reporting-Funktion im neuen Hauptbuch in gleicher Weise verfügbar wie in der Profit-Center-Rechnung (PCA)?**

Das neue Hauptbuch ist verfügbar für alle Standard-Reporting-Werkzeuge (Drill-down, Report Painter Business Warehouse). SAP stellt einige Beispielstandardberichte für Drill-down und BW-Analysen zur Verfügung. Es ist möglich, in diesen Werkzeugen eine Auswahl für Profit-Center vorzunehmen.

▶ **Können in Berichten des neuen Hauptbuchs Profit-Center-Gruppen verwendet werden?**

In Rechercheberichten können Profit-Center-Gruppen in der Anzeigeliste verwendet werden. Sie können jedoch nicht als Auswahlkriterium genutzt werden.

▶ **Ist es möglich, mithilfe des Customizing auf relativ einfache Weise eine aktuelle Hierarchiestruktur für Segmentanalysen zu erstellen (ähnlich dem Standard- und Alternativhierarchiekonzept in PCA)?**

Wenn Hierarchieanalysen für Segmente benötigt werden, empfiehlt SAP, diese in BW durchzuführen.

▶ **Ist es schwierig, die Segmentfunktion nachträglich zu implementieren, und zwar nach der Einführung des neuen Hauptbuchs?**

Wenn die Segmentfunktion zu einem späteren Zeitpunkt implementiert wird, dann sind Segmentinformationen nach der Aktivierung des neuen Hauptbuchs nur für aktuelle und zukünftige Transaktionen verfügbar. Die Funktion kann dann nicht rückwirkend für in der Vergangenheit liegende Buchungen verwendet werden. Alles in allem ist diese Funktion keine Lösung, die mit einem Klick auf eine Schaltfläche herbeigeführt werden kann, sondern sie muss im Rahmen eines separaten Projekts implementiert werden.

▶ **Warum wird die Segmentfunktion nicht in gleicher Weise einge-**
richtet wie die Standard- und Alternativhierarchiestruktur für
Reporting-Zwecke in PCA?

Weil es sich dabei um ein flaches eindimensionales Feld handelt.

▶ **Plant SAP die Implementierung von Segmenthierarchien, oder ist**
man offen für solche Überlegungen?

Für ERP 2004/2005 existieren solche Pläne nicht.

▶ **Kann die PCA-Profit-Center-Hierarchie (sowohl die Standard- als**
auch die Alternativhierarchie) im neuen Hauptbuch zum Zwecke
der Bilanzanalyse verwendet werden, da PCA ja nun im FI-Modul
des neuen Hauptbuchs integriert ist?

PCA-Profit-Center-Hierarchien können nicht in FI angewendet
werden. Dies bedeutet, dass die Reporting-Funktion für FI-Analy-
sen im neuen Hauptbuch nur auf Profit-Center-Ebene verfügbar
ist, nicht jedoch auf der Ebene einzelner Knoten. Die Profit-Cen-
ter-Funktion ist in einigen Standard-SAP-Berichten verfügbar
(etwa in der Bilanz-/GuV-Struktur), wohingegen Knotenanalysen
in Standardberichten nicht möglich sind. SAP verweist darauf,
dass dies mithilfe von benutzerdefinierten Berichten und dem
Report Painter möglich sei. Außerdem gibt SAP an, dass BW ebenfalls diese Art des Reportings unterstützt.

Hinweis: Hierarchien sind in G/L-Rechercheberichten verfügbar.
Wird in der Bilanz-/GuV-Struktur für GuV-Analysen der Funktionsbereich verwendet, müssen auch Rechercheberichte verwendet werden (anstelle der gelieferten Standardberichte).

▶ **Gibt es in SAP eine Möglichkeit, Abfragen, Berichte oder auch nur**
einzelne Buchungen direkt in einem einzigen parallelen Ledger
auszuführen, anstatt alle Buchungen vom führenden Ledger zu
übertragen bzw. alle Buchungen in alle parallelen Ledger zu über-
tragen?

Es ist möglich, einen Einzelpostenbericht zu erhalten, der dann
für direkte Buchungen in ein paralleles Ledger verwendet werden
kann. Diese Buchungen erfolgen anhand von Belegnummern, so
dass Einträge in parallele Ledger eigene Belegnummernbereiche
besitzen müssen. Wenn die Ledgergruppe Bestandteil des Beleg-
kopfes ist, können auch andere Merkmale als Kriterium verwendet werden.

Es ist nicht möglich, eine Bilanzanalyse für direkte Buchungen in parallele Ledger zu erhalten, da die Belegart nicht als Merkmal in der Standardsummentabelle verwendet wird.

▶ **Können Daten ebenso problemlos aus der Kontenlösung wie parallele Ledger extrahiert werden, um sie in andere Anwendungen zu importieren? Ist es beispielsweise möglich, nur solche Daten aus SAP-Tabellen zu extrahieren, die direkt in ein paralleles Ledger gebucht wurden, und zwar genauso problemlos wie Daten aus dem Leading Ledger? Wie ist dies am besten zu bewerkstelligen?**

Das hängt von der Anzahl der parallelen Konten ab, die angelegt werden. Grundsätzlich sind solche Extraktionen in beiden Richtungen möglich, am einfachsten ist es jedoch, wenn parallele Konten verwendet werden. SAP bietet verschiedene Belegauswahlberichte, die eine detaillierte Auswahl ermöglichen. Erstellen Sie eine flache Ausgabedatei, und übertragen Sie diese in das Zielsystem. Während der Migrationsplanung und Konzepterstellung müssen Sie festlegen, ob ein Ansatz mit parallelen Ledgern oder mit parallelen Konten verwendet werden soll.

A.8 Verschiedenes

▶ **Wie sollte man vorgehen, wenn ein Kunde eine Datenmigration vom klassischen Hauptbuch zum neuen Hauptbuch durchführen möchte?**

Die Vorgehensweise für eine Migration variiert von Kunde zu Kunde. Um diesbezüglich ein Höchstmaß an Sicherheit zu erreichen, begleitet SAP jedes Migrationsprojekt mit einem Migrationsservice. Dieser technische Service basiert auf Standard-Migrationsszenarios und wird in Form von Migrationspaketen zur Verfügung gestellt. Weitere Informationen über den Migrationsservice für das neue Hauptbuch erhalten Sie im SAP Service Marketplace (*http://service.sap.com/GLMIG*) über den Quick-Link *GLMIG*. Lesen Sie hierzu bitte auch OSS-Hinweis 812919.

▶ **Können Kunden weiterhin die klassische Hauptbuchhaltung in SAP ERP verwenden?**

Ja, die Implementierung des neuen Hauptbuchs ist nicht zwingend notwendig. Wenn ein Kunde das neue Hauptbuch verwenden möchte, müssen die Daten aus dem klassischen Hauptbuch migriert werden.

▶ **Können Kunden, die ihr System auf die Version SAP ERP 2004 upgraden, das klassische und das neue Hauptbuch parallel in verschiedenen Buchungskreisen verwenden?**

In SAP ERP 2004/2005 ist dies nicht möglich. Entweder die Kunden verwenden das neue Hauptbuch für alle Buchungskreise oder für keinen.

▶ **Können ein Upgrade auf SAP ERP 2004 und die Datenmigration in das neue Hauptbuch problemlos im Rahmen eines gemeinsamen Projekts durchgeführt werden, oder sollten diese Schritte eher nacheinander in zwei verschiedenen Projekten erfolgen?**

SAP empfiehlt die Durchführung von zwei Projekten: zunächst das technische Upgrade auf SAP ERP, dann die Migration in das neue Hauptbuch.

▶ **Ist die Transferpreisfindung im neuen Hauptbuch verfügbar?**

Nicht in SAP ERP 2004, aber in SAP ERP 2005.

▶ **Können Banken eine Durchschnittsvolumenberechnung durchführen, um den Geldstrom und das Durchschnittsvolumen auf Basis von Aktiva und Passiva zu berechnen?**

Diese Funktion ist verfügbar. Siehe Hinweis 848111.

▶ **Wie kann ich Verbuchungen im EC-PCA unterbinden?**

Falls keine Verbuchung im klassischen PCA mehr erforderlich ist, können Sie das Customizing der PCA-Grundeinstellungen deaktivieren.

▶ **Kann das Abstimmungsledger einfach deaktiviert werden, sobald das neue Hauptbuch verwendet wird?**

Sobald das neue Hauptbuch aktiviert wird, ist das Abstimmungsledger nicht mehr verfügbar.

▶ **Ist im neuen Hauptbuch die Kontengruppenfunktion verfügbar?**

Die Kontengruppenfunktion ist in unveränderter Form auch im neuen Hauptbuch verfügbar.

▶ **Wie viele Währungen sind in einem parallelen Ledger verfügbar?**

Diese Funktion ist im Vergleich zum klassischen Hauptbuch unverändert: Innerhalb des führenden Ledgers sind bis zu vier Währungen verfügbar:

- Transaktionswährung

- Unternehmensberichts- bzw. lokale Währung

- bis zu zwei parallele Berichtswährungen, die in FI zugeordnet werden

Parallele Ledger können maximal dieselben Währungen bzw. nur diejenigen der im führenden Ledger definierten Währungen verwenden, die benötigt werden.

▶ **Ist es möglich, Analysen hinsichtlich des Deckungsbeitrags II auf Basis der erweiterbaren Felder des neuen Hauptbuchs zu erstellen, anstatt hierfür die Komponente »Ergebnis- und Marktsegmentrechnung« (CO-PA) zu verwenden?**

Das neue Hauptbuch sollte zur Erstellung der kompletten Ergebnisrechnung verwendet werden. Es ist dagegen nicht zur Durchführung detaillierter Analysen gedacht. Das neue Hauptbuch wurde nicht als Ersatz für die CO-PA-Komponente konzipiert.

▶ **Welche OSS-Hinweise sind wichtig in Bezug auf das neue Hauptbuch in SAP ERP?**

- 741821 Release-Einschränkungen bezüglich SAP ERP 2004

- 756146 mySAP ERP neues Hauptbuch: Allgemeine Informationen

- 779251 mySAP ERP neues Hauptbuch: Schattenbuchhaltung

- 862523 mySAP ERP neues Hauptbuch: Neue Funktionen ab SP 10

- 890237 Neues Hauptbuch mit Belegaufteilung: Übertragung von Altdaten

- 891144 Neues Hauptbuch/Belegaufteilung: Risiken bei nachträglichen Änderungen

- 918675 Grundlegende Architektur der neuen Hauptbuchhaltung

- 812919 mySAP ERP neues Hauptbuch: Migration

- 826357 Profit-Center-Rechnung und das neue Hauptbuch in mySAP ERP

- 852971 SEM-BCS: Integration mit dem neuen Hauptbuch

- 820495 mySAP ERP neues Hauptbuch: Datenvolumen und parallele Ledger

B   Die Autoren

Eric Bauer studierte Wirtschaftspädagogik an der Universität Mannheim. Eine Spezialisierung auf die Bereiche Finanzwesen und Finanzierung erfolgte im Hauptstudium. Seine Diplomarbeit wurde mit dem Preis der Barbara-Hopf-Stiftung ausgezeichnet. Anschließend folgten zwei Jahre Referendariat, begleitet von freiberuflicher Tätigkeit als Schulungsleiter in der Aus- und Weiterbildung bei Banken, Versicherungen und im Handel. Seit 1998 ist Eric Bauer bei SAP tätig, zunächst als Education Consultant im Finanzwesen, dann als Coordinator Education Development Financials in der Verantwortung für internationale Schulungsentwicklungsprojekte. Ab 2004 war er in den Bereichen Financials und Human Capital Management als Director of Education Training Delivery mit der Konzeption, Erarbeitung und Auslieferung globaler Education-Lösungsportfolios beschäftigt. Seit 2006 arbeitet er im Regional Solution Sales Financials EMEA.

Jörg Siebert arbeitet seit 1996 im Bereich Rechnungswesen als Consultant, Trainer und seit 2003 im Produktvertrieb Financials bei SAP Deutschland. Seine Tätigkeit umfasst sowohl SAP R/3 als auch die neuen Komponenten in SAP ERP Financials wie Financial Supply Chain Management, Corporate Governance und SAP BI. Umfangreiche Praxiserfahrung hat er als Trainer bei SAP und als Berater für FI/CO bei Cap Gemini Ernst & Young und DCW Software erworben. Neben der Zertifizierung als Consultant für SAP FI/CO sowie SAP SEM bildet ein Studium der Wirtschaftsinformatik mit anschließender Spezialisierung zum Bilanzbuchhalter seinen fachlichen Hintergrund.

C   SAP-Schulungsangebot

SAP Education bietet zwei Schulungskurse zum neuen Hauptbuch an, in denen an einem SAP-System Live Demos gezeigt werden und Teilnehmer die Möglichkeit haben, selbst ausführlich am System zu üben:

Themen	Kurse
Logik des neuen Hauptbuchs: Aktivierung, Konfiguration, Einsatz des neuen Hauptbuchs	AC210: Das neue Hauptbuch in SAP ERP
Migration	AC212: Migration ins neue Hauptbuch

Tabelle C.1 SAP-Schulungen zum neuen Hauptbuch

Weitere Informationen zum Know-how-Transfer finden Sie auf der Service-Seite von SAP *http://service.sap.com/GLMIG*.

Index